重構 JavaScript
改善不良程式碼

Refactoring JavaScript
Turning Bad Code into Good Code

Evan Burchard 著
蔡存哲 譯

目錄

序

我到現在還記得，1999 年**重構—改善既有程式的設計**（*Refactoring: Improving The Design of Existing Code*）剛發行時，我閱讀它的情景。那是個重大的啟發：我從不知道程式碼可以被視為某種可塑的東西。程式設計師總有股衝動想將程式碼全部重寫，但那本書主張：透過數個微小、有原則且相對安全的步驟來推進及淨化現有的程式碼是可能的。而當我們做這件事的時候，測試就像是一張安全網一般，讓我們帶著信心前行。我一直記得那本書的一個見解—無論如何，只要你在寫程式，一定要將實作新功能與重構現有程式碼這兩件事情分開做。只要這樣做，你將能避免同時做太多事情，並減少許多臭蟲。

重構 *JavaScript* 將重構的想法應用到了 JavaScript 的世界。由於 JavaScript 天生的動態性，你所需要的重構技巧將會不同於像是 Java 的靜態語言。Java 擁有靜態類型，且經常使用繼承和多型。但 JavaScript 則需要靜態檢查工具（例如 ESLint 和 Flow），且能隨心所欲的去改造物件。函數式程式設計也越來越流行。此外，測試也扮演更重要的角色，但會更加輕量。本書將會帶你搞定上述議題（甚至更多，例如異步）！

祝閱讀愉快！

— *Axel Rauschmayer*

譯者序

關於本書

關於本書內容，整體來說我們先討論了 JavaScript 的發展概況，接著是現實中重構與測試的關係，再來是基本語法的重構、物件導向方面的重構，最後討論了異步與函數式程式設計。

我會將本書定位為一本增廣見聞式的書籍，適合閱讀的群眾為：入門 JavaScript 有一段時日，真的完成過一些專案，但仍不了解 JavaScript 的全貌，或是剛開始對改善程式碼品質有興趣的人。本書能指引不少方向，但深入的內容必須自己再從實踐中體會，而規格方面的知識也需再查找規格書或網路資料來彌補。

術語翻譯淺談

翻譯中遇到的一個困難就是術語的選擇。這些翻譯到底該從何而來呢？如果是十分廣泛使用的術語，那當然就直接使用。而有些是我知道它的含義但不確定譯名的，此時就只好 Google 之，但這通常會有臺灣跟中國兩種譯法，讀者可能會認為：那就採用臺灣譯法呀！然而事情並沒有這麼簡單。我們舉個例子好了，type signature 在中國譯為**型別簽名**，而在臺灣只能看到維基百科翻成**型別特徵**。然而我看過很多簡體文章都有使用過型別簽名這個詞，但我從來沒看過有人用過型別特徵，甚至再去 Google 查詢之後，除了那個維基百科的條目之外，沒有一條是與程式語言有關的，因此權衡之下還是譯作了**型別簽名**。

而偶爾也有臺灣與中國譯法都很常見，但我仍舊採用中國譯法的狀況，例如 asynchronous 這個詞，中國譯為異步，臺灣譯為非同步，但我卻選擇翻譯為異步。我就不懂為什麼中文的同與異明明是常見反義字，卻偏偏看到英文是以字首 a 來表示反義，就忙不迭地去用「非」來灌名！要想想這個觀念如果誕生在中文世界，我們會如何命名。任何的音譯或試圖貼近英文的譯法，都只會混進「雜種」，導致中文漸漸支離破碎。

上述言論並不代表臺灣譯法總是不如中國譯法，只是陳述當某些中國譯法優於臺灣譯法時，我會進行的取捨罷了。

致謝

感謝游子賢、林祥瑞、劉岳承、陳柏翰、劉彥成、李謹及林庭瑋等人翻譯了部分正文，沒有諸位的協助本書便無法如期完成。

本書是我的首本譯作，感謝外文系的朱瑜同學在試譯期間為我校稿，妳的提點讓我獲益良多。

感謝本書翻譯之時幫我看過稿的王俊傑、黃莉吟、林耘寬。

也感謝碁峰資訊的協助，使得本書得以順利出版。

前言

歡迎閱讀**重構** *JavaScript*。這整本書關注於如何寫出更優秀的 JavaScript，並在探索各種程式設計風格的同時，從經典的重構技巧中獲得啟發。

為什麼要有這本書？

不管喜不喜歡，JavaScript 都不會消失的。不管你使用什麼框架、編譯至 JavaScript 的語言或是函式庫，如果你的 JavaScript 質量堪憂，那臭蟲跟效能問題依舊無法被緩解。重寫，包括轉換到最新潮的框架，代價將是驚人的昂貴且結果難以預料。臭蟲不會魔法般的消失，而會在新的情境中再次出現。而更糟的是，很多功能暫時都會無法運作。

本書對如何最好的避免這些病態的 JavaScript 寫法提出一份清晰的指南。糟糕的程式碼不該常駐世界，而改變它們也並非高昂到不合理的程度。

這本書適合給誰看？

這本書是給那些寫了一些糟糕程式碼，但對寫出優秀程式碼感興趣的程式設計師。這本書是給那些在前端或後端寫 JavaScript 的人。這本書是給那些選擇了 JavaScript 的人，也是給那些因為 JavaScript 在瀏覽器平台的壟斷性而不得不寫它的人。

如果你是個完全的新手，你也許會想先寫幾個月的糟糕程式碼。如果你沒有興趣寫出更好的程式碼，那你大概也會對本書提不起勁。但如果你沒有上述的兩個症狀，那表示你已經準備好了。

真的很有趣，在大量的努力被投入改進 JavaScript 的同時，也有許多人試圖將它搞成一團廢物。寫出優秀與糟糕的各種路線仍在持續蔓延。框架對於控制複雜性能夠做得很好，但使用它們的程式設計師將會受到限制。如果你發現你（或你的程式庫）掙扎著想脫離框架的限制（或者在某種模糊的邊緣），這本書將帶給你一些如何完成工作的新點子。

我們大多時候都不會在一個完美的程式庫上工作，當工程師們主要使用 Ruby、Python、Java 等等時，完美的 JavaScript 程式庫尤難。這本書做的就是幫助你識別出程式庫的哪些部分是不佳的，同時提供大量的改良方法。

如何使用本書？

第 1~5 章描述了 JavaScript、重構、品質、信心、測試之間的交互作用。在很多書籍中都會在最後才提及測試，但這種策略對本書要探索的程式碼不適合。測試對於信心是必要的，信心對於重構是必要的，重構對於品質是必要的：

測試→信心→重構→品質

JavaScript（及其生態圈）碰巧是個變化發生之處所，因此我們必須用初始這幾章去探索語言本身。如果對這些變化早就瞭然於胸，你也許會想要略過或快速瀏覽過這幾章。雖然我不建議，但既然這已經是你的書了，你可以對它做任何你想做的事情。如果你想要將它當作門擋、燒了取暖、或用其他方式將它犧牲掉，那就去做吧。要是你真的找到使用本書的不凡方式，請把照片或影片 email 給我。可以用 *http://evanburchard.cm/contact* 或是 Twitter 和 Github 的 @evanburchard 找到我。

如果我的書是電子檔，我還可以燒掉它或是拿它當門擋嗎？

很不幸的，辦不到。然而，由於本書採取創用 CC 授權，你可以自由的分享 HTML 版或任何 *http://refactoringjs.com* 上的其他檔案連結。

第 5 章之後的內容會變得更困難，若你略過第 1 到 5 章的話更是如此。你將需要撰寫和追蹤更多的程式碼。在第 6、7 章，我們將重構函式與物件，且我們不會閃躲 JavaScript 中的一些複雜部分。大體來說，這兩章的目標是提供一些選項來讓重構時可以不必劇烈的改變介面。透過使用這兩章提到的技巧，你將能夠將一團亂的程式庫提煉到一定水準。

第 8 章將拓展我們對於架構的視野，我們將看到那些包含（或避免）層次結構的架構。

第 9、10、11 章則講述一些能使你的程式碼品質在水準之上的技術（分別為設計模式、異步程式設計、函數式程式設計），但這些技術都會帶來更加積極（侵略性）的改變。在第 9 章的設計模式中，我們學習擴展與提取 JavaScript 物件導向的一面，並且提及了重構與物件導向之間的歷史淵源。許多 JavaScript 程式庫會在同一時間做不只一件事，而在第 10 章，我們處理這帶來的困難。在 11 章我們將透過數個函式庫進行一趟函數式程式設計之旅，這些函式庫提供了我們比標準函式庫中 `Array`（`foreach`、`map`、`reduce` 等等）更加有用的介面。

某種程度上，最後三章背離了我們進行重構的原意：在不改變**介面**的同時改變**實作細節**。但另一方面，這些介面卻又都極為有用，甚至有時不可避免。我們常會為了效能考量而不得不使用異步，或者會發現我們的程式庫早已充斥了大量或好或壞的物件導向或函數式程式設計，因而脫身不得。不管我們繼承了什麼樣的選擇跟程式碼，它們都是 JavaScript 中我們得關注的一部分，瞭解它才能改善它。如果你想要將一種與原先完全不同的範式應用到一個程式庫，那你不太可能進行本書所意謂的重構。

如果我們想要更嚴謹一點，這些章節仍然**在**他們的範式之中重構（物件導向到更好的物件導向、異步到更好的異步、函數式到更好的函數式），而若我們以寬鬆的條件來考慮程式的執行（例如，將「執行 **`node myprogram.js`**」當作輸入，「很滿意它的運行」當作輸出），那麼即使轉換範式，我們仍在進行重構。我建議你優先進行較小型、漸進式的改變，這樣易於進行測試與建立信心。

引用 William Opdyke 對重構的原始說法：

> 這個對於語意相等的定義，在輸入到輸出的映射保持不變的前提下，允許一個程式到處被修改。想像我們將所有受到重構影響的程式碼用一個圓圍住。從外部所觀察這個圓的行為是不會改變的。對於某些重構，這個圓幾乎包含了整個程式。例如，假設有一個變數引用在整個程式中幾乎無所不在，則對這個變數重新命名就影響了整個程式。而對於其他的重構，這個圓只涵蓋了較小的區域。

> 例如當某個函式被改為內聯展開[譯註]（inline expanded）時，僅有包含此函式的函式體受到了影響。在以上兩個狀況中，關鍵思想都都在於，當立於圓之外，我們觸發產生的結果（包含副作用）以及我們所參照的東西都不會改變。[1]

雖然我們能自由的控制這個「圓」的大小，**重構**這個詞仍時常被誤當作只有「改變程式碼」的意思。但如同我們在第 1 章會討論到的，並非如此。這在小規模比較清晰（我們也會在此花費最多篇幅）。先將第 8、9、10 章所展示的視為一種架構的選項，再將它們視為在這些選項中創造更佳程式碼的契機。例如，如果有人說「重構成使用異步程式碼」，很可能這個問題太過廣泛，而難以用安全而漸進的方式去完成。但如果你認為第 10 章給了你辦到這件事的力量，我也阻止不了你，現在這是你的書了。你想畫多大的圓就畫多大的圓。

如果你對任何工具或概念感到困惑，那你可能會發現 appendix 是你的好朋友。如果你正在尋找程式碼示例以及其他資訊，可以造訪本書的官網（*http://refactoringjs.com/*）。如果你偏好以 HTML 格式閱讀，你也可以在這裡找到本書的 HTML 版。

總結一下，透過本書能學到：

- 重構
- 測試
- JavaScript
- 重構與測試 JavaScript
- 一些 JavaScript 範式
- 在這些 JavaScript 範式中重構與測試

[譯註] 將函式改為內聯會使該函式在被編譯的時候，會被直接嵌入呼叫它的函式之中，由此來省去函式呼叫的成本，由此來優化效能。在常見的程式語言中，C++ 便具有 inline 關鍵字可顯式的要求編譯器內聯。

[1] WilliaM Opdyke, “Refactoring Object-Oriented Frameworks”（1992, 伊利諾大學厄巴納 - 香檳分校, 博士論文）, 40

本書的一些用語[譯註 1]

App、應用程式、程式

本書的某些用語並不精確。App、應用程式、程式以及網站這幾個詞通常都能夠互相替換而沒有問題。本書描述改進 JavaScript 品質的通用方法，所以當你感到疑惑時請不用太拘泥於文字。或許你在寫一個函式庫或框架呢？本書的技巧在各種狀況都能運作。

字詞與圖片的通用性

本書的某些字詞指涉未必適用於所有人。我試著平衡**他**和**她**的使用，但這並非每個人都能接受。雖然我更偏好於使用 singular they[譯註 2]，但這種用法並不在出版商的指導方針中。

此外，我瞭解到（太遲了）我很依賴圖片（尤其在第 5 章），這也許會對視力困難的讀者造成障礙，如果你認為自己因為這種理由而漏掉了任何內容，歡迎與我聯繫。

使用者

還有一個本書會用到的詞是我很討厭的，那就是**使用者**（*users*）。它很不精確，並且隔離開了創造者（開發者 / 設計者）與消費者（使用者）。更加精確的字詞通常是特別拿來描述某個問題領域，否則我們就只能勉強使用「人們」、「使用程式 / 網站的人們」這種術語。如果並沒有比**人**或**使用者**（甚至是**消費者**）更具體的術語，這也許暗示著這個商業模型就只是單單把人當作資料在賣，但這是另一個話題了。

我想說的是，**使用者**這個詞在本書中表達一個人們所熟知的概念：一個使用程式 / 網站的人。同時，目前尚未有更好更精確的詞來代替**使用者體驗**（*user experience*）（UX）或**使用者介面**（*user interface*）（UI）。為了避免在其他地方再多說明或使用不標準術語形容常見的抽象概念，我特在此說明這些。

在任何狀況之下，我都完全同意「資料界的李奧納多·達文西」Edward Tuffe 所說的這段格言：

> 只有兩種產業會視他們的客戶為使用者：毒品和軟體

[譯註 1] 這些英文字詞經過翻譯之後也許就沒有這類問題

[譯註 2] 將 they 這個複數詞作為單數來使用，中文讀者可不必理會這種用法

有一種叫做「倫理化設計（ethical design）」的運動有望協助企業在某種程度上不再使用這個詞（以及其他由此而生的不智作為）。

第三方函式庫與社群

雖然我非常努力要用最好的工具來展示重構及測試 JavaScript 的基礎，但也許有時候你會發現某些工具無法正常運作。好消息是 JavaScript 豐富的生態系提供了多種選擇。我偏好使用簡單靈活、原子性（atomic）的工具，而你可能自有偏好。本書不會探討大型的框架，因為它們傾向帶有自己的一套工具鏈生態系（通常變化多端）。當然當你準備好的時候，我會推薦框架，但這些框架要與底下的程式語言所提供的設施組合才能發揮出最大的威力，而我相信這本書能為你打下堅實的基礎。

API、介面、實作、「客戶端程式碼（client code）」

這可能有點模糊，但有件事我想要再強調，那就是層次結構不該根據物件，而該根據設計優良的程式庫的介面。如果只是個簡單腳本，我們期待它一路跑到底。但當程式庫漸漸成熟（透過設計，而非混亂的大屠殺），我們期待它會建立三個層次（雖然這顯然在更複雜的程式庫中被延伸了）。

第一層 —— 不顯於程式庫表面的深層程式碼 —— 就是本書指稱的**實作**（***implementation***）。對於重構來說，最需要分辨的就是實作與它下一層之間的差異。第二層通常被稱為介面（interface）或 API，它們是「公開的」函式或物件，當程式庫被用作一個模組時，我們預期我們能與它互動。第三層常被稱為**客戶端程式碼**或**呼叫他人的程式碼**（*calling code*），它指稱被寫來與介面層互動的程式碼。當人們使用模組時就會寫這種程式碼，撰寫測試時，我們也寫這種程式碼來測試介面層。

淺談結構

在本書中，所有程式一開始都幾乎沒有結構，而我們的主要目標便是清楚地切開這三個層次（不論是透過何種程式設計典範，如物件導向或函數式編程）。如此一來，能夠增加程式碼的可測性與可攜性。有些框架會提供自己的結構，如果你時常依賴這些框架，那麼你可能會對本書的方法有些陌生。

輸入（非區域與自由變數，Nonlocal and Free Variables）

我們會在本書中（特別是在第 5 章）區分以下三種輸入：

- 顯式輸入（傳入函式中的引數）
- 隱式輸入（也就是 this，指向當前上下文的物件、函式或類別）
- 非區域輸入（函式或物件中其他地方所定義的變數）

這裡有兩件事要注意。首先，在作用域中創建的區域變數或常數並不算是「輸入」；第二，雖然**非區域輸入**在此處是一個精確的字眼，但更常見的說法是「自由變數」。然而這個說法有失精確，畢竟非區域輸入也有可能是常數而非變數。類似地，有人會用**約束變數**（*bound variable*）來指稱我們所謂的**顯式輸入**，有時甚至用來指稱**隱式輸入**

本書編排慣例

本書使用了以下排版慣例：

斜體（*Italic*）

　用來表示新術語、URL、電郵信箱、檔案名稱與附加檔名，有時也用來表現強調或對照的語氣。中文用楷體表示。

定寬字（`Constant width`）

　用來表示樣式碼或在段落中表示如變數或函式名稱、資料庫、資料型別、環境變數、陳述與關鍵字等程式元素。

定寬粗體字（**`Constant width bold`**）

　用來表示應由使用者輸人的指令或其他文本。

定寬斜體字機（*`Constant width italic`*）

　用來表示應由使用者提供或取決於情境的詞。

用來表示技巧或建議。

用來表示一般的註記。

用來表示警告或注意事項。

使用範例程式

在 *https://refactoringjs.com* 可以下載到補充資料（如程式碼範例或習作等等）。

本書旨在幫助你搞定你的工作。一般來說，讀者可以隨意在自己的程式或文件中使用本書的程式碼，但若是要重製程式碼的重要部分，若需要聯絡我們以取得授權。舉例來說，設計一個程式，其中使用數段來自本書的程式碼，並不需要許可；但是販賣或散布 O'Reilly 書中的範例，則需要許可。例如引用本書並引述範例碼來回答問題，並不需要許可；但是把本書中大量程式碼納入自己的產品文件，則需要許可。

如果你引用本書時註明出處，我們會非常感謝，但並非必要舉措。註明出處時，通常包括書名、作者、出版者，以及 ISBN。例如：「*Refactoring JavaScript* by Evan Burchard (O'Reilly). Copyright 2017 O'Reilly Media, 978-1-491-96492-7」。

若是不確定你對程式碼的重用有沒有超出上述允許的範圍，歡迎來信給 *permissions@oreilly.com*

附錄中可以找到書中使用的工具、以及進一步研究相關議題的資料。以下提供書中使用的工具及其版本：

- node 6.7.0
- npm 3.10.3
- wish 0.1.2
- mocha 3.2.0
- deep-equal 1.0.1
- testdouble 1.10.0
- tape 4.6.3

- lodash 4.17.2
- assert 1.4.1
- underscore 1.8.3
- ramda 0.22.1
- sanctuary 0.11.1

如果你使用較新的版本，通常不會有什麼問題，但舊的版本就不敢保證了。可以確定的是，一些舊版的 node 無法支援書中所有程式碼。

致謝

感謝我的家人：媽媽、爸爸、Amy、Scott、Gretchen、Max 和 Jade，沒有他們就沒有這本書。

把這一切推上軌道的人，在這裡致上我特別的感謝：Zeke Templin, Steve Souders, Mary Treseler, Simon St. Laurent 和 Tyler Ortman。

以及其他一路上幫助過我的 O'Reilly 員工：Annalis Clint, Nena Caviness, Michelle Gilliland, Rita Scordamalgia, Josh Garstka, Kristen Brown, Rebecca Demarest, Rachel Monaghan, Shiny Kalapurakkel, 特別是我的編輯 Nan Barber 和 Ally MacDonald。

以及我的技術評審員：Steve Suering, Shelley Powers, Chris Deely, Darrell Heath 和 Jade Applegate。

以及那些用作品啟發了我的人：William F. Opdyke, Martin Fowler, Kent Beck, John Brant, Erich Gamma, Richard Helm, Ralph Johnson, John Vlissides, Douglas Crockford, Tony Hoare, Alexis Deveria, Addy Osmani, Robert Nystrom, Brian Lonsdorf, Reginald Braithwaite, Miran Lipovaca, Kyle Simpson, Tom Stuart, Michael Fogus, David Chambers, Michael Hurley, Scott Sauyet, Yehuda Katz, Jay Fields, Shane Harvie, Russ Olsen, Joshua Kerievsky, James Halliday, TJ Holowaychuk, Justin Searls, Eric Elliot, Jake Archibald, Arnau Sanchez, Alex Chaffee, Eric Hodel, Sean Hussey, Brian Cardarella, Foy Savas, Katrina Owen 和 Bryan Liles。

特別感謝 Dr. Axel Rauschmayer，他那美妙的作品向我們這些凡人闡述了何謂規範，並為本書作了序文。

嘿，正在讀這本書的你！

我知道這看起來就只是一大串名字，但他們真的都是很厲害的人，附錄中的資源還不如這串名單重要。那些資源很多都是由這些人做出來的，而搜尋他們的名字可以找到最新的進展，很可能比那些舊的還好。請務必搜尋一下他們！

以及謝謝所有 TC39 和 MDN 的人們。

也感謝我的狗拉我去散步，完全不管我是否正投入工作中。

還有你，謝謝你支持我的作品。如果還需要什麼，歡迎與我聯絡。

第一章

什麼是重構？

重構並非改變程式碼。

好啦，其實就是，但不僅如此。重構確實是在改變程式碼，但是它有個重要的限制使得僅僅使用「改變程式碼」來描述它顯得不夠精確：重構並沒有改變程式碼的行為。此時你心中應該有兩個疑問：

- 如何確保行為不會改變？
- 既然程式碼的行為不變，那我們要將修改程式碼的重點放在哪？

在本章，我們會去追尋這兩個問題的答案。我不會完整的講述 JavaScript 的歷史，畢竟那已經廣泛的流傳於網路上了。

如何確保行為不會改變？

如果沒有範圍的話，這個問題的答案極為困難。但幸運的是，有許多行為在重構時我們並不太在乎。接著我們將討論它們：

- 實作細節
- 不明確和未測試的行為
- 效能

而這個問題簡短的答案是，使用單元測試與版本控制。

由 Willan Opdyke（他的論文是重構理論的基石）（*http://www.ai.univparis8.fr/~lysop/opdyke-thesis.pdf*）所擁護的另一種方法，強調使用自動化工具來改變程式碼並在改變程式碼之前確保安全。當程式碼的更改是否「安全」是由工具來決定時，人為所能做的更改就受限於這些工具的功能。因此職業開發者們也許會覺得，移除了人類能進行的彈性操作之後，改變程式碼受到了很多限制。

撰寫工具來完全含括 Martin Fowler 在他的作品《**重構：改善既有程式的設計**（*Refactoring: Improving the Design of Existing Code*）》中所提出的所有原則是很困難的。而 JavaScript 動態、多範式又存在一堆變種（參見第 2 章），而採用這些工具將會使得許多原本可能用來重構 JavaScript 的方法變得無法使用。

Fowler 的方法降低了自動化的重要性，同時強調重構的「機制」：以能夠最小化不安全狀態的步驟來改動程式碼。

如果我們遵照 Opdykian 的自動化方法，那些工具將會處處扯我們的後腿。我們同樣也不打算遵照 Fowler's 的機制（一步接著一步的流程）。原因是，在我們透過重構來對程式碼取得信心的過程中，若有測試支撐，檢驗成功會很直觀。而當我們重構出問題時，版本控制（我們將使用 Git）讓我們能輕易回到過去的狀態。

警告！使用版本控制！

只要你無法輕易的回到過去、安全的版本，任何形式的「改變程式碼」都會為你的程式庫帶來危險。如果你打算要重構的程式庫目前沒有使用版本控制來備份它，那麼請立刻放下這本書，直到你對它版本控制前都不要把它打開。

如果你目前沒有在使用版本控制，那你可能會想要使用 Git（*http://git-scm.com/*），並且使用 Github（*http://github.com*）來幫你備份。

誠然，本書的做法也許乍看之下，相較於過去的使用自動化與機制的做法，顯得有些無拘無束和不夠嚴謹。然而，本書採用的流程 — 持續「紅」（測試失敗時）、「綠」（通過測試時）、「重構」的循環，並注意在事情不對勁時回到過去狀態 — 與注重質量的業界團隊所使用的流程雷同。也許以後自動化重構工具能像支援本書所提到的重構原則般地支援 Fowler 提出的每一條原則，不過我不認為短期內這件事會發生。

我們在此處的目標是將 JavaScript 開發者拉出泥淖。雖然自動化與機械化這個過程十分誘人，但這些巨人們（Opdyke、Fowler、Johnson 等等）（本書正是站在他們的肩膀上）最重要的貢獻，是讓我們能以一種全新的心態去看待安全的改善程式碼這回事。

為什麼我們不在意實作細節？

假設現在我們有一個簡單的函式，它會將傳入參數乘 2 之後返回：

```
function byTwo(number){
  return number * 2;
}
```

透過小小的改變，我們可以將它寫成：

```
function byTwo(number){
  return number << 1;
}
```

這兩種作法都能在大部分的應用中運作順利。我們對於 byTwo 函式的任何測試，基本上就是一個輸出為輸入兩倍的映射。我們通常只在乎結果，而不在乎過程中到底使用了 * 還是 <<。我們將它視為**實作細節**。雖然你也可以將它視作**行為**，但如果我們只在意函式的輸入輸出的話，那這只是個不重要的行為罷了。

如果我們恰巧為了某些因素使用了第二版的 byTwo，我們可能會發現當參數太大時，這個函式的行為就會不如預期（試試看傳入一兆：`1000000000000 << 1`）。這是否代表我們得在意這個實作細節了嗎？

不。我們在意的是這個輸出壞了。這代表我們的測試集必須比我們原先設想的更加完善。如此我們才可以將此函式隨意替換成滿足整個測試集的函式；無論它是 `return number * 2` 或 `return number + number` 都無所謂。

我們改變了我們的實作細節，但將數字乘以 2 這件事才是我們真正在乎的。我們所在乎的，就是我們所要測試的（無論是手動或自動）。測試某些特殊性質不僅在很多狀況下都不必要，還會創造出我們難以自由重構的程式庫。

測試 JavaScript 本身

若你去測試極端特定的實作細節，某種程度上就不再是測試程式碼，而是在測試環境本身。現在我們先簡單的使用 node 主控台或是將它存成檔案再執行 **node *file_name.js***，之後會再嚴正的討論測試[譯註]。

譯註　包含正式的工具、環境。

假如你現在測試一些像這樣的東西：

```
assert = require('assert');
assert(2 + 2 === 4);
```

順道一提，如果你使用 node 主控台的話，第一行會噴出一堆可怕的東西。不過別擔心；它只是秀出它載入了什麼。其實，node 主控台原本就預載好 assert 了，所以如果你並非存成 *.js* 檔來執行，你可以不用執行第一行。第二行只會回報 undefined，或許看起來有點怪，但這是正常現象。試著像 assert(3 === 2) 這樣對非真值下斷言，你就會看到一個錯誤被拋出了。

如果你下了上述那樣的斷言，那你正在測試 JavaScript 本身：它的數值、+ 運算子、=== 運算子。類似地，你可能更常發現自己在測試函式庫：

```
_ = require('underscore');
assert(.first([3, 2]) === 3);
```
譯註

這樣是在測試 underscore 這個函式庫是否運作得跟預期一樣，如果你正在探索新的函式庫或不熟悉的 JavaScript 特性時，測試低階實作細節是很有用的，但通常這些套件本身擁有的測試就綽綽有餘了（每個優秀的函式庫都有自己的測試）。然而，對此我有兩個附加聲明。首先，為了確認某些函式或函式庫已經能在你的環境中正常運作，「理智的測試」是需要的，但是當環境趨於穩定，這些測試就可以拋棄了。第二，若你正在撰寫的測試是為了幫助你自己對程式碼更有信心（之後還會再詳述），那測試一個函式庫的行為確實是個了解程式碼的實戰方法。

為什麼我們不在意不明確和未測試的行為？

我們努力描述並測試程式碼的程度，正展現了我們對其行為的關注。如果一段程式碼沒有測試、一個用以執行它的手動程序，或者至少一個它該如何運作的描述，那就代表它基本上是無法驗證的。

譯註　原文為 assert(.first([3, 2] === 3)，但這是個不合語法的句子。

假設以下的程式碼不帶有任何測試、文件或描述它的業務流程：

```
function doesThings(args, callback){
  doesOtherThings(args);
  doesOtherOtherThings(args, callback);
  return 5;
};
```

我們會關心它的行為是否改變嗎？事實上，會的！這個函式可以一口氣處理一堆事。這僅僅因為我們對它的無知並不會使它變得不重要，反而會使它變得更加危險。

但以重構的語境來說，我們並不在意這個行為是否改變，**因為我們根本不會對此重構**。我們不會想要去改變缺乏測試（或至少有文件說明它執行方式）的程式碼，**我們無法重構它**，因為我們無法驗證它的行為是否改變。本書後面會提及該如何創建「描述測試（characterization tests）」來處理沒有測試的程式碼。

不僅在處理前人所遺留的程式碼時會發生這個狀況。重構新產出但沒有（自動或手動的）測試的程式碼，也是不可能的。

在撰寫完測試之前，關於重構的話題將會是如何進行？

「我重構了用電子郵件與使用名稱來登錄這個功能。」

「不，你沒有。」

「我重構了 ...」

「不，你沒有。」

「我們得在添加測試之前重構。」

「不。」

「重構 ...」

「不。」

「重 ...」

「不。」

為什麼我們不在意效能？

我們不會在重構一開始時就去在意效能。就像前幾個小節中用來對輸入乘 2 的函式，我們只在意它是否對於輸入有正確的輸出。通常我們利用最常見的工具就足夠在第一次嘗試時得到**夠好**的效能了。在此我們所需遵循的格言是「程式是寫給人看的」。

對於第一次實作而言，「夠好」代表我們可以在合理的時間內，去確認輸入確實會產生正確的輸出。如果一個實作實在太慢並讓我們難以做到這點，那我們就需要改變實作了。但在那之前，我們應該有合理的測試而能夠驗證輸入輸出。一旦有了適當的測試，我們就有足夠的信心去重構程式碼與改變實作。如果沒有適當的測試，就會使我們真正在乎的行為（輸入輸出）暴露於危險之中。

雖然這算是一種**非功能性**測試，並且通常不是重構的重點，我們依然能將效能（以及程式碼中其他「非功能性」的特徵，例如可用性）變成可否證的[譯註]來強調這個特徵。換句話說，我們可以為效能撰寫測試。

效能在程式庫的非功能性方面通常較受重視，因為人們相對容易做出一個標準來對效能進行評估。透過「基準化測試（benchmarking）」程式碼，我們能夠創建一個當效能太差時會回報失敗、效能足夠會回報成功的測試。此時我們的測試就是將執行函式（或其他程序）作為「輸入」，將完成它所需的時間（和其他資源）作為「輸出」。

然而，在效能已經有一個這種形式的可驗證測試架構之前，效能並不會被我們視為需要考慮是否改變的「行為」。如果我們有適當的功能性測試，在我們決定了某個效能標準之前，我們都可以自由的調整實作。決定效能標準之後，我們的測試集就能包含效能特徵了。

所以到頭來，在我們決定並創建效能（及其他非功能性面）的標準之前，它都不是我們首要關心的重點。

[譯註] 此處應該是指，我們能去確立一種方式（例如以時鐘計時）來決定（否定）某段程式碼的效能是否有問題。

JavaScript 在效能方面的特殊困難

對於某些形態的 JavaScript 而言（參見第 2 章），要在不改變效能的情況下去改變（不安全的）或重構（安全的）程式碼是完全不可能的。添加幾行沒有最小化過的前端程式碼，就會增加大量下載和處理的時間。不計其數的的建置工具、編譯器、實作，將會根據你如何組織程式碼而玩起各種不同的小把戲。

這些事情可能對你的程式很重要，但請注意，重構對於「不改變行為」的承諾絕對不包括它們。難以捉摸的效能問題應該被移出來額外考量！

如果程式碼的行為不變，那修改程式碼的重點是什麼？

重點在於，在維持行為的情況下改善品質。並不是說修正臭蟲和開發新功能（寫新程式碼）不重要。事實上，這兩件事與業務目標密不可分，而且比起程式庫的品質，專案 / 產品經理更在意它們。然而，它們都會改變程式碼，因此與重構截然不同。

現在我們要闡述兩個重點。首先，在「把事情搞定」的情境中，品質為什麼重要？第二，什麼是品質，以及重構如何改善品質？

在品質與把事情搞定之間取得平衡

似乎每個人每個專案的運作方式都可以用一個簡單的光譜來描述，這個光譜的一端是品質，另一端是把事情搞定。在一端我們能得到一個不能做任何事的「美麗」程式庫；而在另一端，我們則能得到一個試圖支援諸多功能但卻充滿臭蟲與半完成功能的程式庫。

技術債這個名詞在近二十年間開始廣泛流行。用類似財務的行話來讓非程式設計師易於理解，並且以更細緻的詞語來描述一個任務可以多快完成或是應該多快完成。[譯註]

先前提到的光譜某種程度上是很精確的。做小專案的時候，我們大概還能接受一些可見、可描述的技術債；但當專案越長越大時，品質也變得越來越重要了。

[譯註] 通常借錢可以讓事情更快完成，在此指我們借了這些技術債所以能夠加快任務進行。

什麼是品質？它又怎麼牽扯到重構？

是什麼造就了程式碼的品質？對此人們早有大量的研究，有些以一組原則來描述。

- SOLID：單一職責、開閉原則、Liskov 替換、介面隔離以及依賴反轉（Single responsibility, open/closed, Liskov substitution, interface segregation, and dependency inversion）
- DRY：別重複你自己（Don't repeat yourself）
- KISS：讓事情簡單些、傻一些（Keep it simple, stupid）
- GRASP：通用職責分配軟體模式（General responsibility assignment software patterns）
- YAGNI：你不需要它（Ya ain't gonna need it）

還有其他的度量方法，例如程式碼 / 測試覆蓋率、複雜度、參數數量以及檔案長度。並且存在有各種能夠監控語法錯誤與程式碼風格的工具。有些語言甚至更進一步，使得人們根本無法寫出某些風格的程式碼。

沒有一個絕對基準能夠衡量品質。本書認為，運作正常又易於擴展的程式碼就是優良的程式碼。有了這個定義之後，我們的戰術就是為程式碼撰寫測試，並且寫出易於測試的程式碼。在此我謙遜的提出「EVAN 程式碼品質原則」。

- 提取函式與模組以簡化介面
- 透過測試驗證程式碼行為
- 盡可能避免不純的函式
- 良好命名變數與函式名稱

別感到拘束，請你也用自己的名字創造一個軟體品質原則吧！

將可讀性作為品質

人們也常將「可讀性」視為品質的重大指標，但這是個相當難以判定的特質。每個人的經驗與所接觸到的觀念都各有不同。程式新手，甚至是剛學某種新範式的程式老手，都有可能在與抽象概念苦苦搏鬥。

若由此推斷，只有最簡單的抽象才能成為高品質程式碼的一部分。

> 在實戰中，開發團隊應該在避免使用小眾而令人困惑的功能，但同時又得投注時間去教導新手那些合理、正確運用的抽象概念。

在重構的語境中，品質就是目標。

由於你要解決的問題來自於許多不同的範疇，而你所能選擇使用的工具又是那麼的多樣，第一次的猜測很難是最優的。要求你只寫出最棒的解答（並且不再遇到它）幾乎不可能。

透過重構，你可以先為你的程式碼與測試做出最佳的猜測（如果你採用測試驅動開發（test-driven development），TDD，不會照著先寫程式碼再寫測試的順序；見第 4 章）。然後，你的測試會保證你在修改細節的同時，整個程式碼的行為（測試的輸入與輸出，也就是介面）是不變的。用這個流程所提供給你的自由，你可以改變你的程式碼，使之達到任何程度的品質（也許包含效能或其他非功能性特徵）以及你認為合適的抽象。除了能夠漸進的改善程式碼品質之外，練習重構還有個額外的好處，那就是你能夠在改善不良程式碼的過程中學習，下一次犯的錯會更少。

所以我們採用重構來安全地改變程式碼（而非行為）以增進品質。你當然可能會想知道實際做起來會是什麼樣子。這正是本書在後面會說明的，但在此之前我們還有幾章背景知識需要說明。

第 2 章提供了 JavaScript 本身的背景知識。第 3、4 章會有一番關於測試的辯證，緊接著是一套測試的實戰方法，這套方法是在撰寫具信心的程式碼並快速迭代的過程中很自然產生的，我們並非獨斷的堅持測試是不可質疑地美好的。第 5 章則深入探討了品質，以及被稱為 *trellus* 圖（更多資料請見 trell.us）的一套函式視覺化方法。

在第 6、7 章中，我們研究通用的重構技巧。接著在第 8 章研究如何重構有著層次結構的物件導向程式碼，以及在第 9 章中研究各種模式。在第 10 章探討重構異步，第 11 章中則以函數式程式設計來重構。

在 JavaScript 這種特性多樣的語言中，要敲定何為品質非常困難。但透過這幾章介紹的各種技巧，你將有很多選項去選擇。

視重構為探索手段

雖然本書的大部分時候都將重構作為一個改進程式碼的過程，但這並非它唯一的目的。重構也能幫助對程式碼建立信心，以及幫助熟悉你正在工作的程式碼。

約束有其好處，而缺乏約束正是 JavaScript 在許多方面難以學習的原因。然而敬畏會滋生不必要的約束。我曾經看過一次班・弗茲的表演，那場秀以他把椅子砸向鋼琴作結。誰會去破壞一台傳統上受尊敬（而且很貴）的鋼琴呢？一個在控制中的人。一個比他的工具還來得重要的人。

你比你的程式碼還來得重要。破壞它，把它通通刪了。去改變你想改變的一切。弗茲有錢能夠負擔得起新買一台鋼琴。而你有版本控制。你想對你的編輯器幹嘛就幹嘛，而且你在修改的是有史以來最便宜、最有彈性且最牢固的介質。

當然，在你的程式碼適合你時重構它。我猜這會常常發生。但如果你想刪掉某些你不喜歡的東西，或僅僅想破壞它或拆開它來看它究竟是如何運作的，那就去做吧！你能在撰寫測試與不斷的小幅改變中學到許多，但這不會總是最簡單或最自由最有趣的探索路徑。

什麼是以及什麼不是重構？

在我們結束本章前，我們再一次區別重構與看起來很像重構的東西。這是一份清單，清單中的事項都不是重構。相反地，它們都創建新的程式碼與特性。

- 給一個計算機應用程式新增開平方的功能
- 從頭製作一個應用程式
- 用新框架重建已有的應用程式
- 給一個應用程式增加一個新套件
- 以姓名而非名字來稱呼使用者
- 本地化
- 最佳化效能
- 改變程式碼以使用不同的介面（例如，同步到異步、回調到 promises）

不是重構的東西不僅只如此，對於現有的程式碼，任何介面（行為）的改變都**該**使測試失敗。否則，測試率大概是很糟糕的。而底層實作細節的改變**不該**使測試失敗。

此外，去改動任何沒有合適測試（或至少如何手動測試的文件）的程式碼都無法確保不改變它的行為，因此這也不算是重構，只能說是改變程式碼而已。

總結

希望本章已經揭露了何謂重構，至少已經提供了一些例子說明什麼不是重構。

如果我們只要抽象地重構 JavaScript 或僅僅看著其他語言一些能啟發靈感的源碼範例，就能定義並完成具有優秀品質的程式碼，那我們的 JavaScript 程式庫就不會困擾於當今這種「不是壞就是新」的二分法了，程式庫總是沒有被好好維護，最終它們被工具 A 或框架 B 重寫：這是一種代價高昂又充滿風險的做法。

框架無法拯救我們的品質問題。jQuery 沒能拯救我們，ESNext、Ramda、Sanctuary、Immutable.js、React、Elm 或任何下一個被發明的東西，它們通通做不到。縮減與組織程式碼很有用，但透過本書，你將能建立一套改善的流程，不再掉入「為糟糕的品質而痛苦→投入未知大量的時間以『這個月最潮的框架』重新建構→為這個框架而更加痛苦→再重建」的無限循環中。

第二章

你用的是哪一種 JavaScript？

這也許看起來是個簡單的問題。一個語言能有多少變種呢？嗯，以 JavaScript 來說，以下任何一項都會嚴重影響你使用的工具與工作流。

- 版本與規格書
- 平台與實作
- 預編譯語言
- 框架
- 函式庫
- 你需要什麼 JavaScript ？
- **我們**用什麼 JavaScript ？

上述這些不只代表了不同的做事方法，也代表了大量的時間投資去決定要使用什麼、學習至熟練、最終流暢的撰寫。本章我們將會探索這些複雜的東西來揭露我們**能**寫什麼 JavaScript，而本書之後的章節，就能更具體的去討論我們**該**寫什麼 JavaScript。

能選擇什麼樣的 JavaScript 有時候受限於專案、有時候受限於框架，而有時候則取決於你的個人喜好。

建立一套程式碼風格在任何語言中都是最艱難的挑戰。而由於 JavaScript 生態圈的複雜度與多樣性，這又尤為艱難。為了成為面面俱到的開發者，有些人建議，每年學一種新的程式語言。然而你恐怕一生也學不完所有的 JavaScript 方言。對許多語言而言，「學會程式語言」代表熟練核心 API、資源、一兩種流行的擴展／函式庫。將這個標準套用到 JavaScript 的話，則會遺留下許多未能探索的內容。

我該用哪一種框架？

這在 JavaScript 社群裡是非常常見的問題，而這個問題的程式語言版「我該學哪一種程式語言？」大概是新手開發者最常問的問題。這個框架跑步機會給開發者一個感覺，他們真的需要什麼都懂。徵才廣告中逐漸通貨膨脹甚至自相矛盾的能力需求對這個問題幫助並不大。JavaScript 就是有這麼多框架、平台，以及能夠寫出超級多樣的程式碼，以至於這類問題一而再、再而三的出現。

最終，你不可能什麼都學會。如果你的工作或是想要的工作需要某項技能，那請優先學習它。如果你沒有想要的工作，那就在會議上尋找朋友或導師，並跟著他們學習。或者，如果你只想學習你感興趣的東西，那就找個看起來很酷的東西，然後盡你所能的深入它，再換下一個，並在某個時間點考慮從這些技術中挑選一些去精通。

你可以將類似的流程（篩選自工作要求、你的朋友用什麼、你覺得什麼很酷）套用到選擇語言、框架、測試庫，或是樂器上。在它們之中，偶爾深入，此外，請別介意我這有點現實的建議 — 注意哪個會賺錢。

「看起來很酷」聽起來有點籠統，對我來說，它代表對我是最新奇、最令人費解的科技。我不太可能會去學習解決同一問題的 14 種變種。對某些人來說，它代表新潮。對某些人來說，它也代表受歡迎或者有利可圖。如果你不知道對你而言什麼是「看起來很酷」，請別花太多時間去思考要選什麼，先淺嘗幾種試試就好，你會找到答案的。

版本與規格書

如果你想知道 JavaScript 的現狀與未來，那你應該去閱讀 ECMAScript 規格書（*https://tc39.github.io/ecma262/*）。雖然 JavaScript 的特性在函式庫與特定實作中不斷冒出，但如果你正在尋找這些特性的本源，請看 ECMAScript 規格書。

特別一提，有一個叫做 TC39 的委員會會負責追蹤並採用新特性到規格書裡。規格提案會經過一個多階段的流程才有可能被採用，你可以在 Github（*https://github.com/tc39/proposals*）上追蹤提案會經歷的五個階段（0-4）。

嚴格模式

由於在網頁應用中有大量不同的實作（大多數是瀏覽器），而「弄壞舊網站」通常被認為是件壞事，因此即使某些 JavaScript 的特性已經不再討人喜歡，我們還是不太可能將它廢除。

不幸的是，JavaScript 包含一些會造成不可預測性的特性，還有一些特性光是存在就會影響效能。

JavaScript 有一個更安全、更快速、可選的子集，開發者只要標註 "use strict" 就能指明在檔案範圍或是函式範圍下使用它。

一般來說，使用嚴格模式是個優良實踐。有些框架或預編譯語言會將它加進建置 / 編譯流程中。此外，class 表達式的主體中，預設就包含了 "use strict"。

儘管如此，緊跟著 ECMAScript 規格書仍然有兩個主要缺點。首先，規格書的長度與重點數量都極為嚇人。它是寫給瀏覽器的開發者而非應用程式或網站的開發者看的。換句話說，對於我們這些普通人，實在是殺雞焉用牛刀。但直接閱讀它還是有用的，尤其對於那些喜歡在部落格上以淺顯易懂的方式來描寫特性的人，或是那些不想單單相信部落格之言的人。

第二個缺點是，即使規格提案已經完成（階段 4），仍舊不保證你的目標實作（例如，node 或你的目標瀏覽器）上已經支援這項功能了。但規格書也並非是空中樓閣，規格書受實作者（換言之，瀏覽器開發商）的影響甚深。特定實作在某些特性未被納入規格書之前便先行支援也是常有的事。

如果你對一些規格書已採用但你所選實作尚未支援的特性感興趣，你也許會想要知道三個名詞：*shims*、*polyfills*、**轉譯器**（*transpilers*）。搜尋「該如何在＜某個平台＞（node, Firefox, Chrome 之類的）上支援＜某個特性＞」[譯註]，將這些術語拼裝一下，很有機會能找到答案。

[譯註] 雖然大家可能都曉得，但還是提醒一下。用中文這樣查大概是找不到答案的，原文是“how do I support <whatever feature> in <some platform>”，以此搜尋會好得多。

平台與實作

當 node 的浪潮襲來之初，web 開發者們經歷了一種混雜著被救贖與狂熱的情緒，因為他們看見了在後端與前端使用同一種語言的前景。其他人則感嘆 JavaScript 這種語言居然能有這樣的主流地位。

這份承諾已經有了複雜的結果，後端推使前端被視為更嚴肅的程式碼（更有組織、方法），這使 JavaScript 生態圈更加欣欣向榮，而大量熟練 JavaScript 的前端開發者，由於語言相通，能夠較為輕鬆的跨到後端領域，也確保了後端平台一直會有新血加入。

另一方面，在本書寫作時，全端（我們有時候稱在兩處執行相同程式碼為「同構」）的 JavaScript 框架仍舊不如純前端或純後端的框架來得流行。當 Ruby 有 Rails、Python 有 Django 作為主要的框架（吸引大量貢獻者）時，飄忽不定的 JavaScript 江山始終沒有一個「大一統框架」出現。

在瀏覽器，JavaScript 很自然的圍繞著 `window` 物件、與 DOM 的互動，以及其他的瀏覽器 / 裝置功能。而在網頁應用的伺服器端，資料管理與處理請求才是最受到關注的。即使前後端的語言恰巧「一樣」，它們為了完成各自的任務，程式碼組織的模式也不太可能會完全相同。

雖然 ECMAScript 規格書決定了什麼特性該被實作及支援，但你能使用的特性受限於你的實作（或是你引入的函式庫）。你使用哪個版本的 node 跟你使用哪個版本的瀏覽器正是規格與現實交匯之處。

想要看看各個瀏覽器原生支援了哪些特性，caniuse.com 有一份更新的清單，不但描述了 JavaScript APIs，也包含了 HTML 和 CSS。若想同時關注前端與後端，則可以查看追蹤更多特性的 Kangax 的 ECMASCript 相容性表格（*https://kangax.github.io/compat-table/es6/*）。

如果你對什麼樣的 ECMA / TC39 提案已經被某個平台實作特別感興趣的話，你可以透過篩選那個表格來顯示尚未為當今標準的提案（*https://kangax.github.io/compat-table/esnext/*）。

一個程式語言的實作也可以被稱為**執行時期**（*runtimes*）或**安裝**（*installs*）。特殊的 JavaScript，尤其是存在於瀏覽器中的實作，有時候會被稱為 *JavaScript* **引擎**。除了傳統的版本號之外，我們也會用**建置版**（*build*）或**發行版**（*release*）來描述版本與發佈週期的關係，或者它已經在流程中走到了哪一步。你會看到像是**每日建置版**（*nightly* *build*）、**每週建置版**（*weekly build*）、**穩定發行版**（*stable release*），以及**長期支援版**（*long-term support release*）等這些術語。

實驗特性（並非來自 ECMAScript 規格書）、非規範特性（未在規格書中規範）以及與規格書之間的落差都是視瀏覽器而定，也視建置版而定。某些特性在被納入規格書的前幾年就已經存在於函式庫或實作中了。而某些被一些實作先行支援的特性，則在被 ECMAScript 規格書及其他實作取代或忽略之後，逐漸凋零廢棄。

一些 JavaScript 正冒出頭的地方並不完全能被稱為語言的「平台」或「實作」。JavaScript 可以拿來寫行動應用程式、桌上作業系統，甚至是微控制器。

雖然它們全都是 JavaScript 生態圈令人興奮的一部分，不幸地，追蹤在任一情境下哪些 JavaScript 特性可用，仍然不是個輕鬆的任務。

預編譯語言

到目前為止，我們已經看到了各種實作、平台、各個版本的 ECMAScript 規格對什麼是 JavaScript 都有自己的一套概念。所以你到底該寫哪一種 JavaScript 呢？

首先，我們先來看看這個，「編譯過」與「原始碼」的 JavaScript 最簡單的比較：一個稱之為**縮小**（*minification*）的過程。一個縮小器（minifier）能壓縮你的程式碼以縮減檔案的大小，同時還保有程式碼的原意。在瀏覽器的情境中，這代表網站使用者可以只下載更少的東西，也能更快將頁面載入完成。

然而，縮小絕非編譯 JavaScript 到其他 JavaScript 的唯一用途。一個特別成功的專案就是 Babel.js，它能使開發者使用 JavaScript 未來的特性，其運作原理為將原本可能無法工作在目標實作的源碼當作輸入，然後編譯出較舊式也較通用的語法。

其他預編譯語言的想實現的特性可能與 ECMAScript 規格毫無關聯，但依舊是被 JavaScript 所啟發的。Sweet.js 讓開發者能為 JavaScript 新增關鍵字，並讓 JavaScript 能使用巨集。React 這東西超出了本節範圍，但常與它一起使用的語言—JSX，也是一種預編譯語言，它讀起來很像 JavaScript 與 HTML 的混合體。Sweet.js 和 JSX 都在編譯至 JavaScript 的過程中使用 Babel，而這就是 Babel 擴張的證據。

由於 JavaScript 的開發者對它保持著一種又愛又恨的關係，導致函式庫極速增長，但有些函式庫是以某種預編譯語言所撰寫。它們將 JavaScript 視為一個「編譯目標」。

在波浪括號以及缺乏類別導致的怒火之中，CoffeeScript 大受歡迎，它可讓人撰寫一種編譯至 JavaScript 的（某些人較為喜歡）程式碼。許多預編譯也採用了類似的策略：以你喜歡的方式來撰寫程式碼（發明一種新的或是使用已經存在的語言），然後將其編譯至 JavaScript。儘管 CofeeScript 已然失寵，但其他預編譯語言仍舊高歌猛進，試圖填補 JavaScript 的坑洞（或只是缺乏一致性）。

如果能對所有編譯至 JavaScript 的語言做個概覽的話一定很棒，但在本書寫作的時候，被表列於 CoffeeScript 專案維基（https://github.com/jashkenas/coffeescript/wiki/List-of-languages-that-compile-to-JS）的就有 337 種。如果你需要更多證據來證明 Javascript 平台的重要性、這個語言本身有多麼不受信任，抑或是 JavaScript 生態圈有多麼複雜，建議你記住這個好數字。

框架

讓我們回到本章原本要問的問題：「你用的是哪一種 JavaScript ？」

憑藉著我們目前關於規格、平台、實作、預編譯語言的知識，我們將能夠為一個網站「選擇一種 JavaScript」提供任何目標的瀏覽器並使用支援的特性，或者我們也能使用 node 在瀏覽器之外建置程式。我們甚至能使用預編譯語言來支援新特性或額外擴展，並避免撰寫**真正**的 JavaScript。而框架提供了我們另一個可能！

框架可以統一平台與實作，同時還擴展了我們所能使用的 JavaScript 字彙。要是你因為某種理由還嫌現在可以挑選的 *JavaScript* 不夠多，那框架可以再幫你一把（請掌聲鼓勵）。

Vanilla.js

Vanilla.js 是一個為了戲虐而創造的框架，其實它就是完全不使用任何框架（vanilla 有平乏、未修飾的意思）。而當標準漸漸進步，各個實作開始合併特性，Vanilla.js 將越來越強大。

另一方面，由於不願廢棄令人困惑、不符標準、以及重複的功能（你看看你，`prototype`、`__proto__`、`Object.getPrototypeOf`），也保證了它的功能集既斷裂又蔓生。

也許未來某些類似 "use strict" 的東西能夠統一各個實作（讓我們不再需要框架），但我不敢為此打賭。

JQuery、Ember、React、Angular 以及類似框架，基本上都是個超級函式庫。很多框架，像是 Ember，處理程式碼組織、打包、分發，以及測試。有些創造寫 HTML 的新語法，想是 Angular。React 甚至包含了自己的預編譯語言（也就是先前提過的 JSX），沒有經過編譯便跑不起來。

至今仍能在許多應用程式中找到 jQuery 的足跡。新手會感到 JavaScript 與 jQuery 語法與目的有著極大的差異，因此詢問他們該學習哪一個。這是每個框架（前端或後端）都會面臨的一個長青問題。

框架跟函式庫的界限可能有點模糊，但當你發現有人會去詢問一個函式庫這樣的問題時，代表（雖然提問者可能是因經驗不足才困惑）那個函式庫可算是一個框架，因為它已經與 JavaScript 差異甚多，以致於初學者會以為那並非 JavaScript 了。

框架這個詞已經被嚴重過載了。某些框架（例如 jQuery）僅僅用來簡化與統一與瀏覽器的互動就使用了 *JavaScript* **框架**這個詞，而像是 Ember 的東西卻被稱為**網站框架**（*web framework*）或是**應用程式框架**（*app framework*）。網頁 / 應用程式框架通常帶有它自己的一套建置 / 編譯流程、應用程式伺服器、應用程式基本架構，以及測試執行器（test runner）。

為了使人更加困惑，實質上任何函式庫都可以給自己冠上框架這個字眼（例如，測試框架）好讓自己看起來更厲害。另一方面，Electron 這個能夠以 HTML、CSS、JavaScript 構建的東西，即使在本章的分類方法中它比較接近平台，但它仍舊稱自己為框架。

函式庫

不管它們是如何稱呼自己，函式庫與框架的區別通常在於，它們擁有更特定的目的並且更微型（或至少目標沒那麼遠大）。在撰寫本文時，Underscore.js 稱呼自己為「一個提供了一大堆函數式程式設計幫助函數的函式庫」。

你用的是哪一種 JavaScript ？

到目前為止，你已經能選擇特定平台與實作。此外，你可以決定使用框架來簡化流程、統一實作、開啟 `"use strict"`、引入建置 / 編譯流程來使用預編譯語言產生 JavaScript。

函式庫提供更多特性，而這些特性也許是被其他實作所廢棄的（`"use strict"`）

你需要什麼 JavaScript ？

這是個困難的問題，你可以考慮以下四點：

1. 跟隨潮流

   老實說，如果你難以抉擇，最好的方式就是跟著潮流走。挑最多人用的框架、最多人用的函式庫。你的應用程式的使用者最可能用哪個平台與實作，你就用哪個。背後有個龐大社群支援，就代表你能找到大量的文件與範例程式碼。

2. 試試冷門

   當你已經探索過最多人用的選項之後，找個獨特並能激發你不同想法的框架。研究這個框架跟之前研究過的那個最受歡迎的框架有何不同。

3. 使用所有可能的工具

   引入所有你能使用的函式庫，看看你能把你的測試流程搞得多複雜、多肥大。

4. 極簡化

   看看你能用 Vanilla.js 在你的實作上做到什麼程度。當你有了使用工具的經驗，從零開始會讓你感到很清爽，只在工具證明對自己有用時引入它們。當我們在第 4 章介紹測試框架時，會再提到這個流程。

我們用什麼 JavaScript ？

面對這麼多的選項，本書似乎很難從中挑出一個。以下是我們的做法：

- 不用框架（除了提到的那幾個）
- 沒有編譯／轉譯／縮小的步驟
- 大部分程式碼無須執行於瀏覽器，僅使用 node 標準核心套件
- 測試時會引入少量函式庫（mocha、tape、testdouble、wish）
- 還有兩個用於函數式程式設計的函式庫（Ramda、Sanctuary）

就風格而言，本書的目的是帶你使用及改善不同風格與品質的程式庫。我們將探索過程式程式設計、OOP（物件導向程式設計）、函數式程式設計。

在我們做出改善**之前**，你將會看到許多糟糕的程式碼。而改善**之後**的程式碼也未必是最佳的，或者不是你（甚至我）最喜歡的風格。

我們以安全、簡潔的步驟來展示大量的技術，我們無法每次都從程式碼的初始形式一直演進到它的完美狀態。

你也會在遺留程式庫中發現一樣的情況，整體而言，不良程式碼的數量或花樣可能比優良程式碼還來得多。本書將會**漸進式**的讓事情變好。有時候我們會忍不住去想，「這真是一團垃圾。我們該把它丟了然後使用框架 / 風格 / 某個東西」。但這樣一來就變成了**重寫**（*rewrite*），是個更有野心（更昂貴風險更大）的做法。在本書呈現的風格與改變中，有時候我們能將不良調整到還可以，有時候能從好到更好。這樣的廣度才能讓我們探索夠廣泛的選項，以讓你套用至你的作品。

總結

如本章所描述的，你能選擇的 JavaScript 多到嚇人。可能未來情況會改變，但我不認為最終會只剩下一種 *JavaScript*。這個生態圈是如此地多樣，以至於你能去探索完全不同的編程方式並且仍可以選擇你熟悉的做法。「懂 JavaScript」是一個不斷變動的目標這個事實使人感到沮喪，但也代表著容易找到新樂趣並且工作前景會很棒。

第三章

測試

讓我們從測試的缺點談起。

「撰寫測試會佔用太多時間，我們的開發速度不允許。」

「它是額外的程式碼，會增加維護負擔。」

「那是品質工程師（QA, Quality Assurance）的工作。」

「它抓不到足夠的錯誤。」

「它抓不到重要的錯誤。」

「這只是個小腳本 / 小修改，不需要做測試。」

「反正這程式有用嘛！」

「老闆 / 客戶是為功能付錢，不是為測試付錢。」

「團隊裡沒人在乎測試，他們會弄壞測試流程，而我則是高譚市那位抓狂的高登警長。[譯註]」

[譯註] 蝙蝠俠所在的、充滿亂象的萬惡高譚市，高登局長在此深感自身的無力。

關於最後一則情境

這個情境其實棘手多了，而問題並非出在測試本身。這個情境顯示了你的團隊小而／或經驗匱乏，並且缺少領導。這種對於測試與品質的觀點，可能會隨著時間改進（緩慢地、一次一個人地），或是被上層強制律令（在缺乏領導的狀況下不太可能發生）。

不幸的是，如果你的團隊充滿「牛仔」──只推送（push）程式碼、忽視品質和測試的程式設計師──最有可能的結果，就是挫折與不可預期的故障（與不可預期的工時）。

「立刻離開有毒的團隊」並不是唯一解，因為你的處境可能有其他優點或限制。然而一般而言，關注品質的專案會更穩定（更少人員流動）、提供更優渥的薪資，以及更多的學習機會。

在上述列出的情境中，最後這則情境特別突出，因為要解決它不能僅靠「習慣做測試，體會並享受其中的好處」。但如果**工程文化**不鼓勵測試，就等於是不鼓勵品質，而改變文化比改變你個人對測試的觀點和經驗困難多了。如果你不是領導職位，為了你的個人發展著想，最好避免或是離開這類計劃。

乍看之下，「老闆／客戶是為功能付錢，不是為測試付錢。」似乎也像個文化問題，然而這不太可能會強制規範到程式碼的層次。如果你撰寫測試的效率夠高，只有最短期的計劃可以靠省下測試來加速。在這些案例中，你應該仰賴你的判斷來寫出高品質的軟體。沒有哪個理性的老闆或客戶會拒絕去驗證軟體的正確性。如果你能有效率地自動化整個驗證流程，你對品質的專業標準就應該包含撰寫測試；如果你因為不會用測試工具而效率低落，那麼就不得不對較低的標準妥協，直到有足夠的經驗為止。首先，你要體認到每次手動檢查就是在做測試，你只是沒有自動化這個流程罷了。這應該是個足夠的動機了。

這一切都是為了說明，為了克服你內在對測試的抗拒，你應該在建立自己的品質標準時習慣去做測試。而外在的阻力，如果夠強的話，就是對品質和專業開發的阻力。本書理應能幫助你克服內在的抗拒，至於外在阻力則全是人際關係和選擇專案的經驗問題了。

如果你有這些觀點，你絕不孤單，在某些專案中你搞不好還是對的。撰寫測試有其現實面的困難，但我們必須記住，不如虎穴，焉得虎子。某些程式設計師可能會感覺「認知失調」（cognitive dissonance），促使他們尋找證據來證明測試是無用的 / 昂貴的 / 別人的工作。這時他們就像伊索的狐狸[譯註]，在摘不到葡萄的時候說著「那一定是酸葡萄」來自我安慰。但如果透過測試來確保軟體品質很困難，那一定是不重要的事，對吧？

處理生命中不可掌控的後悔和失望時，這未嘗不是個有用的心態，但不去瞭解測試的好處，形同將自己阻絕在一個截然不同的寫程式方式之外。這裡的葡萄不是酸的，而且你能找到梯子去摘它。

測試的主要目的是讓你對自己的程式碼有**信心**，這樣的信心不可能無中生有。它必須經過懷疑的鍛造，而這份懷疑正是來自看過太多有問題的、難以改變的程式碼。正如我們將在 81 頁的「除錯與回歸測試」中所見，信心會告訴你該測試哪些部分，以及該如何測試。學習測試最大的理由是，看見新的程式庫時，你會培養出自己的信任與懷疑感。如果這聽起來有點抽象，別擔心，下一個段落將介紹更實質的理由。

首先，快速瀏覽一下我們即將使用的術語：

覆蓋率（*Coverage*）（**程式碼覆蓋率、測試覆蓋率**）

這個數字用來測量有多少行程式碼已被測試集覆蓋，通常以百分比表示。

高階與低階（*High-level and low-level*）

正如程式碼本身，測試可以是概括性的（高階）或更加深入細節（低階）。這是兩個很泛用的詞彙，但對於我們即將介紹的兩種最重要的測試，**高階**一詞大致對應到「端對端測試」（end-to-end tests），而**低階**則對應到「單元測試」（unit tests）。

複雜度（*Complexity*）

這個數字用來測量程式碼中有多少路徑（pathway）。相較於其前身**循環複雜度**（*cyclomatic complexity*），**複雜度**一詞較為隨意且廣泛。

信心（*Confidence*）

信心是測試的終極目標。完整的測試覆蓋率，足以說服我們程式庫的表現正如我們所願。但我們也要提出一些警告，見 34 頁的「非功能性測試」與 39 頁的「測試驅動開發」。

譯註　即伊索寓言中吃不到葡萄說葡萄酸的狐狸。

已測試（*Exercised*）

如果測試集已經運行了某一行程式碼，則稱這行程式碼為**已測試**。而已測試的程式碼即有覆蓋率。

技術債（*Technical debt*）

這個術語泛指一種情境：對程式庫缺乏信心與信任（出自於複雜度與測試覆蓋率低落），最終導致了更多的臆測及更慢的開發。

回饋循環（*Feedback loop*）

即「寫程式」和「知道它正確與否」之間的鴻溝。「緊」或者「小」的回饋循環（相對於「鬆」或「長」的循環）是良性的，因為你可以立刻知道程式碼是否如預期般運作。

Modking **和** *stubbing*

兩者都是在避免直接運行一個功能，而是用假的（dummy）取代之。兩者的差別在於， mocking 會創造一個**斷言**（*assertion*）（測試中判斷通過 / 失敗的部分），而 stubbing 則無此特性。

測試的 N 個理由

1. 你早就在做了！

   好吧，這有點假設的成份，但如果你在終端運行程式或用瀏覽器打開 HTML 檔來確認其行為，你就已經在測試了，儘管是個緩慢且易於出錯的方法。自動化測試不過是讓整個過程變得可重複，例子請見 28 頁的「手動測試」（Manual Testing）。

2. 沒有測試就沒有重構。

   正如第 1 章所述，在不能確保行為如常時重構是不可能的，這也間接說明測試不可或缺。我們想要重構並改善程式碼品質，對吧？

3. 測試讓團隊工作更簡單。

   如果你的同事寫了一段有問題的程式，測試集應該會告訴你們兩人潛在的問題。

4. 測試是理想的、展示功能的方法（但測試不該取代文件）。

   撰寫並維護文件是截然不同的議題，但假設你沒有文件，測試可以展示出你所期望的功能。當然，單靠測試來當作文件不是個好點子（特別是對曝露在外的介面而言），但總比只能參考原始碼強多了。

5. 你不只會驗證自己的程式

   你使用的所有軟體庫未必會遵循同一套更新和版本策略。你可能會不小心更新到某個壞掉或是衝突的版本，而不依靠測試，你不會發現它弄壞了你的程式。情況還不只是這樣，當你引入一個新的函式庫或是函式庫中新的部分，你敢單單依靠函式庫本身的測試嗎？如果你修改了函式庫怎麼辦？你還能信任函式庫的開發者提供的測試嗎？

6. 測試是大升級的關鍵

   當你真的很想開始用某個大框架 / 運行環境（runtime）的最新版本，該如何可靠且快速的升級？人生苦短，部署下去就對了。應該會沒事的，對吧？但通常不對。如果只要求可靠，可以手動檢查每一行程式碼並驗證一切是否都運作如常， 在你需要時吐出正確的資料。如果你要求可靠且快速，就需要一個測試集，別無他法。

7. 你能早期發現臭蟲

   在開發循環中，愈早發現的臭蟲可以愈簡單地修復。理想情況是在寫下臭蟲前就發現它。如果品質保證（Quality assurance, QA）或產品部門發現了臭蟲，就意味著需要更多人花更多時間去修復。如果臭蟲已經被發佈給使用者，我們就得討論另一輪生產循環，以及潛在的商業及信譽損失。

8. 測試可以讓開發循環更平滑，而非造成「斷層」

   測試、重構、增進品質，並最終承受較低的技術債，可以讓你避免需要快速開發時「不得不弄壞程式」。這意味著長工時、延後釋出，以及遠離任何你享受的工作之外的娛樂。

9. 你的回饋循環會變得更緊（tighter）。

   當你不靠測試來開發，開發與驗證程式碼中間的時間就會拉長。有了測試，你的回饋循環可以減至幾秒鐘；沒有測試的話，你將陷入假設其正確或是手動測試的兩難。如果每次都得花五分鐘（而且隨著程式的複雜度增長），你會多常做手動測試？神奇的是，你的回饋循環愈緊密，你就會愈常驗證程式，也能更有信心地做出進一步的改動。

測試的 N 種方法

在此我們會檢視一些測試的方法。其中需要注意的是，我們所檢視的每個方法都包含了三個步驟：設定（setup）、斷言，以及清理（teardown）。

根據不同的組織、產業、語言、框架，以及歷史上的時間點，測試的分類法有許多變化。在此我們強調那些較廣泛、在重構時讓人感興趣的種類，但這份清單算不上詳盡。舉例而言，手動測試就有許多變化，而端對端測試又可以稱為整合測試（integrated tests）、系統測試（system tests）、功能性測試（functional tests），或是根據上下文有不同名稱。

我們感興趣的大多是那些能幫助重構的測試——也就是說，這些測試能增進軟體本身的品質，而非其使用體驗。

讓我們考慮一個有完整覆蓋率的程式庫，每個流程都經過單元測試、端對端測試，或是更理想的，經過兩者的測試。堅持*每一行*都要被覆蓋可能看似有點挑剔，但一般而言，程式碼愈糟，覆蓋率也愈糟糕；反之亦然。實務上，有很多理由導致難以達成 100% 覆蓋率，特別是當你在寫 JavaScript 並依賴額外的函式庫時。當你愈接近 100%（甚至是「五個九」：99.999%），增加覆蓋率所增加的信心就會遞減。

測試是製造信心的工具，但不是唯一的工具。程式庫的開發者或是某個問題領域的專家可以從別的來源生出信心，測試，再加上簡明的程式碼與位置合宜的註解，是信心的特殊來源，因為它們可以讓信心跟著程式碼一併傳遞。不管在什麼案例下，它們都不是目的，信心才是目的。測試這一特殊方法，可以在程式碼中創造一種特殊的信心，這種信心可以傳遞給團隊裡其他成員，或是未來的自己。

為了重構著想，本章將會涵蓋兩種最重要的類型：端對端測試及單元測試。

手動測試（Manual Testing）

本章節稍早就提過手動測試，但根據直覺，每個人都想測試他們的程式碼。如果你正在開發一個網頁應用，你很可能只需要在載入頁面時準備合適的資料物件，然後到處點一點。也許你在某處丟了一個 `console.log()` 來確保變數是你想要的值。不論你稱之為「猴子測試（monkey testing）」、「手動測試」、「確保它有用」或是「QAing」，這種測試策略在探索和除錯時是很有用的。

如果你面對一個測試不足的程式庫，這會是測試的好方法，在功能和除錯的層級也適用。有時你只是需要看看發生了什麼事。這也是「spiking」的一大部分，也就是在進入「紅 / 綠 / 重構（red/grean/refactor）」的循環之前，一項研究的步驟。

根據你所使用的 JavaScript 不同（見第 2 章），或許可以在這一步找出建置或編譯期的錯誤。

帶文件的手動測試（Documented Manual Testing）

從手動測試走向自動化的第一步，是建立一個測試／品質確保計劃。最好的手動測試要嘛是臨時，要嘛就附帶文件。雖然你想要儘早開始特性測試（feature tests）或是單元測試，有時「覆蓋」一段程式最快的方法便是撰寫一系列詳盡的步驟，用來執行相關的程式流程。儘管不是自動化，一份清單（類似 QA 團隊的那種清單）可以確保你用所有需要的方法來測試過你的程式，並且讓整個過程不易出錯，因這無須仰賴你的記憶力。此外，也給了團隊其他成員一個機會，讓他們做出貢獻並像「代辦清單」般執行整個計劃。這可以很有用地減輕一些 QA 團隊的負擔，或者在 QA 團隊根本不存在時好扮演他們的角色。

如果你發現自己對程式碼缺乏信心，測試集要嘛功能失常要嘛不完整，而重大發佈的日期正緩步逼近了，這正是你的最佳選擇。為程式流程添加文件可以使手動步驟變得易於重複，且可以傳給團隊的其他成員。

即使覆蓋率沒問題，在以下兩種情況，品質部門或身兼其職的開發者可能仍會選擇手動測試：如果某個系統故障的風險太過致命（這時的測試有時稱為冒煙測試，*smoke test*），或者其複雜性太高，將導致自動測試難以進行。

認可測試（Approval Tests）

這個方法有點投機，但對於某些專案和團隊組成可能會有用。有時程式的輸出可能很難被自動化地斷言，舉例來說，如果你的網站有個圖片處理的功能可以自動切割、伸縮大頭照。設定步驟沒有問題：隨便餵它一張手頭上的圖片就好，但撰寫一個單純的斷言來確認切割工具正確運作就困難多了。難道你會寫死（hardcode）照片的每一個位元組或像素，只為了達到期望的輸入和輸出？這會使測試變得非常脆弱，因為它會在每次切割新圖片時故障。但難道要跳過全部的測試嗎？

有了認可驗證，你可以將設定和清理的部分自動化，而斷言（或是「認可」，approval）則由人類來決定。這個測試集記錄了那些被你認可的輸出。第二次測試時，相同的輸出會「通過」，而其他測試（或者是新的，或者與原本被認可的輸出不同）則會被加入「未認可」佇列（“unapproved” queue），等待人去觀察。若一切都被認可了，就可以假設程式運作正確。若否，程式碼就會受到和其他沒通過測試的傢伙同等的對待：在幾次回歸測試中重現那個會導致臭蟲的情境，並期望能得到修補。

當輸出為圖片、影片、音訊之類難以被程式化檢視並斷言的東西時，這個流程可以做得很好。雖然 HTML 看似也適用這種測試，但通常當斷言是針對文字或頁面上的元素時，端對端測試或單元測試會更合適。因為你可以用 HTML 語法分析器（HTML parser），或甚至為了 HTML/CSS 使用正規表達式分析器（regular expression parser）（通常是如此），它們的輸出可以很容易地用於單元測試或端對端測試。

正如手動測試是一種由單人執行的有機（organic）流程，某種程度上，認可試驗對團隊而言也是很自然的方法。在任何情況下，當 QA 團隊、產品擁有者或設計師認可了某項輸出，一個臨時特設的（ad hoc）認可測試系統便就位了。根據認可者的技術能力不同，他可能必須負責程式化地設置測試環境，不論是透過帶文件的手動測試，或是要求開發者展示功能。

臨時特設的認可測試系統，其弱點為，事前設置對認可者而言可能是繁瑣的，且要記住哪些輸出已被認可 / 拒絕也有困難。這並非瞧不起測試人員的記憶力，但即使他們全心專注於這個流程，只要團隊結構一改變，關於舊認可的知識將被那些離開的隊員一併帶走。

但我們得要注意，任何將認可測試框架化的嘗試，都可能會偏離測試者本來的習慣。為測試者保持簡潔，可能意味著提供一串網址清單，供他們一一檢視。

對開發者而言就不是那麼直覺了。他們得建立清單、設定每項測試、以及提供一些簡便的方式讓測試者檢視。

儘管這個臨時的流程在團隊中很受歡迎，在看似應該存在的「認可測試框架」這一領域，仍然沒有多少創新。為何如此？下列的問題可能提供了一些解答：

- 如果開發和認可測試是兩個不同的過程，一份權威的認可 / 未認可清單應該由何方提出？
- 誰該負責「額外的工作」，將產品或設計需求轉換成這份清單？
- 原始碼中應該包含特性列表嗎？
- 認可測試不通過（遭到手動的否決）這件事，是否應該被緊密整合進測試流程，以至於認可測試不通過會導致整個測試不通過？
- 如果上題的答案是肯定的，該如何避免減緩整個測試循環？
- 如果答案是否定的，當有人拒絕了一筆測試，應該如何設計回饋機制？
- 開發人員之間是否會出現歧見，某些人將通過認可測試視為工作完成，其他人則否？

- 一個認可測試框架應該如何和議題（issue）/ 特性 / 臭蟲追蹤系統互動（如果真的有互動的話）？

即使只考慮開發團隊，挑選一套流程已經夠難了。但談及認可測試，所有相關人員都必須理解上述問題，並且對問題的答案有共識。或許某些軟體即服務（Software as a Service）的產品可以克服這些問題，但不同團隊之間偏好的介面也不相同，而「根據使用的工具不同，哪些流程應該改變」的決定，也不太可能令所有人滿意。

相關議題：驗收測試（Acceptance Testing）

有人將試著將「驗收測試」給正規化，也就是要求規格必須和使用者的情境嚴格相關。如果你對此類測試有興趣，可以探索 Cucumber.js 這一框架。

雖然這做法看似很吸引人，而且消弭了認可測試本身的不確定性，但要讓一個內部的跨功能（cross-functional）團隊或客戶就定位，可能比想像中更艱難。

在最壞（但相當有可能）的狀況下，開發者最終重寫了整個測試層（而非客戶或「產品擁有者」），但客戶 / 產品擁有者仍要求相同程度的彈性，這種彈性卻導致測試困難。

令人困惑的是，有些被形容為「驗收測試」的框架並不堅持「類英文（English-like）」的語法，而且也不意味著，在整個複雜流程之初，由非開發人員以類英文的語法撰寫了規格。取而代之地，他們提供了點擊或登入這類高階的應用程式介面（APIs），但這些介面都被寫成清楚的程式碼，而且不會被一層轉換成程式碼的語言所混淆。

這些高階應用程式介面在端對端測試中很有用，但如果框架嘗試自動化真實的驗收工作，你就該謹慎待之。需求**魔法般地**變成程式碼，程式碼接著**魔法般地**滿足了那些需求，多半時候這**魔法**正是軟體工程。但軟體工程並非真的魔法，而且八成仰賴人們彼此不斷溝通。

端對端測試（End-to-End Tests）

終於，好菜上桌了。手動測試者可以在終端使用者介面上做出很多行為，而端對端測試旨在將這些行為自動化。以網頁應用為例，這些行為就是創建帳號、點擊按鈕、瀏覽一個頁面、下載檔案等等。

對於這樣的測試，程式碼應該連同程式庫中的其他片段一起被執行。除非真的必要，應該避免 Mocking 和 stubbing （通常是牽扯到檔案系統和遠端網路請求的時候才會使用），因此可以測出不同系統元件之間的整合度。

端對端測試比較慢，而且模擬了終端使用者的經驗。如果你想將測試集一分為二，一個較快一個較慢，那麼端對端測試和單元測試（稍後將會說明）可能就是你想要的。它們也被稱為**高階**和**低階**測試。正如先前文中提到，「高階」意味採取一個較寬闊的視野，且更關注於程式碼整合的部分；而「低階」則意味聚焦於細節。

單元測試（Unit Tests）

單元測試比較快，而且只聚焦於「單元」。什麼是**單元**？對某些程式語言來說，單元多半是指「類別與其功能」。在 JavaScript 中，單元可以是檔案、模組、類別、函數、物件，或是套件（packages）。然而不論是什麼抽象方法構成了單元，測試的重點都是各單元輸入與輸出的行為。

如果我們假裝 JavaScript 的環境更簡單而且只包含了類別，單元測試就代表了測試類別內部的輸入和輸出，以及從類別中建構出物件。

「私有」函數（“Private” Functions）

如果我們說 JavaScript 的單元（不論是類別、函數作用域或是模組）可以一刀分成「私有」和「公有」，或許有些簡化。在包 / 模組中，私有方法就是那些沒有被導出（exported）的函數。在類別和物件中，你有權顯式控制那些在某種意義上是「私有」的東西，但這無可避免地牽扯到額外的設定和 / 或詭異的測試情境。

一般而言，多數人會建議你只測試那些公有方法。這允許你的公有方法聚焦於輸入和輸出的介面，而私有方法的程式碼仍然會在公有方法中被執行。這給予你一點彈性，可以在不用重寫測試的前提下修改私有方法的實作細節（正如稍早提到的，如果不影響介面的改動都會弄壞測試，這樣的測試就可以說是**脆弱**的）。

大體而言這是個很好的守則，因為它讓測試也遵循了「對介面編程，而非對實作編程」的箴言，但這守則的重要性未必永遠比得上「對程式碼的信心」。如果你非得測試一個公有方法的實作才能信任它，別介意打破這項建議。在下一章處理隨機數時，我們將會看到這樣的例子。

和端對端測試相反，我們只在乎單元各功能的獨立行為。這是低階測試而非高階測試，這意味著在各單元之間的接口處，我們應該更自由地使用 mocking 和 stubbing（相對於端對端測試中的盡量避免）。這有助於我們聚焦細節，並把整合的接口留給端對端測試。此外，如果你避免載入整個框架和所有你使用的包，再加上假造遠端伺服器的呼叫（可能還有檔案系統及資料庫），這個測試集就會保持快速，即使測試集變大了依然如此。

當框架令你失望

框架常常有自己的測試模式，這可能與程式碼存放的資料夾相關，而非與它是單元測試還是端對端測試相關。從兩個方面來看這都是糟糕的，首先，這種模式鼓勵了只寫**一個**測試集，而非一個快的（時常運行）和一個慢的（較不常運行）。

根據應用程式的資料夾切分也可能鼓勵在一份測試中混雜了單元測試與端對端測試。如果在你測試一個網頁應用的登入功能，你應該載入哪怕是一點點資料庫中的資料嗎？對於端對端測試，答案八成是肯定的；對於單元測試，答案八成是否定的。理想是應該要有慢的測試（端對端）和快的測試（單元）來區分這項行為。

這個分野正在被侵蝕，因為測試一詞在口語上可能代表著特徵測試、模型測試（model test）、服務測試（services tests）、功能性測試或者其他。當應用程式成長，這可能導致一個巨大、緩慢的測試集（其中夾雜快速的測試）。如果你有一個緩慢的測試集，你很難深入研究並切出**不得不**緩慢的測試及**可能**快速的測試。幸運的是，你的應用程式結構可能提供了一些線索，告訴你哪些資料夾應該要快而哪些資料夾應該要慢（根據其中的檔案傾向於處理高階還是低階的運算）。遵循這個切分可能得要做額外的工作，從可能快速的單元測試中移除需要載入的相依性。因為它們在建構時未曾考慮效率的問題，它們可能載入了太多應用程式、資料庫，以及外部的相依性。

使用框架提供的預設結構其好處是，你也許能夠更簡單的理解測試、並且開始撰寫測試。雖然某些時候這個途徑可能不是你所樂見的，但擁有一個高覆蓋率的測試集，總好過擁有兩個效率稍高、覆蓋率卻低落的測試集。

我想說明的是，要解決立即的問題，但同時也要當心未來的問題。如果你的覆蓋率很悲劇，那麼改善它就是第一優先；如果你的測試集慢到沒人想用（這個問題只可能發生在你有一堆測試和良好的覆蓋率時），那就集中火力在改善效能上吧！

你的測試集就和任何程式碼一樣，應該在調整效能之前先滿足最主要的目的。覆蓋率和信心是最優先的，但如果測試集已經慢到一個極點，導致很少人會執行它，那你就必須先處理效能問題。要處理效能問題，你可以租用線上的測試架構（test running architecture）、將測試平行程式化、將測試分為慢與快兩套，並且對那些特別慢的系統使用 mocking/stubbing。

非功能性測試

在重構的脈絡下，非功能性測試無法對我們程式碼的品質做出直接貢獻，也無法提升我們對程式碼的信心。非功能性測試包括了：

- 效能測試（Performance testing）
- 易用性測試（Usability testing）
- 遊戲性測試（Play testing）
- 安全性測試（Security testing）
- 無障礙測試（Accessibility testing）
- 本土化測試（Localization testing）

這類測試的結果可以支持我們創造新功能，並且指出待修復的議題（「議題」的範疇比那些直接被視為臭蟲的問題更廣泛）。你的遊戲夠好玩嗎？人們能使用你的程式嗎？專精用戶的狀況又如何？第一次使用的經驗有趣嗎？對視障人士又如何？寬鬆的安全政策會不會導致數據外洩、或是嚇跑夥伴公司和客戶？

單元測試和端對端測試可以產生覆蓋率、信心，以及重構的機會，但它們無法直接應付這些問題。

偶爾試試語音驗證碼吧！

有些網站語音驗證碼的困難程度只能用恐怖來形容，但這還不是最糟糕的。這種經驗往往一開始來自一張某人坐著輪椅的圖片，而這絕不適用於所有視障人士。接下來的語音時常像鬼哭神嚎一般令人不安且難辨。綜合起來，就是個極度討厭而備感挫折的體驗。

無障礙專家 Robert Christopherson 在一場會議的演講會上，進行了一場實驗，讓與會者使用語音驗證碼。他播放了兩次，然後要求每個人寫下自己聽見的東西，並和身邊的人比較。最後，他詢問有多少人寫下了和鄰座相同的答案——大約千人之中無人做到。

忽略非功能性測試必然會導致忽略了某些人的需求，這種忽略介於無禮與違法之間。非功能性測試是很重要的，只是它並非本書重點。

非功能性測試，不論是為了無障礙還是其他目的，都是專案的關鍵核心。因為本書嚴格地限縮範圍於技術品質，我們不得不快速帶過許多非功能性測試的專業，但我也必須推薦你花更多時間去學習這些概念。

不僅如此，還必須思考一個存在多方差異的團隊：功能取向的差異、人口結構的差異、生活經驗的差異，這樣的團隊有助於快速根除最惡劣的問題，並凸顯最細微的差異。

話雖如此，這些測試技巧會產生新的工作（臭蟲 / 特徵 / 改進），需要在明顯的產品路線之外投入更多關注。這意味著更多程式碼改變以及可能更高的複雜度。你會想帶著信心達成這樣的複雜度，正如你會想帶著信心完成產品主要功能。給予你彈性、可以修復臭蟲與加入特徵的信心，正是來自於測試。

其他感興趣的測試

我們會在下一章深入細節，但這些分類涉及了測試和源碼互動的不同方式。這三個分類都可以是高階或低階的：

特徵測試（*Feature tests*）

特徵測試是你為了新特徵而撰寫的測試。正如我們將在下個章節要說明的，先寫測試是一件很有用的事情（使用測試驅動開發，test-driven development, TDD）。

回歸測試（*Regression tests*）

回歸測試最初的目的是再現一個臭蟲，接著再著手修復程式碼。這可以確保臭蟲不會再次冒出來，因此也可以確保覆蓋率良好。

描述測試（*characterization test*）

你會為了尚未測試的程式碼撰寫描述測試，以增進覆蓋率。流程開始時，你會在測試中觀察程式碼，最終撰寫和特徵測試中相同的單元或端對端測試。如果你想遵循 TDD，但實作的程式碼已經寫好了（即使寫好的人是你），你就應該考慮撰寫描述測試，或是暫時回滾實作的程式碼（或把它注解掉）以便先寫測試。這就是確保良好覆蓋率的方法。

工具和流程

希望讀到這裡，你應該已經完全接受了「為什麼」要做測試，並瞭解程式碼的核心主要源自於單元測試和端對端測試。

本章仍有最後一個問題待處理：**測試很困難**。我們已經寫完程式碼了，而現在為了全面結構化地使用它們，我們還必須撰寫額外的程式碼？真令人沮喪（雖然在 TDD 中順序是相反的，但我們再過幾頁就會談到它了）。

更大的問題是，確保**品質**是很困難的。所幸在這個議題上我們有的不只是建議：我們還有許多流程與工具，以及整整半世紀的研究關於如何增進軟體品質。

並非所有的工具與流程都適用於每個專案和每個團隊。你甚至偶爾可能發現一些孤狼（lone-wolf）開發者，迴避著流程、工具，有時還迴避著測試本身。他們可能極富創意且多產至極，以致於你開始尋思是否所有軟體都該如此開發。

對於複雜的軟體，由許多不同技術水準的開發團隊維護，並對真實的時限與預算負責，這樣的方法會導致技術債和「封閉的（siloed）」資訊，難以被整個團隊瞭解。品質流程和工具可以隨著專案和團隊的複雜度而擴大，但真的不存在能一以貫之符合所有尺度的解法。

提升品質的流程

程式標準與風格指南

改善測試覆蓋率和品質最簡單的方法，是讓團隊採納某種標準。這通常包含於一個**風格指南**，且有著具體規範如「使用 `const` 和 `let` 而非 `var`」及更廣泛的守則，如「所有新的程式碼都必須經過測試」和「每次修復臭蟲都必須有一個再現臭蟲的測試」。一份文件可能足以涵蓋團隊所使用的全部系統和語言，或者也可以分為許多文件（一份 CSS 風格指南，一份前端風格指南，一份測試風格指南等等）。

和團隊成員合作寫出這樣一份指南，並不時審視之，那麼當「什麼才對團隊有益」的想法改變時，這份指南就可以有彈性地去適應。這份指南可以對我們提及的其他流程提供良好的基礎。此外，在理想上，風格指南絕大部分都是可執行的，意味著你可以很簡單地檢查大量的風格指南是否有被遵守。

「風格指南」一詞也可能代表一份設計文件，關於網站看起來是什麼感覺。在別的層面甚至可能代表一個外部的「資料袋（press kit）」——由指令構成的那種（「當提及我們的時候要使用這個標誌」、「我們的名字拼作 All CAPS」等等）。這些是不同的文件，我不推薦把它們和編程風格指南放在一起。

開發者快樂度會議（Develper hapiness meeting）

另一個值得一提的輕量級品質關注流程是，每個禮拜開一次簡短的會議，這種會議有時被稱為**開發者快樂度**會議（這個名字可能難以被組織中的非程式人所理解）、**工程品質**會議、或是**技術債**會議。

開會的目的，是為了辨認出程式庫中有哪些區段存在品質上的問題。如果專案管理人緊密地掌控著待辦工作的序列，則這個流程能讓開發者不斷地向管理人說明，為何應該在序列中加入某個特定的任務。開發者和專案管理人可以輪流為這些任務安排一份單週的預算。

不論這些任務被賦予怎樣的權重，這項流程允許你加速測試集、為一個舊有的模塊添增測試覆蓋率，或是用一種不驚動任何人的方式重構一個任務，維持對品質的關注，並且讓最糟糕的技術債浮上檯面、被人廣泛理解，最終被解決。

結對程式設計（Pair programming）

結對程式程式設計是一個很簡單的點子，但想在團隊中實踐可能會有困難。基本上，會有兩個程式設計師處理一個問題，肩並著肩、其中一人負責鍵盤（駕駛）而另一人則監視著螢幕，有時還有一台額外的電腦可供研究和快速的健全性檢查（sanity check），同時又不會阻塞住主要的開發機器。通常兩人會輪流擔任「駕駛」的角色，有時還是以一個規律的、事先決定好的週期。

結對程式設計之所以可以增進品質，是因為它可以馬上抓出小臭蟲，即使只是錯字。此外，關於品質的問題（「這會不會太 hacky[譯註]了？」或「我們也該測試這個嗎？」）也

[譯註] hack 一詞意指透過某些難懂的、非正規的方法去解決問題，如 css hack 或是 c 語言單行互換（*a^=*b^=*a^=*b）雖然有時能提升效能或縮短程式碼，甚至解決跨平台的問題，但卻犧牲了可讀性。

常會被提出來。開放地討論這些問題可以產生更健壯的程式碼以及更高的測試覆蓋率。另一個好處是至少有兩人掌握了系統的資訊，還不只如此，它也有助於其他知識在組織內傳遞，從演算法到鍵盤快捷鍵都包括在內。

知識共享、聚焦、高品質程式碼、以及夥伴——缺點是什麼？首先，正如其他基於品質的提議，你可能很難正當化那些外顯的成本。「兩個程式設計師『資源』耗在同一個工作上，多麼浪費！」其次，這個流程要求全神貫注，對程式設計師而言，其實可能是相當勞心費力的。因為這個原因，結對程式設計常被和「蕃茄工作法（pomodoro）」聯想在一起。「蕃茄工作法」要求每次 25 分鐘的專注，間隔著每次 5 分鐘的休息。第三，這個流程可能令程式設計師感覺受辱和沮喪（特別是對於高產出的人），他們會感覺自己的產量被拖慢了。這通常會發生在有巨大經驗鴻溝的結對夥伴之間。雖然這樣的技術落差可能對團隊有最大的潛在助益，因其允許最大量的知識轉移，但並非所有程式設計師都想成為導師。如果你想令厭惡結對程式設計的人保持愉快並繼續工作，在全團隊範圍採用此法可能就太過激進了。

體驗結對程式設計並得到回饋是個好主意，但多數團隊要嘛時常進行結對程式設計，要嘛幾乎不做。若沒有強制要求，或至少某種來自管理階層或團隊的支持態度，即使結對程式設計有其好處，那些懂結對程式設計的人可能仍不情願這麼做，就怕被其他人視為生產力低落。

厭惡結對程式設計的團隊成員或管理者，他們的懷疑主義會助長這份不情願。於是「結對程式設計」有了新的意義：人們搞「結對程式設計」是因為他們很爛。於是結對程式設計被烙上羞恥的印記，陷入惡性循環，以致於結對程式設計在團隊中即使不是「全或無」，也很可能是「大多數或絕少數」。

關於「資源」

當人們（通常是專案 / 產品管理人）將一個設計部門、開發部門或任何其他部門的成員稱為「資源」，例如「我們需要更多編程資源投入這個專案」或是「我的專案需要一點資源」，請試著擺出一副滑稽的表情然後說：「啥？喔……你是指人嗎？」

此處有兩個問題。首先，你的團隊是由擁有多樣化技巧和經驗的程式設計師組成的（希望如此啦），那麼把他們當成可替換的部件，對於確保專案能被良好執行而言就是個糟糕的開始。其次，根據功能性嚴厲地定義他人（特別是當著他們的面），不但不專業，可能也違反人性的表現。

結對編程有三種變化（並非互斥），分別是 *TDD* **結對程式設計**、**遠距結對程式設計**（*remote pairing*）、以及**無序結對程式設計**（*promiscuous pairing*）。在 TDD 結對程式設計中，駕駛的角色傾向於轉變成由一個人寫測試，另一個人寫實作的程式碼好讓測試通過。在遠距結對程式設計中，不在同一個物理場域的兩人分享他們的螢幕及聲音和視訊。在無序結對程式設計中，相對於**專屬結對程式設計**（*dedicated pairing*），配對的組合根據每天、每週、每次衝刺（sprint），或是每個專案來輪替。

程式碼審查（Code review）

還有一個確保品質的技巧就是找更多人來審視程式碼，稱作**程式碼審查**。透過這個流程，當程式碼被「完成」，它會被放進一個審查階段，讓另一個程式設計師閱讀它、檢查是否有違反風格指南、臭蟲，或者以及綜合測試覆蓋率。在缺乏 QA 部門的團隊，程式碼審查也可能結合了來自開發者的品質審查。在此狀況下，程式設計師手動運行程式碼，並將結果和任務說明（或者更正式地說，**驗收標準**（*acceptance criteria*））做比較。

雖然結對編程和程式碼審查不會直接幫你克服對測試的厭惡，但它們可以讓你聚焦於測試和品質。等你累積了足夠的經驗，你對測試的理解，就會超越本章開頭的那些引言。因為這兩個流程鼓勵你建立規範與互相學習。

測試驅動開發

如果你已掌握測試的基礎，測試驅動開發（TDD）可以提供高品質程式碼和良好的測試覆蓋率。缺點就是，它與先寫程式碼再測試的流程之間存在著巨大差異。優點是，TDD 透過紅 / 綠 / 重構的循環，可以在開發全程提供指引。此外，如果 TDD 被嚴格遵循，實作程式碼被寫出來的目的則**單單是**為了通過測試而已。這意味著不會有寫好的程式碼缺少覆蓋率，因此，也不會有寫好的程式碼不能被重構。

對於一個程式設計師，採用 TDD 的一項挑戰是有時你很難看出該如何測試，或甚至如何開始撰寫實作程式碼。在這裡，我會建議你採用一種稱為 *spiking* 的探索階段，此時你會在撰寫測試前先試著寫實作程式碼。嚴格的 TDD 提倡者會建議你，一旦你對任務的瞭解足以撰寫測試並實作它們，也就是普通的紅 / 綠 / 重構循環，你就該刪掉或註解掉這些 spike code。

TDD 時常會跟著另一個術語，稱作 BDD（行為驅動開發，behavior-driven development）。基本上，這個流程和 TDD 極度相似，但是以終端使用者的觀來進行。這暗示了兩個重點，首先，這裡的測試傾向於高階、端對端的測試；第二，在 BDD 端對端測試的紅／綠／重構循環中，還有許多更小的 TDD 單元測試的紅／綠／重構循環。

讓我們看看一個稍微複雜的紅／綠／重構循環示意圖（圖 3-1）。

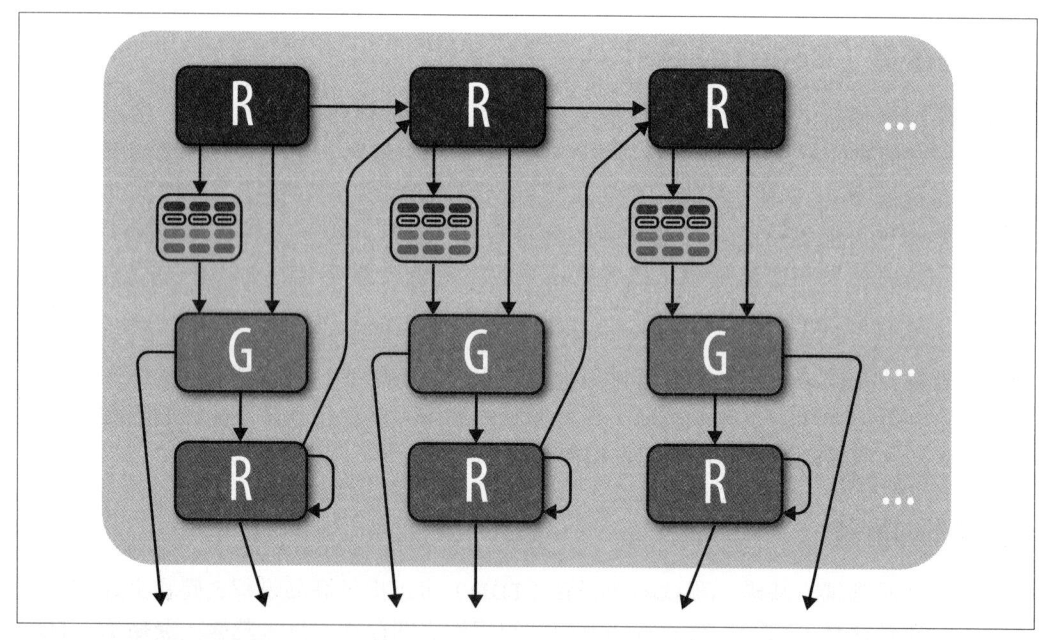

圖 3-1　紅／綠／重構循環

哇嗚。好，這可能看起來有點瘋狂，但其實只有幾個元件，而且應該可以幫助你知道自己正在紅／綠／重構循環的哪個部分。

從右上角開始，我們寫了一個失敗的測試，於是陷入紅色狀態。從這裡（這個錯誤的測試）開始我們有三個選擇：我們可以跟隨向右的箭頭到達中上方的狀態，再寫出一個失敗的測試（於是我們就有兩個失敗的測試）。或者，如果可能的話，我們可以跟隨長箭頭向下到綠色的狀態（實作該項測試）。最複雜的情況是，我們無法立刻藉由實作來讓測試通過。在這個狀況下，我們跟隨短箭頭向下，於是我們遇到了另一個相似的循環。假設我們暫時卡在這裡了，但在任何循環之中，我們都可以隨時撰寫新的失敗測試。

如果任何測試（在任何階層）進入了綠色狀態，我們可以從兩件事裡挑一件事來做：要嘛重構，要嘛宣告它完成了並認定此測試和程式碼是完整的（離開這個循環）。當我們開始重構，途中發現程式碼夠完整了，隨時可以離開這個循環，否則就繼續重構。

當所有測試都完整了，這些箭頭可以全部離開循環。如果我們在內層循環，這代表我們進入了外層的綠色階段。如果我們在外層循環，而且我們也想不出更多測試案例了（沒有紅色狀態可以加入最上面那一行），那工作就結束了。

值得一提的是：除非你考慮過進行重構，否則不推薦在綠色測試之後再增添紅色測試。如果你立刻前往下一步，就不會有明顯的指標告訴你有更多工作需要完成。相較之下，如果你剛重構了什麼東西，則你就可以自由的前往下一步。相似地，如果你寫出了失敗的測試（紅色狀態），接著又寫了下一個測試用例，你的測試框架仍會通知你：「第一個工作尚未完成！」如此一來，你就不會迷失了。

讓我們再更進一步，以下是一個具體的例子，TDD 循環中包含著另一個 TDD 循環：

1. 寫出失敗的高階測試（紅色狀態）：「客戶可以登入。」
    a. 寫出失敗的低階測試：「路徑 '/login' 應該回傳 200 狀態碼」
    b. 撰寫路由程式碼來通過低階測試。我們現在可以在內層循環中重構這段程式碼了。
    c. 高階測試仍舊失敗，因此撰寫一個新的、失敗的低階測試：「表單的 POST 路徑如果是 '/login_post'，且電郵和密碼皆合法，則應該重導向至 '/'。」
    d. 撰寫程式碼來處理「成功提交電郵 / 密碼，並回傳已登入之首頁」的狀況。此內層循環通過了，因此我們現在可以重構內層循環裡的程式碼。
2. 現在第二個低階測試和高階測試都通過了。
3. 一旦外層循環的每筆測試都是綠色，我們就可以自由地重構外層循環。而且我們有兩階層的測試可以確保程式碼運作如常。

為了重構，使用 BDD 之類的方法並不要緊，要緊的是你的程式碼必須有良好的覆蓋率，最好是來自單元測試與端對端測試。如果它們是藉由「測試先行」的方法、透過 TDD 或 BDD 寫出來的，那也很好。不過，雖然 BDD 提倡由終端使用者的觀點來撰寫測試，但這並不是絕對的。你有可能不從這個觀點出發、或是不在實作程式碼之前先寫測試，但仍然可寫出覆蓋率良好的高階測試。

用品質流程行銷團隊或個人

你常會看見開發方法或增進品質的技巧被當成某種社會標杆。求職者把它們寫進履歷中、徵人網頁把它們列進工作清單、高級顧問藉著它們建立自身的品牌。

雖然時不時會有那種「完成工作才是王道」的聲音（可能是藉由損害品質的手段），但不論是對公司或客戶而言，習慣這些技巧和工具意味著更好的機會。

品質的工具

繼續介紹到測試的工具…單單這個議題就可以寫一本書了。雖然個別框架和工具的人氣時有波動，瞭解你可以使用哪些類型的工具總是有用的。GitHub 或是 npmjs 上的星星數是一項品質與人氣的良好指標。在你喜歡的搜尋引擎上搜尋「js < 工具類型 >」（例如「js 測試覆蓋率」）通常會得到合適的結果。你最好從這些搜尋結果中好好學習一到兩個工具，然而由於 JavaScript 開源套件的開發成本是如此高昂，你應該做好準備，經常地改用類似的新工具。

版本控制

在我們提到任何其他工具之前（以防你在第 1 章錯過了這個議題），讓你的專案處於版本控制下十分關鍵，且最好在你的電腦之外還有一份備份。如果缺乏測試會導致懷疑，那麼缺乏版本控制就該導致不安甚至是恐慌。版本控制，以及線上備份（我會推薦 git + GitHub），確保了你的程式碼不會徹底消失。如果程式碼可能會突然人間蒸發，再好的品質都不重要了。此外，這裡提及的許多工具都仰賴有版本控制的軟體，用來集成或展示進度。

測試框架

選擇測試框架的指標主要有二：「你使用何種 JavaScript」（見第 2 章）以及「你想把多少工具打包進來」。一般來說，測試框架允許你在一份（或多份）檔案中制定測試用例（test cases），並提供一個用來運行測試集的命令行工具。一個測試框架也可能囊括了許多其他的工具。有些框架是針對前端或後端程式碼，有些則是針對 JavaScript 框架，還有些是針對高階、低階、或是認可測試。測試框架通常會規定你如何撰寫測試檔，並提供一個測試運行器（test runner）。測試運行器會執行測試集（常會允許你指定一個資料夾、檔案、或是個別的測試用例），並輸出執行中的錯誤和失敗。它通常也會負責測試中的設定和清理階段。除了載入程式碼，這可能也意味著在執行測試前將資料庫設定成特定的狀態（「填充」它，“seeding” it），以及在測試後重置它（因為你的測試可能創造／刪除／改變了記錄）。

在下個章節中，我們用了 mocha 測試框架中一些更基礎的功能。在第 9 章，我們也會試試一個更輕量級的框架，叫作 Tape。

斷言／期望語法庫（Assertion/expectation syntax libraries）

這些庫通常會和特定的測試框架協同工作，且常常被打包在框架裡面。它們讓你可以斷言一個給定的函數是否回傳 “hello world”，或是把一組資料餵給函數是否會導致錯誤。

有時候，你可能不需要那麼複雜的斷言庫。第 4 章介紹了一個簡單的斷言與描述測試庫，叫作 wish。

領域特定的函式庫（Domain-specific libraries）

舉例而言，有資料庫適配器（database adapters）和網頁驅動器（web driver，用以模擬點擊和其他網頁互動）。它們可能被打包進 JavaScript 框架或測試框架。它們時常會有自帶的斷言／期望語法，用來擴展測試框架。

工廠方法和測試設備（Factories and fixtures）

這些工具負責創造資料庫物件，可以在有需要時創造（工廠方法），也可以從一個規範資料的檔案中創造（測試設備）。這些庫有時會和 *fake* 或 *faker* 之類的術語連想在一起。如果你的測試需要一堆程式碼來設定，你會發現它們很有用。

Mocking/stubbing 函式庫

這有時和 *mocks/mocking*、*stubs/stubbing*、*doubles* 和 *spies* 之類的術語相關。在測試時使用 mock 和 stub，你就能避免呼叫特定的函式，而 mock 還設置了「期望」（一種測試）用來檢查函數是否被呼叫。廣泛的 mocking/stubbing 通常是測試框架的一部分，但也有特定的 mocking/stubbing 庫並非如此。它們可能會制止（stub）整類的函數呼叫，包括檔案系統、資料庫、或是任何外部的網路請求。

建置 / 任務 / 打包工具（Build/task/packaging tools）

JavaScript 生態圈有成山的工具可以用來把程式碼集中在一起、重塑它、以及運行腳本（客製化的或是函式庫定義的）。它們可能由 JavaScript 框架所指定，也有可能你在自己的專案中實作了類似功能的工具。

載入器與監聽器（Loaders and watchers）

如果你時常運行測試集（若你想讓測試循環變緊，你就需要這麼做），在每次運行前載入整個應用程式 / 程序會顯著地拖慢速度。載入器可以將你的程式保存在記憶體中，從而加速這個流程。它時常會搭配一個監聽器程式，用來在你每次存檔時運行測試。如果監聽腳本可以聰明地只運行那些與存檔相關的測試，回饋循環還可以變得更緊。

測試運行平行器（Test run parallelizers）

這有時會被打包在載入器 / 任務運行器或測試框架。它們可以利用機器多核心的優勢，將測試的運行平行化並加速測試集。值得注意的是：如果你的應用程式重度依賴於副作用（包含使用資料庫），你可能會看見更多失敗，這是由於某些測試的狀態和其他測試衝突了。

持續整合（Continuous integration, CI）服務

這代指了一些線上服務，它們會在每次請求或某些事件發生（例如提交到共享的版本控制倉庫，有時限於某些分支）時運行你的測試集。它們平行化的程度常常會超過你的個人電腦，並藉此提升總體效能。

覆蓋率回報器（Coverage reporters）

為了知道程式是否安全到可以重構了，瞭解程式碼是否擁有足夠測試覆蓋率是必要的。該如何在不真正運行測試（並因此運行你的程式碼）的狀況下確定覆蓋率是個有趣的學術問題，問題的本質關於動態與靜態分析。但幸運的是，能靠著運行測試集來確定覆蓋率的工具不勝枚舉。它們可以在本地端運行，但通常和 CI 系統搭配在一起。

突變測試（Mutation test）

如果你對動態分析（也就是覆蓋率工具使用的技術）的其他可能性感興趣，你可以試試看**突變測試**。

這個主題可能一言難盡，基本上，會有一個工具根據突變的程式庫（多半是改變測試輸入，例如把字串塞進一個需要布林值的地方）來運行測試集，如果變種程式碼**通過**了你的測試，就回報**錯誤**。

這可以讓你在不需要寫新程式碼的狀況下發現新的案例。這可能代表程式碼沒有被執行，但也可能代表正常的輸入在測試的前後文裡是沒有意義的。舉例而言，如果函數的一個參數是如此廣泛，以致於各種變種輸入都可以正常運行，這就提示了你：即使覆蓋率告訴你某行程式碼已被測試，其實還測試得不夠。在 JavaScript 的案例下，最好的狀況是，你可能只是使用了隱式型態轉換（type coercion）罷了。

此處我提出兩個警告：首先，突變測試依賴於你普通測試集的多種變化，所以通常比較慢；第二，它可能會以非預期的方式弄壞你的程式碼，並讓清理階段變得複雜——從在你的測試資料庫中留下一個非預期的狀態，乃至於真的去改變你檔案裡的程式碼，都可能會發生。在運行如此激進且難以預期的程序之前，你應該把你的程式碼放進版本控制並備份你的資料庫。

風格檢查器，也就是 linters

多數品質工具不需要動態分析。它們可以不執行程式碼就找到許多種類的錯誤或違反風格之處。這類檢查有時會在本地端作為分開的腳本運行，或是透過線上服務，在程式碼被提交到共享倉庫後運行。為了擁有更緊的回饋循環，這類的檢查通常可以整合到程式設計師的 IDE 或編輯器之中。在寫出一個錯誤之後立刻收到通知，有什麼能比這更好？有時這被稱為 *linters*。在最好的狀況下，這些風格檢查器可以充當可執行的風格指南。

除錯器／打印器（Debuggers/loggers）

有時當你在進行 spike （撰寫探索性的、暫時性的程式碼，而不進行測試）、一個技巧性的測試用例，或是手動測試的時候，你可能很難知道某些變數的值是多少、某些函數輸出了什麼，或甚至某段程式碼是否有被運行。在這些情境裡，除錯器和打印器是你的好朋友。你可以在那些導致困惑的地方插入打印陳述或是設置除錯**斷點**（*breakpoint*），不論是在測試或實作程式碼中。打印有時會給你需要的答案（例如「有到達這個函數」或是「這個檔案有被載入」），但除錯器提供你一個機會，你可以停止執行並檢視任何你想看的變數或函式。

Staging/QA 伺服器

在你的本地開發機器上模擬產品階段可能很困難。因此，人們常會盡可能使用與產品階段相似的伺服器（或實例 / 虛擬機），並搭配削弱（sanitized）過但仍具有代表性的資料庫。

如果你覺得這些流程和工具的數量多到令人崩潰，別擔心。當你需要它們時，它們可以很有用，而如果你不需要，你通常可以迴避掉。在個人娛樂性質的專案裡實驗新的工具很好，但如果你太過火了，你最終只會花更多時間設定它們，而非真的花時間寫你的專案！

總結

我們現在對「測試是什麼」、「它為什麼管用」以及「為什麼它對重構不可或缺」已經有了很好的概念，在下個章節中，我們會介紹如何測試你的程式庫，不論它是在何種狀態。

第四章

測試實戰

在上個章節中，我們檢視了一些對於測試常見的反對意見，並探討了許多優點，但願足以蓋過這些反對的聲浪。如果在你的專案中顯得雞肋，那麼很有可能是你的團隊沒有最強壯的工程文化（儘管這可能不是他們能掌控的），或是你還沒脫離初心者，你寫測試的速度還不足以彰顯那些好處。

在這一章裡，我們將詳細介紹如何在下列情境理測試：

- 從零開始的程式碼
- 從零開始的 TDD 程式碼
- 新功能
- 未測試的程式碼
- 除錯和回歸測試

為了避免徒勞無功，你不能在沒有測試的狀況下重構。你可以**改變程式碼**，但你必須有辦法保證你的程式碼路徑（code path）會管用。

未經測試的重構：一段歷史故事

William Opdyk 在他一本 1992 年關於重構的作品（並受 Ralph Johnson 的「設計模式」所影響）《重構物件導向框架（Refactoring Object-Oriented Frameworks）》中，測試這個字眼只在 202 頁的書中出現過 39 次。然而，Opdyke 堅稱重構是一項不改變行為的流程。不變（*invariant*）這個詞出現了 125 次，先決條件（*precondition*）一詞也同樣常見。

原書誕生後的 25 年，本書（特別是這一章）藉著 JavaScript 和其豐富的測試工具，探討了一些最佳的、保持行為不變的機制。

然而，如果你（可能是在你的日常工作之外）好奇重構最初的構想，我仍然高度推薦你閱讀這本書。

在繼續前進之前！

我們得去血拼一下。我們需要 node、npm 和 mocha。

- 從 nodejs.org 取得 node（6.7.0 版）。更新的版本大概也行得通。
- 安裝 node 的同時也會順便安裝 npm。
- 當你有了 npm，用 **`sudo npm -g install mocha`** 來安裝 mocha（你可能不需要 sudo）。

為了確保每樣東西都能動，試著跑跑看底下的指令：

```
node -v
npm -v
mocha -V
```

是的，最後一個 `V` 是大寫的 `v`，但其他都是小寫。如果終端印出了某些不是版本號的東西，試著搜尋「在＜隨便你是什麼系統＞上安裝 node/npm」（例如「在 windows 上安裝 npm」）。

附帶一提，安裝其他套件時，我們傾向不使用 -g（global）這個旗標。我們針對 mocha 使用這個旗標，是因為我們需要它的命令行工具。npm 文件裡（*http://docs.npmjs.com/getting-started/installing-npm-packages-globally*）有更多細節。

這本書裡用到的所有程式庫的版本，都能在附錄 A 中找到。

從零開始的程式碼

假設我們從老闆或客戶那得到了這樣的規格書：

從 52 張撲克牌中給定五張卡片形成一個陣列（每張卡都以字串來表示，例如「Q-H」代表紅心皇后），你的程式必須印出牌型的名字（「順子」、「同花」、「對子」等等）。

> **新功能 v.s. 從零開始的程式碼**
>
> 對測試而言，創造新特徵幾乎和從零開始寫程式一樣。最大的不同是，對新特徵來說，你可能可以使用一些早就決定好的、測試的基礎建設，而在一個綠地（從零開始）專案中，測試是一片空白的狀態，而你得做一些設定的工作。
>
> 在接下來兩章中，測試新的程式庫就是快速地將它拆分成個別的特徵，然後進行測試。這正好說明了兩者的相似性。
>
> 我們必須注意，在一個新的專案上，雖然你可能喜歡在寫任何實作程式碼前，先設定測試的基礎建設，但在這個章節中，我們會在複雜性上升之後才引入基礎設施，藉以彰顯它的實用之處。這主要是為了服務沒有太多測試經驗的人，否則我仍會推薦你在事前設定測試的基礎建設。話雖如此，小心不要玩測試工具玩過火了，整天煩惱相依性問題會令人非常沮喪，且會占用你實作那些特徵的時間。

所以我們該如何開始呢？何不從一個 checkHand 函式開始？首先，創造一個名為 *check-hand.js* 的檔案。如果你現在運行 **node check-hand.js**，什麼都不會發生，它只是一個空白檔案。

小心你宣告函式的順序

在這一章中，我們使用如下語法：

```
var functionName = function(){

// 而非
function functionName(){
```

兩個風格都很好，但在第一個（函式宣告句）中，定義函式的順序有其差別。如果你得到這個錯誤：

```
TypeError: functionName is not a function
```

那你就該重新安排你的函式或是使用第二種語法。我們會在第 6 章中進一步探討（以及探討「變量提升」（hoisting）的問題）。

我們可以從一個龐大的 case 陳述來開始這個函式：

```
var checkHand = function(hand){
  if (checkStraightFlush(hand)){
    return 'straight flush';
  }
  else if (checkFourOfKind(hand)){
    return 'four of a kind';
  }
  else if (checkFullHouse(hand)){
    return 'full house';
  }
  else if (checkFlush(hand)){
    return 'flush';
  }
  else if (checkStraight(hand)){
    return 'straight';
  }
  else if (checkThreeOfKind(hand)){
    return 'three of a kind';
  }
  else if (checkTwoPair(hand)){
    return 'two pair';
  }
  else if (checkPair(hand)){
    return 'pair';
  }
  else {
    return 'high card';
  }
};

console.log(checkHand(['2-H', '3-C', '4-D', '5-H', '2-C']));
```

最後一行是我們用來確保程式行為如常的標準作業。在我們工作時，我們可能會改變這句陳述，或者加入更多句。如果我們對自己誠實點，這個 console.log 就可以充當測試用例，但是個非常高階的測試用例，且其輸出未經組織化。所以在某方面，加入這樣的陳述就像加入測試，只是算不上太高明。或許這作法最詭異的一點是，一旦我們有了 8 或 10 行這樣的陳述，搞清楚什麼代表什麼就會變得困難。這代表我們需要讓輸出的格式有點組織，所以我們加入了這樣的東西：

```
console.log('value of checkHand is ' +
            checkHand(['2-H', '3-C', '4-D', '5-H', '2-C']));
```

為太長的程式換行

該注意的是，有時我們會把程式碼換行，以免它跑出頁面邊緣。我們會在稍後的章節細談該如何處理很長的程式碼，但現在請先相信我，這樣換行沒問題的啦。

當我們這麼做，我們其實扮演了測試框架中測試運行器的角色：雖然只測了很少的特徵，同時存在大量的重複與矛盾。雖然它是如此自然，但它必定會導致臆測與挫折，而只能帶來暫時性的信心。

請尋找這些症狀

你是否感覺寫程式就像一場情緒的雲霄飛車，陷入咒罵、接著舉起拳頭高喊「讚啦！」、接著更多咒罵的循環？

這個現象顯示了你的回饋循環還不夠緊。在程式能運作時太興奮、或是在壞掉時太失望，這就是一種驚訝。如果你小步前進、時常測試並使用版本控制來維護一個最近的良好版本，那你很少會感到驚訝。

不讓你的程式嚇嚇你很無聊嗎？或許吧，但不必臆測並重做工作。這是否會幫你省下大把時間？肯定會。

很直覺地，新的程式設計師會一邊寫程式一邊這樣做手動測試，事後再把所有 console.log 刪除，輕易摧毀了所有類似測試覆蓋率的東西。因為我們明白測試的重要，我們會在撰寫測試之後重建這些覆蓋率，但去寫這些小而怪異的測試、刪掉它們、然後再寫更好的版本，這不是很奇怪的事嗎？

console.log 不是唯一解

使用 node 的時候，你可以用 **node debug** ***my-program-name.js*** 取代 **node** ***my-program-name.js***，藉此運行除錯器。

預設的情況下，這會給你一個介面，讓你一行一行運行你的程式。如果你對程式碼的某一段感興趣，你可以這樣在某一行設置斷點：

```
debugger;
```

現在當你運行 **node debug *my-program-name.js***，你仍會從第一行開始，但鍵入 **c** 或 **cont**（這代表 “continue”，但 “continue” 卻不是合法的指令，因為它已經是 JavaScript 保留字了）會帶你到你的斷點去。

如果你對除錯器能做什麼還不熟悉，在除錯器裡鍵入 **help** 就能得到一串指令的清單。

所以接下來是什麼？假設你放了幾星期的假，你的同事開始實作這些 check 方法，並一路使用 console 來手動測試，「看看它是否管用」。

於是你回來時看到了這個：

```
// 不只是多張同點
checkStraightFlush = function(){
  return false;
};
checkFullHouse = function(){
  return false;
};
checkFlush = function(){
  return false;
};
checkStraight = function(){
  return false;
};
checkStraightFlush = function(){
  return false;
};
checkTwoPair = function(){
  return false;
};

// 只是多張同點
checkFourOfKind = function(){
  return false;
};
checkThreeOfKind = function(){
  return false;
};
checkPair = function(){
  return false;
};

// 只取數字部分
```

```
var getValues = function(hand){
  console.log(hand);
  var values = [];
  for(var i=0;i<hand.length;i++){
    console.log(hand[i]);
    values.push(hand[i][0]);
  }
  console.log(values);
  return values;
};

var countDuplicates = function(values){
  console.log('values are: ' + values);
  var numberOfDuplicates = 0;
  var duplicatesOfThisCard;
  for(var i=0;i<values.length;i++){
    duplicatesOfThisCard = 0;
    console.log(numberOfDuplicates);
    console.log(duplicatesOfThisCard);
    if(values[i] == values[0]){
      duplicatesOfThisCard += 1;
    }
    if(values[i] == values[1]){
      duplicatesOfThisCard += 1;
    }
    if(values[i] == values[2]){
      duplicatesOfThisCard += 1;
    }
    if(values[i] == values[3]){
      duplicatesOfThisCard += 1;
    }
    if(values[i] == values[4]){
      duplicatesOfThisCard += 1;
    }
    if(duplicatesOfThisCard > numberOfDuplicates){
      numberOfDuplicates = duplicatesOfThisCard;
    }
  }
  return numberOfDuplicates;
};

var checkHand = function(hand){
  var values = getValues(hand);
  var number = countDuplicates(values);
  console.log(number);

  if (checkStraightFlush(hand)){
```

```
      return 'straight flush';
    }
    else if (number==4){
      return 'four of a kind';
    }
    else if (checkFullHouse(hand)){
      return 'full house';
    }
    else if (checkFlush(hand)){
      return 'flush';
    }
    else if (checkStraight(hand)){
      return 'straight';
    }
    else if (number==3){
      return 'three of a kind';
    }
    else if (checkTwoPair(hand)){
      return 'two pair';
    }
    else if (number==2){
      return 'pair';
    }
    else{
      return 'high card';
    }
  };
  // debugger;
  console.log(checkHand(['2-H', '3-C', '4-D', '5-H', '2-C']));
  console.log(checkHand(['3-H', '3-C', '3-D', '5-H', '2-H']));
```

噢不！發生了什麼事？這個嘛，首先我們決定先確保對子管用，所以我們讓所有其他函式都返回 false，如此一來只有對子的狀況會被觸發。接著我們引入一個函式來計算重複的次數，這就需要取得撲克牌上的數字。我們在檢查三張和四條的時候複用了這個函式，但看起來還是不太優雅。此外，我們的 getValues 函式還會在吃到 10 的時候壞掉，它會回傳 1，也就是王牌。注意下面這行的 [0] 會取字串的第一個字元：

```
  values.push(hand[i][0]);
```

所以我們有一個非常粗糙的實作，一個我們可能發現也可能不會發現的臭蟲，一半的函式有實作、另一半則被行內變數取代，以及一大堆 console.log 充當健全性檢查。印出來的東西也沒什麼一致性——那只是在我們感到困惑時引入的。我們也把一個本來有除錯器的地方註解掉了。

現在該怎麼辦？修復臭蟲？實作其他函式？但願過去三個章節已經說服你，此時改進 `countDuplicates` 函式並不算是**重構**。那是在改變程式碼，但我們沒有信心能安全地做這件事。

如果我們選擇事後而非事前進行測試，我們該等多久？我們該現在就加入測試嗎？還是我們該先完成實作部分？

熬湯 v.s. 烘焙

我喜歡熬湯。從很早的階段，你就可以開始邊做邊品嚐、加入更多食材、並分別品嚐它們。另一方面，烘焙則充滿挫折，你得等上 45 分鐘才能知道你烤得好不好。

TDD 就像熬湯，你的回饋環循可以很緊，不管是食材的味道（低階測試）或是直接咬一口（高階測試）都是。

有些人說咬那一口才是最重要的，或是他們覺得邊寫邊測試太花心力。有些人痛恨湯，煮湯或喝湯都痛恨。

堅強點吧。換句話說，準備好在本章稍後面對 TDD 吧！

稍後，我們會處理一個遺留系統（legacy system），而我們基本上只能信任它。但現在我們才剛開始寫這段程式，還沒有人依賴於它，所以我們可以自由扔掉所有壞的部分。有多少可以留下？來看看吧：

```
console.log(checkHand(['2-H', '3-C', '4-D', '5-H', '2-C']));
console.log(checkHand(['3-H', '3-C', '3-D', '5-H', '2-H']));
```

是的，只剩高階測試用例。讓我們就用這些重新開始吧！只有一個小小的變動：

```
var assert = require('assert');
assert(checkHand(['2-H', '3-C', '4-D', '5-H', '2-C'])==='pair');
assert(checkHand(['3-H', '3-C', '3-D',
                  '5-H', '2-H'])==='three of a kind');
```

別再用 `console.log` 了，取而代之地，讓我們用 node 的斷言庫來**斷言** `checkHand` 函式是否返回我們想要的值。現在當我們運行這份檔案，如果丟進 `assert` 中的任何東西拋出錯誤、或是餵給它 false 值，我們都會得到錯誤——不需要任何打印陳述句。我們只需斷言這些函式會返回期望中的字串：`'pair'` 以及 `'three of a kind'`。

我們也在開頭處加入了一行。這只是在從 node 核心程式庫中取得 assert 函式。還有更多精巧的測試框架可供選擇，但那需要引入一些設定。

在繼續之前，我們用一張流程圖來介紹所有需要寫的程式碼之可能性（圖 4-1）。

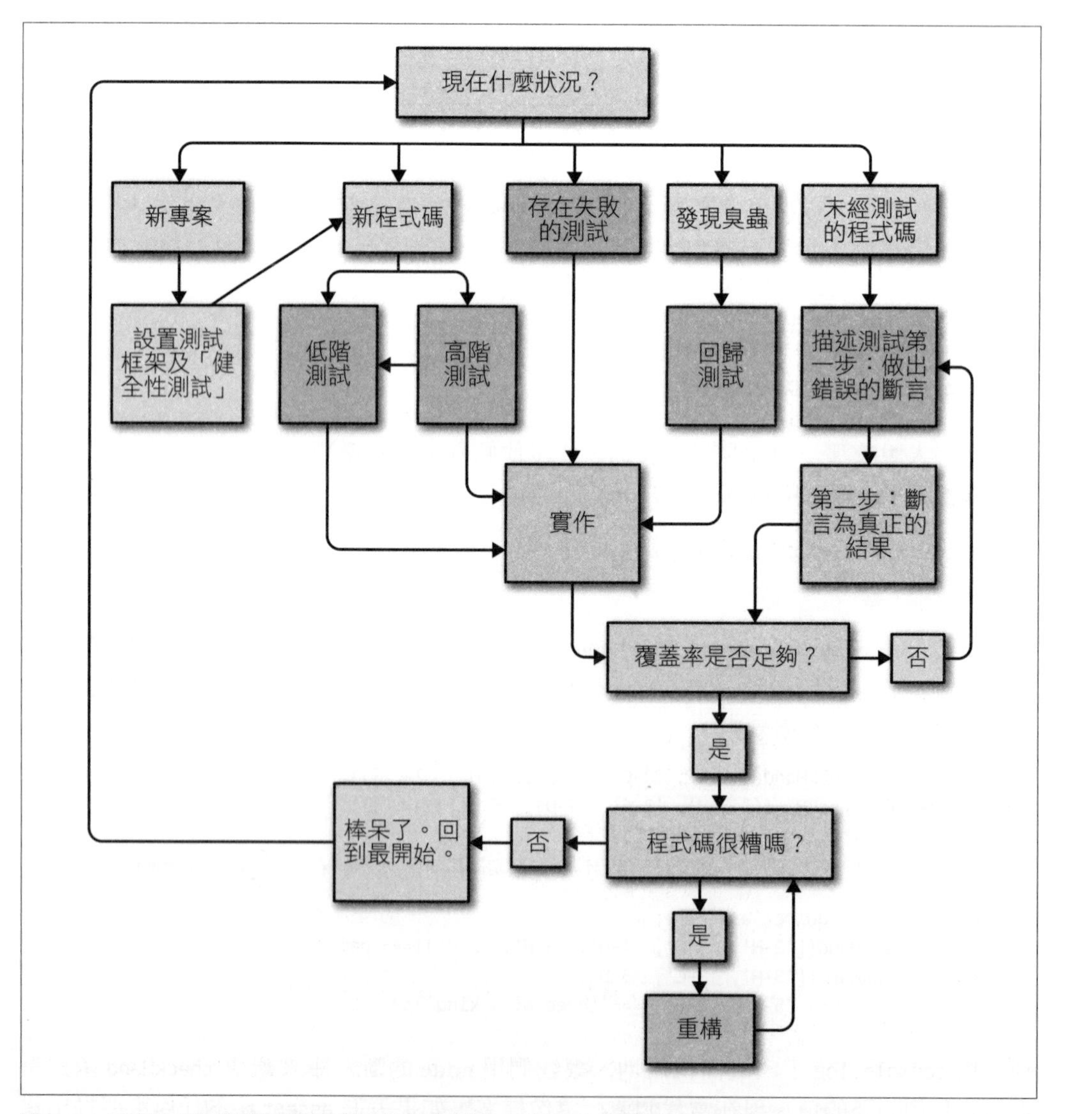

圖 4-1　這張流程圖能幫助你決定是該撰寫測試、重構、或是實作程式碼以通過測試。

記住，如果你沒有事先撰寫測試，你就是走在「未測試程式碼」這條路徑上，而非「新程式碼」這條路徑。

從零開始的 TDD 程式碼

當然，並非所有未經測試的程式碼都會像前一小節一樣笨拙，那段程式碼絕對反映不了一個有經驗程式設計師的全部實力。然而，它卻反映了不少程式設計師的第一次嘗試。重構的好處便是，只要有了足夠的測試覆蓋率與信心，你的第一次嘗試不需要太完美。你只需讓測試通過，然後就有了足夠的彈性，可以之後再改善你的程式碼。

關於 *TDD* 與紅 / 綠 / 重構

這小節會穿梭在一堆簡短的範例程式碼之間。看起來可能很單調乏味，但透過微幅改寫，我們可以更快速地發現並修復錯誤。

如果你從來沒試過 TDD，那麼實際寫下這小節的範例並運行測試，能讓你對整個流程如何運作有個清楚的概念。即使你不見得每次開發都會用 TDD，瞭解如何用測試來獲得即時回饋仍是很有價值的。

好了，回到我們的 checkHand 程式碼。讓我們就從這裡開始：

```
var assert = require('assert');
assert(checkHand(['2-H', '3-C', '4-D', '5-H', '2-C'])==='pair');
assert(checkHand(['3-H', '3-C', '3-D',
                  '5-H', '2-H'])==='three of a kind');
```

我們會把這幾行（測試）保留在檔案的最底部，然後在上面加入我們的實作。通常我們會從僅僅一個測試用例開始，所以先暫時忽略「Three of if a kind」這句斷言。

```
var assert = require('assert');
assert(checkHand(['2-H', '3-C', '4-D', '5-H', '2-C'])==='pair');
/* assert(checkHand(['3-H', '3-C', '3-D',
                     '5-H', '2-H'])==='three of a kind'); */
```

現在把這個檔案存成 *check-hand.js*，並用 **node check-hand.js** 來運行它。

會發生什麼事呢？

```
/fs/check-hand.js:2
assert(checkHand(['2-H', '3-C', '4-D', '5-H', '2-C'])==='pair');
       ^
```

```
ReferenceError: checkHand is not defined
    at Object.<anonymous> (/fs/check-hand.js:2:8)
    at Module._compile (module.js:397:26)
    at Object.Module._extensions..js (module.js:404:10)
    at Module.load (module.js:343:32)
    at Function.Module._load (module.js:300:12)
    at Function.Module.runMain (module.js:429:10)
    at startup (node.js:139:18)
    at node.js:999:3

shell returned 1
```

太棒了！我們得到了紅／綠／重構循環中的「紅」，而且也清楚知道接下來該怎麼做——加入 checkHand 函式：

```
var checkHand = function(){ };
var assert = require('assert');
assert(checkHand(['2-H', '3-C', '4-D', '5-H', '2-C'])==='pair');
/* assert(checkHand(['3-H', '3-C', '3-D',
                    '5-H', '2-H'])==='three of a kind'); */
```

於是我們得到新的錯誤：

```
assert.js:89
  throw new assert.AssertionError({
  ^
AssertionError: false == true
    at Object.<anonymous> (/fs/check-hand.js:3:1)
...(more of the stack trace)
```

這個斷言錯誤稍微難懂了點。所有斷言函式都會知道它裡頭的陳述是否給出了 true 值，而此例中，答案是否定的。

assert 可以吃進兩個參數，其一是需要斷言的陳述，其二是一段訊息：

```
var checkHand = function(){ };
var assert = require('assert');
assert(checkHand(['2-H', '3-C', '4-D', '5-H', '2-C'])==='pair',
                 'checkHand 並未返回「對子」字串');
/* assert(checkHand(['3-H', '3-C', '3-D',
                    '5-H', '2-H'])==='three of a kind'); */
```

現在我們得到新的錯誤：

```
assert.js:89
  throw new assert.AssertionError({
```

```
        ^
AssertionError: checkHand 並未返回「對子」字串
    at Object.<anonymous> (/fs/check-hand.js:3:1)
...(more stack trace)
```

稍微輕楚了點，但如果你覺得寫第二個參數很累贅，有一個更好的選項：使用 wish。首先，用 **npm install wish** 來安裝它。

於是我們的程式碼改為：

```
var checkHand = function(){ };
var wish = require('wish');
wish(checkHand(['2-H', '3-C', '4-D', '5-H', '2-C'])==='pair');
```

此時，即使不特別寫第二個參數，錯誤訊息也很清楚：

```
WishError:
    Expected "checkHand(['2-H', '3-C', '4-D', '5-H', '2-C'])"
    to be equal(===) to "'pair'".
```

TDD 中有個概念是這樣的：為了確保你小步前進，你寫的程式碼應該要剛好足夠讓測試通過，如下例：

```
var checkHand = function(){
  return 'pair';
};
var wish = require('wish');
wish(checkHand(['2-H', '3-C', '4-D', '5-H', '2-C'])==='pair');
/* wish(checkHand(['3-H', '3-C', '3-D',
                   '5-H', '2-H'])==='three of a kind'); */
```

當我們運行它，程式會正常結束，不會再有錯誤。如果我們使用測試運行器，它會給出某個類似「所有斷言都通過了！」的訊息，而且我們稍後就會這麼做。但在此例中，既然我們讓測試變成「綠」的，是時候選擇該著手重構還是該寫另一個測試了。此處沒有明顯的重構必要（我們在本章中主要是在探索測試，而非重構），所以我們要來寫下一個測試。因為我們早就寫過了，其實很方便，只需要把最後一行的註解拿掉：

```
var checkHand = function(){
  return 'pair';
};
var wish = require('wish');
wish(checkHand(['2-H', '3-C', '4-D', '5-H', '2-C'])==='pair');
wish(checkHand(['3-H','3-C','3-D','5-H','2-H'])==='three of a kind');
```

新的失敗訊息可讀性好多了（和 assert 中的 false == true 錯誤相比）：

```
WishError:
    Expected "checkHand(['3-H', '3-C', '3-D', '5-H', '2-H'])"
    to be equal(===) to "'three of a kind'".
```

我們知道這是在講 three-of-a-kind 那行，但是該怎麼修復它？如果我們真的只寫足夠通過測試的最簡易程式碼，我們可以把函式寫成這樣：

```
var checkHand = function(hand){
  if(hand[0]==='2-H' && hand[1]==='3-C'
     && hand[2]==='4-D' && hand[3]==='5-H'
     && hand[4]==='2-C'){
    return 'pair';
  }else{
    return 'three of a kind';
  }
};
```

這會通過（運行時不會輸出什麼東西），但這段程式碼感覺就像一個小孩一邊在你面前揮手，一邊嗆你：「沒碰到！不准生氣喔！」。雖然在技術上它是通過了，但它卻會在任何小小的改動或是新增測試用例時壞掉。只有這個特定的陣列算是「對子」，否則就是「三條」。我們會用**脆弱**（*brittle*）而非**健壯**（*robust*）來形容這段程式碼，因為它無法處理很多測試用例。如果測試和實作結合得如此緊密、以致於任何微小的改動都會弄壞它，我們也可以用脆弱來形容。雖然這對我們的 `pair` 斷言也成立，但真正有問題的是我們的實作而非測試用例。

我們的工作從高階測試起頭，但現在該繼續深入了。因此，我們會遇見比紅 / 綠 / 重構更複雜的模式。我們會同時有好幾個階層的測試、以及好幾個錯誤，有些錯誤還會持續好一陣子。如果我們堅持簡單的 `assert` 函式，事情會變得很難懂。讓我們準備點工具，用 mocha 開始測試。如果你讀完 mocha 的文件（*https://mochajs.org/*）（你總有一天該讀完的），你可能會因為它那一大堆的特徵而退縮。此處，我們只使用盡可能簡單的設置。

正如本章開頭處所言，請確定 node、npm 和 mocha 都安裝好了，並且都能從命令行中呼叫它們。如果都搞定了，讓我們創造一個 *check-hand-with-mocha.js* 檔案，並填入下方程式碼：

```
var wish = require('wish');

function checkHand(hand) {
  if(hand[0]==='2-H' && hand[1]==='3-C'
```

```
    && hand[2]==='4-D' && hand[3]==='5-H'
    && hand[4]==='2-C'){
   return 'pair';
  }else{
   return 'three of a kind';
  }
};

describe('checkHand()', function() {
  it('處理對子', function() {
    var result = checkHand(['2-H', '3-C', '4-D', '5-H', '2-C']);
    wish(result === 'pair');
  });
  it('處理三條', function() {
    var result = checkHand(['3-H', '3-C', '3-D', '5-H', '2-H']);
    wish(result === 'three of a kind');
  });
});
```

斷言與期望

根據 Stack Overflow 上的問題、Google 搜尋結果、各種文件與部落格的數量，「正確地」斷言正是最浪費程式設計師時間的事情之一。Mocha 提供了無數的斷言方式，你可以這麼做：

```
assert.equal(foo, 'bar');
```

或是：

```
expect(foo).to.equal('bar');
```

或是：

```
foo.should.equal('bar');
```

這都是廢話。JavaScript 本身就有一個很好的相等性測試，你只需把程式碼包起來然後拋出錯誤：

```
assert(foo === 'bar');
```

但這會給出一個可讀性極低的錯誤訊息（`AssertionError: false == true`），所以我們才使用 wish：

```
wish(foo === 'bar');
```

而這給了我們：

```
WishError:
    Expected "foo" to be equal(===) to " 'bar'".
```

這基本上是同樣的東西，只是改成 mocha 可以用的型式。describe 函式表明了我們正在測試，而 it 函式包含了我們的斷言。斷言的語法稍微改變了，但其實和之前是相同的測試。你可以用 **mocha check-hand-withmocha. js** 來運行它（先確定你在和檔案相同的資料夾中），而這會給你圖 4-2 中的輸出。

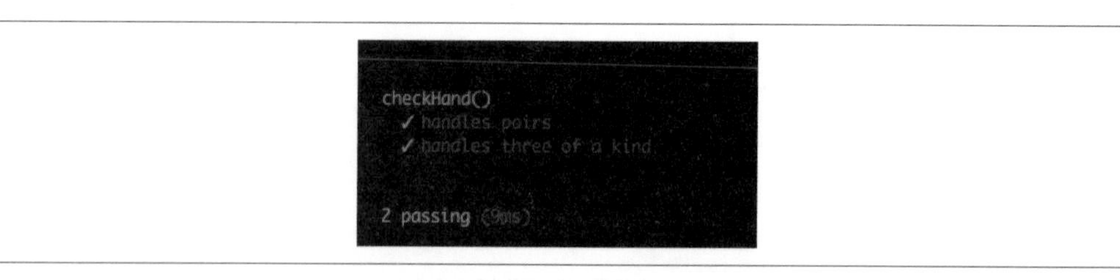

圖 4-2　輸出看起來很不錯——良好而清楚。

mocha 的一些小撇步

如果你有一個 *test.js* 檔案，或是把你的測試檔（可能有好幾個）放進名為 *test* 的資料夾中，則 mocha 會找到你的測試檔，無須指定它們的名字。如果你如此設置你的檔案，你可以單單運行這條指令：**mocha**

現在著手進行我們的 checkHand 函式。為了確認 checkHand 檢查對子的功能是有問題的，請加入另一個應該算作對子的陣列。把測試改成這樣：

```
describe('checkHand()', function() {
  it('處理對子', function() {
    var result = checkHand(['2-H', '3-C', '4-D', '5-H', '2-C']);
    wish(result === 'pair');

    var anotherResult = checkHand(['3-H', '3-C',
                                   '4-D', '5-H', '2-C']);
    wish(anotherResult === 'pair');
  });
  it('處理三條', function() {
    var result = checkHand(['3-H', '3-C', '3-D', '5-H', '2-H']);
    wish(result === 'three of a kind');
  });
});
```

再次運行 mocha。此處有三件事值得留意：首先，一個 it 段落中可以包含複數個斷言；第二，我們得到一個失敗的測試與一個通過的測試；第三，正如預期，我們有了失敗訊息，換句話說就是「紅色」狀態，因此有了一個**來自程式碼**（*code-produced*）的動機驅使我們改變實作方式。因為這個例子中沒有捷徑，我們必須真的實作出一個檢查對子的函式。首先寫出我們想要的介面，將 checkHand 函式修改為：

```
function checkHand(hand) {
  if(isPair(hand)){
    return 'pair';
  }else{
    return 'three of a kind';
  }
};
```

接著再次運行 mocha。兩個失敗訊息！當然，正如 mocha 給出的錯誤訊息所言，這是因為我們尚未實作 isPair 函式。

```
ReferenceError: isPair is not defined
```

所以，我們再一次只寫足以令那個失敗訊息閉嘴的程式碼：

```
function isPair(){ };
```

然後再次運行 mocha……嘿，等一下。我們確實運行過 mocha 好幾次了，那我們前一章提到的監聽器又是怎麼一回事？原來，mocha 已經內建一個監聽器了！讓我們運行這個指令：

```
mocha -w check-hand-with-mocha.js
```

現在每當我們存檔，都會得到一個新的報告（鍵入 Ctrl-C 離開）。好，現在回到我們的測試。如何撰寫 isPair 函式目前尚未明朗，我們知道這個函式會吃進一組手牌，並輸出一個布林值。我們可以把它放在第一個 describe 段落之上：

```
...
describe('isPair()', function() {
  it(' 找到一組對子 ', function() {
    var result = isPair(['2-H', '3-C', '4-D', '5-H', '2-C']);
    wish(result);
  });
});

describe('checkHand()', function() {
...
```

因為我們使用了監聽器，我們會在存檔的瞬間就看見失敗訊息。這時可以從函式中返回 true 來通過測試，但我們知道這只會令三條的測試失敗，所以讓我們著手實作這個方法吧。為了檢查對子，我們會想知道手牌中有多少重複。配上我們理想中的介面，isPair 函式會是什麼模樣？可能是這樣：

```
function isPair(hand){
  return multiplesIn(hand) === 2;
};
```

很自然地，得到了 multiplesIn 尚未定義的錯誤。我們會想定義這個方法，但也可以先想像這個方法的測試：

```
function multiplesIn(hand){};

describe('multiplesIn()', function() {
  it(' 找到一組重複的點數 ', function() {
    var result = multiplesIn(['2-H', '3-C', '4-D', '5-H', '2-C']);
    wish(result === 2);
  });
});
```

另一個失敗。我們理想中的 multiplesIn 應該如何實作？在此處，假設我們有一個 highestCount 函式，它會吃進多張卡片的點數：

```
function multiplesIn(hand){
  return highestCount(valuesFromHand(hand));
};
```

我們會得到 highestCount 和 valuesFromHand 的錯誤。所以寫出空白的實作、以及描述它們理想介面的測試（我們想傳入的參數、想得到的結果）：

```
function highestCount(values){};
function valuesFromHand(hand){};

describe('valuesFromHand()', function() {
  it(' 只從手牌中返回點數 ', function() {
    var result = valuesFromHand(['2-H', '3-C', '4-D', '5-H', '2-C']);
    wish(result === ['2', '3', '4', '5', '2']);
  });
});

describe('highestCount()', function() {
  it(' 返回陣列中同點數手牌的最大張數 ',
    function() {
      var result = highestCount(['2', '4', '4', '4', '2']);
      wish(result === 3);
```

```
    }
  );
});
```

實作 valuesFromHand 函式看起來很簡單，所以我們這麼寫：

```
plementing the valuesFromHand function seems simple, so let’ s do that:
function valuesFromHand(hand){
  return hand.map(function(card){
    return card.split('-')[0];
  })
}
```

失敗？

```
Expected "result" to be equal(===) to " ['2', '3', '4', '5', '2']".
```

split 的行為一定和我們期待的相同，對吧？不如看看一個寫死的版本：

```
wish(['2', '3', '4', '5', '2'] === ['2', '3', '4', '5', '2'])
```

這給了我們：

```
Expected "['2', '3', '4', '5', '2'] "
to be equal(===) to " ['2', '3', '4', '5', '2']".
```

等一下，這些陣列不是相等的嗎？很不幸的，在 JavaScript 中並非如此。對於原生資料型別（primitives），如整數、布林和字串等，=== 可以正常運作。但對於物件（而陣列其實也算是物件），只有在兩個被測的變數是同一個物件時，=== 的結果方為真：

```
x = []
y = []
x === y; // false
```

然而：

```
x = [];
y = x;
x === y; // true
```

你可以靠一個更複雜的斷言庫來解決這個問題。大部分斷言庫都支援 assert.deepEqual 之類的東西，可以檢查物件的內容。然而我們想保持斷言的簡潔，並且讓 wish 之中的陳述維持著簡單老式的 JavaScript 語法。此外，很合理的，我們可能會想要在程式的其他地方檢查陣列的相等性。

除了建立自己的 deepEqual 函式、或是引入某個綁在斷言或測試框架中的 deepEqual，我們可以使用獨立的函式庫：

```
npm install deep-equal
```

現在我們可以在測試裡這麼寫：

```
var deepEqual = require('deep-equal');
...
describe('valuesFromHand()', function() {
  it(' 只從手牌中返回點數 ', function() {
    var result = valuesFromHand(['2-H', '3-C', '4-D', '5-H', '2-C']);
    wish(deepEqual(result, ['2', '3', '4', '5', '2']));
  });
});
```

現在它通過了，棒呆了。接著，讓我們實作 highestCount：

```
function highestCount(values){
  var counts = {};
  values.forEach(function(value, index){
    counts[value]= 0;
    if(value == values[0]){
      counts[value] = counts[value] + 1;
    };
    if(value == values[1]){
      counts[value] = counts[value] + 1;
    };
    if(value == values[2]){
      counts[value] = counts[value] + 1;
    };
    if(value == values[3]){
      counts[value] = counts[value] + 1;
    };
    if(value == values[4]){
      counts[value] = counts[value] + 1;
    };
  });
  var totalCounts = Object.keys(counts).map(function(key){
    return counts[key];
  });
  return totalCounts.sort(function(a,b){return b-a})[0];
};
```

有點醜，但可以通過測試。事實上，所有測試都通過了！這代表我們已經準備好實作其他部分了。

你可能在這函式裡看見了一些重構的可能性，這很好。它不是個多了不起的實作，但一個功能的第一次實作通常都不會太好，而這就是測試的好處。我們可以輕鬆地忽視這個雖然能動卻又顯得醜陋的函式，因為它至少滿足了正確的輸入與輸出。我們之後可以引入一個更複雜的函式庫，如 Ramda（第 11 章），用來處理陣列的重複，或是用 Array 類別內建的 `reduce` 函式（第 7 章會介紹如何用 reduce 來重構）來建構我們的物件，但現在 `forEach` 做得很好了。

繼續前進，我們實際處理三條：

```
function checkHand(hand) {
  if(isPair(hand)){
    return 'pair';
  }else if(isTriple(hand)){
    return 'three of a kind';
  }
};
```

得到了一個 `isTriple` 函式的 `UndefinedError`，不過這一次，我們有了一個已知的測試用例，所以實作方法很顯然：

```
function isTriple(hand){
  return multiplesIn(hand) === 3;
};
```

我們沒有特別為 `isTriple` 撰寫測試，但高階測試（`checkHand` 測試裡的另一個 `it` 段落）應該給了我們足夠的信心可以繼續前進：

```
describe('checkHand()', function() {
...
  it('處理四條', function() {
    var result = checkHand(['3-H', '3-C', '3-D', '3-S', '2-H']);
    wish(result === 'four of a kind');
  });
...
```

以及其實作：

```
function checkHand(hand) {
  if(isPair(hand)){
    return 'pair';
  }else if(isTriple(hand)){
    return 'three of a kind';
  }else if(isQuadruple(hand)){
    return 'four of a kind';
```

```
    }
  };

  function isQuadruple(hand){
    return multiplesIn(hand) === 4;
  };
```

現在，讓我們為高牌撰寫測試，也就是 checkHand 測試裡的另一個 it 段落：

```
    it('處理高牌', function() {
      var result = checkHand(['2-H', '5-C', '9-D', '7-S', '3-H']);
      wish(result === 'high card');
    });
```

失敗了，紅色階段。以下則是實作：

```
  function checkHand(hand) {
    if(isPair(hand)){
      return 'pair';
    }else if(isTriple(hand)){
      return 'three of a kind';
    }else if(isQuadruple(hand)){
      return 'four of a kind';
    }else{
      return 'high card';
    }
  }
```

綠色，通過了。現在讓我們在 checkHand 段落裡加入另一個高階測試，以處理同花：

```
  it('處理同花', function() {
    var result = checkHand(['2-H', '5-H', '9-H', '7-H', '3-H']);
    wish(result === 'flush');
  });
```

失敗了。它不符合任何條件，所以我們的測試返回了散牌。理想的介面是：

```
  function checkHand(hand) {
    if(isPair(hand)){
      return 'pair';
    }else if(isTriple(hand)){
      return 'three of a kind';
    }else if(isQuadruple(hand)){
      return 'four of a kind';
    }else if(isFlush(hand)){
      return 'flush';
    }else{
      return 'high card';
```

```
  }
};
```

我們得到了 isFlush 的 UndefinedError，所以需要：

```
function isFlush(hand){ }
```

這會返回 undefined，所以測試還是會失敗，只因我們仍會走到散牌（else）那個選項。我們會需要檢查牌的花色是否都相同。讓我們假設這會用上兩個函式，如此實作我們的 isFlush：

```
function isFlush(hand){
  return allTheSameSuit(suitsFor(hand));
};
```

我們得到那兩個新函式的 UndefinedError。我們可以撰寫它們樣板，但 allTheSameSuit 函式的實作看起來很顯然，我們就先寫它吧！但因為現在有了兩個新函式，我們會寫個測試以確保 allTheSameSuit 能如預期般運作：

```
function allTheSameSuit(suits){
  suits.forEach(function(suit){
    if(suit !== suits[0]){
      return false;
    }
  })
  return true;
}

describe('allTheSameSuit()', function() {
  it('如果所有元素皆相同，回報 true', function() {
    var result = allTheSameSuit(['D', 'D', 'D', 'D', 'D']);
    wish(result);
  });
});
```

通過了。但很自然地，我們還是有 suitsFor 的未定義錯誤。以下為其實作：

```
function suitsFor(hand){
  return hand.map(function(card){
    return card.split('-')[1];
  })
};
```

和我們的 valuesFromHand 十分相似，所以我們不測試，繼續前進。如果你想保持測試先行的做法，也歡迎為它寫個測試。

糟了！我們的同花判別，似乎也會在高牌的狀況返回 `true`。錯誤如下：

```
1) checkHand() 處理高牌:
   WishError:
  Expected "result" to be equal(===) to " 'high card'".
```

這肯定代表 `allTheSameSuit` 也回傳了 `true`。我們引入了一個臭蟲，所以是時候進行回歸測試了。首先，用一個測試來重現其行為。我們並未測試 `allTheSameSuit` 是否真的會在卡片不全同花時返回 `false`，現在就來加入那個測試：

```
describe('allTheSameSuit()', function() {
...
  it('如果元素並非全部相同，回報 false', function() {
    var result = allTheSameSuit(['D', 'H', 'D', 'D', 'D']);
    wish(!result);
  });
});
```

兩個失敗，正代表我們重現了那個臭蟲（而且仍有原本的臭蟲）。顯然地，我們的 `return false` 陳述只會從迴圈中返回[譯註]。讓我們修改實作：

```
function allTheSameSuit(suits){
  var toReturn = true;
  suits.forEach(function(suit){
    if(suit !== suits[0]){
      toReturn = false;
    }
  });
  return toReturn;
};
```

現在全部的測試都通過了。

有更好的方法可以處理這個 `forEach`，使用 Ramda（或 Sanctuary、underscore、lodash 等等）或深入研究 JavaScript 原生的 `Array` 函式（記住，使用原生函式時需要檢查它們在當前平台上給不給用），但這是通過測試最簡單的辦法。我們希望程式碼可讀、正確、良好、快速——以上四個要求按優先順序排列。

只剩幾種牌型了，讓我們處理順子。首先是高階測試：

```
describe('checkHand()', function() {
...
  it('處理順子', function() {
```

[譯註] 因為此處用 forEach 函式實現迴圈的功能，所以原作法中，return 只會從 forEach 中返回（return false 會中斷迴圈，相當於一般 for 迴圈中的 break），而不會從 allTheSameSuit 中返回。

```
    var result = checkHand(['1-H', '2-H', '3-H', '4-H', '5-D']);
    wish(result === 'straight');
  });
});
```

程式碼再次走進散牌的 else 段落，這很好。我們知道現在不存在一個符合的選項，而且可以自由地在 checkHand 中增加這個選項：

```
function checkHand(hand) {
  if(isPair(hand)){
    return 'pair';
  }else if(isTriple(hand)){
    return 'three of a kind';
  }else if(isQuadruple(hand)){
    return 'four of a kind';
  }else if(isFlush(hand)){
    return 'flush';
  }else if(isStraight(hand)){
    return 'straight';
  }else{
    return 'high card';
  }
}
```

isStraight 尚未定義，讓我們一次定義它和它的理想介面。我們會跳過 isStraight 的測試，因為在高階測試中已經做過了。

```
function isStraight(hand){
  return cardsInSequence(valuesFromHand(hand));
};
```

錯誤，我們需要定義 cardsInSequence。應該如何撰寫它？

```
function cardsInSequence(values){
  var sortedValues = values.sort();
  return fourAway(sortedValues) && noMultiples(values);
};
```

兩個未定義函式，我們會為兩者都加入測試。首先，要想辦法通過 fourAway 的測試：

```
function fourAway(values){
  return ((+values[values.length-1] - 4 - +values[0])===0);
};

describe('fourAway()', function() {
  it('如果第一和最後的點數相差4，回報 true', function() {
    var result = fourAway(['2', '6']);
```

```
    wish(result);
  });
});
```

注意到第二行的 + 符號是用來把字串轉為數字。如果這看起來難以閱讀、不合慣例、或很可能被某個不瞭解重要性的人改動，可以用底下這行取代：

```
return ((parseInt(values[values.length-1]) - 4 - parseInt(values[0]))===0);
```

繼續處理 noMultiples。我們會在這裡寫一個反面的測試，當作買個保險。不過實作相當簡單，因為我們已經有一個函式可以幫忙計算卡片了：

```
function noMultiples(values){
  return highestCount(values)==1;
};

describe('noMultiples()', function() {
  it('如果所有元素都不同，回報 true', function() {
    var result = noMultiples(['2', '6']);
    wish(result);
  });
  it('如果存在兩個元素相同，回報 false', function() {
    var result = noMultiples(['2', '2']);
    wish(!result);
  });
});
```

所有測試都通過了，現在處理同花順。讓我們把這段加入我們的高階 checkHand describe 段落：

```
describe('checkHand()', function() {
...
  it('處理同花順', function() {
    var result = checkHand(['1-H', '2-H', '3-H', '4-H', '5-H']);
    wish(result === 'straight flush');
  });
});
```

看起來似乎走到了同花的選項，所以我們得把這項檢查加到 if/else 段落中比同花更上方的位置：

```
function checkHand(hand) {
  if(isPair(hand)){
    return 'pair';
  }else if(isTriple(hand)){
    return 'three of a kind';
```

```
  }else if(isQuadruple(hand)){
    return 'four of a kind';
  }else if(isStraightFlush(hand)){
    return 'straight flush';
  }else if(isFlush(hand)){
    return 'flush';
  }else if(isStraight(hand)){
    return 'straight';
  }else{
    return 'high card';
  }
}
```

isStraightFlush 尚未定義。由於這段程式碼只是兩個函式的結果，我們不用擔心它的低階測試（當然你要寫也沒人會攔你）：

```
function isStraightFlush(hand){
  return isStraight(hand) && isFlush(hand);
}
```

通過了。現在只剩兩個了：兩對與葫蘆。我們先處理葫蘆，就從高階測試開始：

```
describe('checkHand()', function() {
...
  it('處理葫蘆', function() {
    var result = checkHand(['2-D', '2-H', '3-H', '3-D', '3-C']);
    wish(result === 'full house');
  });
});
```

這段程式碼在 checkHand 中會落入「三條」的狀況，所以我們需要讓 isFullHouse 的檢查放在三條上方：

```
function checkHand(hand) {
  if(isPair(hand)){
    return 'pair';
  }else if(isFullHouse(hand)){
    return 'full house';
  }else if(isTriple(hand)){
    return 'three of a kind';
  }else if(isQuadruple(hand)){
    return 'four of a kind';
  }else if(isStraightFlush(hand)){
    return 'straight flush';
  }else if(isFlush(hand)){
    return 'flush';
  }else if(isStraight(hand)){
```

```
    return 'straight';
  }else{
    return 'high card';
  }
};
```

現在需要實作 isFullHousr 函式。看起來，我們需要的資訊被埋在 highestCount 之中。它只返回出現最多的次數，但我們需要全部。基本上，函式中的資訊除了倒數三個字元之外我們都需要。該如何微妙地、優雅地避免重複這段程式碼呢？

```
function allCounts(values){
  var counts = {};
  values.forEach(function(value, index){
    counts[value]= 0;
    if(value == values[0]){
      counts[value] = counts[value] + 1;
    };
    if(value == values[1]){
      counts[value] = counts[value] + 1;
    };
    if(value == values[2]){
      counts[value] = counts[value] + 1;
    };
    if(value == values[3]){
      counts[value] = counts[value] + 1;
    };
    if(value == values[4]){
      counts[value] = counts[value] + 1;
    };
  });
  var totalCounts = Object.keys(counts).map(function(key){
    return counts[key];
  });
  return totalCounts.sort(function(a,b){return b-a});
};
```

什麼都不做！不要試著把程式碼寫得優雅，重複就重複吧，複製貼上通常是最小而最安全的一步。雖然複製貼上這件事臭名昭彰，對**第一步**而言，它絕對好過試著提取出函式（以及其他結構）最後一次弄壞了太多東西（尤其是當你從上次 git 提交處迷失了太遠！）。真正的問題是**留下重複**，因為這是一個非常嚴重的維護性問題——但處理它最好的時間點是紅／綠／重構循環中的重構階段，而非在綠色階段、試著通過測試的時候。

糟糕的程式碼並沒有錯

上一段落應該表達得很清楚了：寫爛程式碼無妨、未使用的函式無妨、爛變數名也無妨。如果重複一段程式碼可以讓你更容易著手重構，那就這麼做吧！你也可以內聯化函式，藉此提取出更有意義的函式，即便這令函式暫時變長了也沒關係。在你試著搞清楚該用到哪些函式時，別介意創造一些最終不會用到的函式。

糟糕的程式碼並沒有錯。從這裡出發、稍後再修正是比較簡單的做法。只要記得去修正它，因為不管你在編輯器裡寫了什麼，它都會留在裡面（直到你用更好的程式碼取代之）。

注意我們不只返回了 `[0]`，因為我們需要全部的結果。現在剩下的工作就是實作 `isFullHouse`：

```
function isFullHouse(hand){
  var theCounts = allCounts(valuesFromHand(hand));
  return(theCounts[0]===3 && theCounts[1]===2);
};
```

成功了，讚啦。接著再處理兩對就結束了：

```
describe('checkHand()', function() {
...
  it('處理兩對', function() {
    var result = checkHand(['2-D', '2-H', '3-H', '3-D', '8-D']);
    wish(result === 'two pair');
  });
});
```

這會掉進對子的條件，所以在判斷式裡，`isTwoPair` 檢查必須擺在 `isPair` 檢查上方：

```
function checkHand(hand) {
  if(isTwoPair(hand)){
    return 'two pair';
  } else if(isPair(hand)){
...
```

接著是實作，看起來和 `isFullHoise` 幾乎一模一樣：

```
function isTwoPair(hand){
  var theCounts = allCounts(valuesFromHand(hand));
```

```
    return(theCounts[0]===2 && theCounts[1]===2);
  };
```

然後就結束了！這就是從零打造程式碼與測試、同時在過程中維持信心的方法。本書剩下的部分是關於重構，本章則是關於如何撰寫海量測試。程式碼和測試中有堆積如山的重複，太多的迴圈和條件判斷，幾乎沒有隱藏的資訊，更未嘗試使用私有方法。沒有類別，沒有優雅進行類迴圈工作的函式庫。它全是同步（synchronous）的，而且當我們需要表示人頭牌（撲克牌的 J.Q.K.）時鐵定會遇上麻煩。

但我們已經良好地測試了目前的功能，且就算需要加強，我們也有一個運作中的測試集，可以很輕易地新增更多測試。我們甚至有機會為臭蟲撰寫回歸測試。

未測試程式碼與描述測試

情境如下：一個同事寫了可以亂數生成手牌的程式。他為了準備燃燒人節慶[譯註]休了兩個月的假，而團隊成員們懷疑他可能永遠不會**真正**回來了。你無法連絡到他，而且他也沒有撰寫任何測試。

此處你有三個選項：首先，你可以從零開始重寫程式碼。但這可能有風險且耗時過長，特別是對大專案而言，因此不建議。第二，你可以在需要時改變程式碼，而不做任何測試（見第 1 章中提及「改變程式碼」與「重構」的差異），也不建議。第三個，也是最好的選擇，就是增加測試。

以下是你同事的程式碼（儲存為 *random-hand.js* 檔案）：

```
var s = ['H', 'D', 'S', 'C'];
var v = ['1', '2', '3', '4', '5', '6', '7', '8', '9', '10', 'J', 'Q', 'K'];
var c = [];
var rS = function(){
  return s[Math.floor(Math.random()*(s.length))];
};
var rV = function(){
  return v[Math.floor(Math.random()*(v.length))];
};
var rC = function(){
 return rV() + '-' + rS();
};
```

譯註　Burning Man，一般譯作燃燒人節慶或火人祭，是一年一度在美國內華達州黑石沙漠舉辦的活動，藝術家可以在沙漠中自由創作，其中也常有矽谷工程師的作品。節慶有時會涉及飲酒、狂歡、藥物、嬉皮文化等等。

```
var doIt = function(){
  c.push(rC());
  c.push(rC());
  c.push(rC());
  c.push(rC());
  c.push(rC());
};
doIt();
console.log(c);
```

頗為難懂。有時當你看到一段無法理解的程式碼，它就在某份非常重要的資料附近，且看起來如果沒有那份資料程式碼就無法運作。那種情況更棘手，但此處，我們可以簡單地把它放進**自動化測試框架**（*test harness*，透過測試來運行程式碼）。我們稍後再來談變數名稱的問題，但現在我們得瞭解，為它撰寫測試不需要良好的變數名，甚至不用太懂程式碼。

如果我們使用 assert，我們會如此撰寫描述測試（你可以把這段測試放在先前的程式碼的底部，然後用 **mocha random-hand.js** 來運行它）：

```
const assert = require('assert');
describe('doIt()', function() {
  it(' 什麼都不回傳 ', function() {
    var result = doIt();
    assert.equal(result, null);
  });
});
```

這就對了，我們假設這個函式什麼都不回傳。如果我們這樣假設，程式碼一般會透過測試抗議道：「不好意思，如果你不帶引數呼叫我，我其實會回傳點什麼，謝謝！」這稱為**描述測試**。有時（此處即為一例）測試會通過，因為它確實回傳了 null，或是任何我們提供給 assert.equal 的第二個參數。當我們如此使用 assert.equal，通過測試是由於 null == undefined。如果我們用 assert(result === null); 取代之，我們就會得到這個錯誤：

```
AssertionError: false == true
```

不管哪種狀況對我們都沒什麼幫助。是的，我們可以得到更好的錯誤訊息，只要餵進另一個任意值，使其不致於被 JavaScript 轉型為剛好和函式輸出相同。例如使用下列程式碼，我們的錯誤訊息就有條理多了：

```
assert.equal(result, 3);
AssertionError: undefined == 3
```

但就我個人而言，撰寫描述測試時，會想盡量避免去思考不同種類的相等性和轉型。所以我們將用 wish 的描述測試模式來取代 assert。我們可以透過傳入第二個 true 參數來啟動它，如下：

```
wish(whateverValueIAmChecking, true);
```

我們可以在最底部加入下列的程式碼（取代基於 assert 的測試），並用 **mocha random-hand.js** 來運行之：

```
const wish = require('wish');
describe('doIt()', function() {
  it(' 回傳點什麼 ', function() {
    wish(doIt(), true);
  });
});
describe('rC()', function() {
  it(' 回傳點什麼 ', function() {
    wish(rC(), true);
  });
});
describe('rV()', function() {
  it(' 回傳點什麼 ', function() {
    wish(rV(), true);
  });
});
describe('rS()', function() {
  it(' 回傳點什麼 ', function() {
    wish(rS(), true);
  });
});
```

於是測試的錯誤訊息告訴了我們需要知道的資訊：

```
WishCharacterization: doIt() evaluated to undefined
WishCharacterization: rC() evaluated to "3-C"
WishCharacterization: rV() evaluated to "7"
WishCharacterization: rS() evaluated to "H"
```

失敗訊息告訴了我們程式碼做了些什麼，至少，告訴了我們正在處理什麼型別的回傳值。然而，doIt 函式返回 undefined，通常意味著這段程式碼有副作用（除非這個函式真的什麼都沒做，而這代表它是一段死碼，我們將會刪除之）。

副作用

副作用意味著打印、改變某個變數、或是改變資料庫值之類的動作。在某些圈子裡，不可變（immutability）很酷而副作用非常不酷。在 JavaScript 中，你對副作用的友善程度取決於你寫的是哪一種 JavaScript（第 2 章）以及你的個人風格。大體而言，嘗試極小化副作用和本書的目標一致，但消滅它們就是另一回事了。這本書各處都會提到副作用，在第 11 章討論最深。

對於回傳值非 `null` 的函式，**你可以單純塞進輸入值並針對它回傳的任何東西進行斷言**。這是描述測試的第二部分。如果沒有副作用，你甚至永遠不用去看它的實作！那只是輸入和輸出罷了。

但是這段程式碼有個問題：它不是確定性（deterministic）的！如果我們在 wish 斷言中加入期望的值，我們的測試只有在極少的狀況下才會起作用。

其中的原因是這個函式引入了隨機性。僅管稍微棘手了點，我們仍可以用**正則表達式**來涵蓋輸出的多種變化。我們可以刪掉描述測試，然後用下列程式碼取代之：

```
describe('rC()', function() {
  it(' 返回值符合卡片 ', function() {
    wish(rC().match(/\w{1,2}-[HDSC]/));
  });
});
describe('rV()', function() {
  it(' 返回值符合卡片 ', function() {
    wish(rV().match(/\w{1,2}/));
  });
});
describe('rS()', function() {
  it(' 返回值符合花色 ', function() {
    wish(rS().match(/[HDSC]/));
  });
});
```

因為這三個函式單單接受輸入並返回輸出，針對它們的工作已經結束了。然而，該如何處理那個返回 `undefined` 的 `doIt` 函式？

這裡我們有幾個選項。如果這是多檔案程式的一部分，首先，我們需要確保 `c` 變數不會被在其他地方被接觸到。對於一個單一字母的變數名，你很難確保這件事，但如果我們確定它被限制於這份檔案，我們可以單純地移動定義 `c` 的第一行，並在 `doIt` 函式中返回之，像這樣：

```
var doIt = function(){
  var c = [];
  c.push(rC());
  c.push(rC());
  c.push(rC());
  c.push(rC());
  c.push(rC());
  return c;
};
console.log(c);
```

現在我們弄壞了 console 的輸出，console.log(c) 的陳述不再認得 c 了。有一個簡單的補救法，就是只用一個函式呼叫來取代它：

```
console.log(doIt());
```

我們還是需要測試 doIt，再次使用描述測試：

```
describe('doIt()', function() {
  it('會做些什麼', function() {
    wish(doIt(), true);
  });
});
```

這給了我們類似下方的輸出：

```
WishCharacterization: doIt() evaluated to
  ["7-S","8-S","9-H","4-D","J-H"]
```

具體地，它返回了看似呼叫 rC 五次的結果。對這個測試而言，我們可以用正則表達式來檢查陣列中的每個元素，但我們已經有了類似的 rC 測試了。我們可能不想要這麼脆弱的高階測試。如果我們決定改變 rC 的格式，也不希望因此弄壞兩個測試。所以這裡適合怎樣的高階測試？這個嘛，doIt 函式的獨特之處是它會返回五個東西。讓我們如此測試：

```
describe('doIt()', function() {
  it('返回某個長度為 5 的東西', function() {
    wish(doIt().length === 5);
  });
});
```

對於你想放進自動化測試框架的較小程式庫而言，這個流程可以運作良好。但對較大的程式庫來說，即使管理階層與其他開發者也很熱心積極，你也無法能在短時間內靠這樣的流程從百分之零（或甚至百分之五十）的覆蓋率一路衝到百分之百。

在那些案例中，你可能會辨認出一些高優先性的段落，需要用這樣的流程來確保它們被測試覆蓋。你會想要描準那些特別缺乏測試覆蓋率的部分、應用程式核心、品質特別低、有著高「流動率」（churn rate，檔案與程式碼改變的頻率）的區域，或是有數個綜合症狀之處。

另一項你可以做的改動是，對所有新程式碼採用一套堅持特定品質標準或覆蓋率的流程，前一章中有些可以達成此目標的工具和流程。隨著時間過去，你那高品質且經良好測試的程式碼（與改動）會淘汰掉那些舊的、「遺留（legacy）」的部分。這就是所謂的**償還技術債**，從取得程式碼覆蓋率開始，接著透過重構來繼續。記住，對較大的程式庫，這需要幾個月（而非一個週末）的、英雄式的搏鬥，由整個團隊執行，絕非某個特別熱情的開發者。

除了那些在改變程式碼時增進並注重品質的流程，還有另一個策略值得考慮：如果程式碼是活的且有人正在使用，即使它未經良好測試而品質低落，我們是該用懷疑的眼光看待，但也不該太嚴苛。其中的含意是，你應該避免改動未經測試的程式碼，撰寫舊程式碼的工程師不該被邊緣化或是被羞辱（他們通常比新工程師更懂其中的商業邏輯），而且應該在一個特設的基礎上透過回歸測試來處理臭蟲（細節在下一段落中）。此外，因為正在使用的程式碼**已**被測試（雖然很不幸地是透過使用它的人而非測試集），你可能可以比寫新程式碼時稍微有信心一點。

總結以上，如果你要處理一個覆蓋率低落的巨大遺留程式庫，你應該辨別出一些小區塊並測試它們（使用此小節的流程），採用一個要求完全或絕大部分覆蓋率的策略（使用新功能與從零開始的新程式碼小節中敘述的流程——不論有沒有使用 TDD）。並為所面臨的臭蟲撰寫回歸測試。在這個過程中，試著別冒犯寫了遺留程式碼的工程師，不論他們是否還在團隊裡…。

除錯與回歸測試

在寫完前一小節的測試之後，我們成功創造了一個自動化的方法可以確保程式碼運作如常。我們應該很高興終於把亂數手牌生成器加入測試，因為現在我們可以很有信心地重構、加入新特徵，或是修複臭蟲。

小心「修復程式碼就對了」的衝動！

有時候，臭蟲看起來可以很容易地修復，而「修復程式碼就對了」的聲音變得很誘人。但什麼能阻止臭蟲再現？如果你學我們在這裡撰寫回歸測試，你就能永遠掐死它。

一個相關但不同的衝動是去修改那些「看起來很醜或可能會導致臭蟲的程式碼」。你甚至可能辨識出它就是導致臭蟲的區段。除非你擁有測試集，否則不要「修復它就對了」。這是在改變程式碼，不是在重構。

而這是一件好事。請考慮以下情境：我們剛遇到了一個已經上到生產環境的臭蟲，臭蟲記錄寫到有時玩家會拿到好幾份同一張卡。

情況很緊急，像四條這類特定的牌型，會比預期更容易發生得多（甚至連**五**條都有可能！）。競爭對手的線上賭場有著完美的卡片發派系統，而玩家對我們錯誤的系統正在喪失信心。

所以程式碼出了什麼錯？讓我們來看看：

```
var suits = ['H', 'D', 'S', 'C'];
var values = ['1', '2', '3', '4', '5', '6',
              '7', '8', '9', '10', 'J', 'Q', 'K'];
var randomSuit = function(){
  return suits[Math.floor(Math.random()*(suits.length))];
};
var randomValue = function(){
  return values[Math.floor(Math.random()*(values.length))];
};
var randomCard = function(){
 return randomValue() + '-' + randomSuit();
};

var randomHand = function(){
  var cards = [];
  cards.push(randomCard());
  cards.push(randomCard());
  cards.push(randomCard());
  cards.push(randomCard());
  cards.push(randomCard());
  return cards;
};
console.log(randomHand());
```

首先要注意的是，變數與函式名已被加長，好讓它們更清楚易懂。這同時催毀了全部的測試。你是否能從零開始重建覆蓋率，而不要只是單單重新命名這些變數？如果你想先自己試試，去吧，但不論如何，測試如下：

```
var wish = require('wish');
var deepEqual = require('deep-equal');
describe('randomHand()', function() {
  it('返回五個 randomCards', function() {
    wish(randomHand().length === 5);
  });
});
describe('randomCard()', function() {
  it('什麼也不返回', function() {
    wish(randomCard().match(/\w{1,2}-[HDSC]/));
  });
});
describe('randomValue()', function() {
  it('什麼也不返回', function() {
    wish(randomValue().match(/\w{1,2}/));
  });
});
describe('randomSuit()', function() {
  it('什麼也不返回', function() {
    wish(randomSuit().match(/[HDSC]/));
  });
});
```

首先，我們想要重現這個問題。讓我們試著單單用 node 運行這個程式（不使用 mocha，所以暫時把測試註解掉，但留著 `console.log(randomHand());`）。你是否看見同一張卡兩次？試著再運行一次，然後如果有需要就在一次。要花多少次才能重現這個臭蟲？

如果使用手動測試（見第 3 章）的方法，這可能會花上一段時間，並且即便錯誤發生了你也很難發現。下一步是撰寫一個測試來運行程式碼並試圖重現錯誤。注意到，在寫任何程式碼之前，我們都需要一個失敗的測試。我們的第一直覺可能是寫個類似下方的測試：

```
describe('randomHand()', function() {
  ...
  for(var i=0; i<100; i++){
    it('不該讓頭兩張卡相同', function() {
      var result = randomHand();
      wish(result[0] !== result[1]);
    });
  };
});
```

這引發錯誤的頻率還蠻高的，但出於兩個原因，它不是個好測試。兩個原因都和隨機性有關：首先，因為需要迭代運行程式很多次，這個測試肯定頗為緩慢；第二，我們的測試不總是重現錯誤並失敗。我們可以增加迭代次數來使它幾乎不可能不失敗，但那勢必將進一步拖慢我們的測試。

那個緩慢的測試

我們想留著它，而且我們還想運行它，但如果你為了好玩而把迭代次數寫成 100,000，那麼現在是註解掉它的好時機。而個案例正彰顯了，在快速的測試集之外，你有時也需要「緩慢的測試集」。

正如前一章所述，分割快速與慢速測試是個好計劃，但每個案例都不同。此處，我們可以單單註解掉它。如果我們的測試集分為數個檔案，我們可以時常運行其中一個檔案，而其他則在必要時運行。某些時候，你可能會想把特定的測試用例獨立出來。使用 mocha 時，可以用 **mocha -g *pattern your_test_file***，只要 description 函式中的字串符合 ***pattern*** 便會被執行。你可以在命令行中運行 **mocha -h** 以查看其他 mocha 選項。

雖然不是個多了不起的測試，但可以用它作為改寫 randomHand 函式的鷹架（scaffold）。我們不想改變其輸出的格式，但我們的實作已經掛了，因此可以用盡可能多的迭代數來（幾乎）確保我們可以觀察到失敗。

既然已經有了自動化測試框架（失敗中的那個測試），我們就可以安全地改變函式的實作。注意到這**不是**重構。我們正在改變程式碼（安全地，因為它處於測試之中），但也在改變**行為**。我們正試著將測試從紅色狀態移至綠色，而非重構。

別再隨機取出某個點數與花色了，讓我們從**一個**陣列中一次返回陣列與花色。我們可以手動建出這個有著 52 項元素的陣列，但既然我們已有兩個陣列就定位了，就用它們吧。首先，用一個測試來確保我們得到完整的牌堆：

```
describe('buildCardArray()', function() {
  it(' 返回完整的牌堆 ', function() {
    wish(buildCardArray().length === 52);
  });
});
```

這產生了一個錯誤，因為我們尚未定義 buildCardArray：

```
var buildCardArray = function(){ };
```

這產生了一個錯誤，因為 buildCardArray 沒有返回任何東西：

```
var buildCardArray = function(){
  return [];
};
```

這並非真的是能帶我們離開錯誤的最簡易方法，但任何帶著 length 的東西都可能會把我們帶往一個新的失敗（而非錯誤），在此例中便是長度為 0 而非 52。此處，也許你覺得最簡單的解法是手動建立一個可能出現的牌的陣列並返回之，這也很好，但筆誤或是編輯器巨集失誤可能會造成一些問題。讓我們就用一些簡單的迴圈來構造這個陣列：

```
var buildCardArray = function(){
  var tempArray = [];
  for(var i=0; i < values.length; i++){
    for(var j=0; j < suits.length; j++){
      tempArray.push(values[i]+'-'+suits[j])
    }
  };
  return tempArray;
};
```

測試通過了，但我們沒有真正測試它的行為，對吧？我們在哪？是不是迷路了？如果我們離開了紅／綠／重構循環，該如何測試？這個嘛，我們有些什麼呢？基本上，當我們像這樣大步前進時，我們會創造未經測試的程式碼。而一如往常，我們可以用一個新的**描述測試**來說明運行函式時會發生什麼事：

```
describe('buildCardArray()', function() {
  it('做了某些事？', function() {
    wish(buildCardArray(), true);
  });
...
});
```

根據你的 mocha 設定不同，你可能取得整組牌的陣列，或者它可能被截短了。mocha 有成堆的旗標（flags）與回報工具，雖然是有可能靠它們把輸出變成我們想要的樣子，但在此例中，手動加個 console.log 到測試用例中也夠方便了：

```
it('做了某些事？', function() {
  console.log(buildCardArray());
  wish(buildCardArray(), true);
});
```

所以現在整個陣列都在測試運行器中被打印出來了。根據你得到了什麼輸出，你必須做一些修改（現在正是時候學習你編輯器的「多行合併（join lines）」功能，如果你還不會用的話），最後我們得到了：

```
[ '1-H', '1-D', '1-S', '1-C', '2-H', '2-D', '2-S', '2-C',
  '3-H', '3-D', '3-S', '3-C', '4-H', '4-D', '4-S', '4-C',
  '5-H', '5-D', '5-S', '5-C', '6-H', '6-D', '6-S', '6-C',
  '7-H', '7-D', '7-S', '7-C', '8-H', '8-D', '8-S', '8-C',
  '9-H', '9-D', '9-S', '9-C', '10-H', '10-D', '10-S', '10-C',
  'J-H', 'J-D', 'J-S', 'J-C', 'Q-H', 'Q-D', 'Q-S', 'Q-C',
  'K-H', 'K-D', 'K-S', 'K-C' ]
```

好極了。如果這個陣列包含上千個元素，我們就需要另一個方法來產生信心，但由於它只有 52 個，我們可以用肉眼確認這個陣列看起來沒問題。我們正在處理整副牌，所以修改描述測試好讓它斷言這項輸出。此處，我們其實是透過肉眼觀察來得到信心。這個描述測試是為了覆蓋率，以及為了確保我們等等不會弄壞什麼東西：

```
it('給出一個卡片的陣列', function() {
  wish(deepEqual(buildCardArray(), [ '1-H', '1-D', '1-S', '1-C',
    '2-H', '2-D', '2-S', '2-C',
    '3-H', '3-D', '3-S', '3-C', '4-H', '4-D', '4-S', '4-C',
    '5-H', '5-D', '5-S', '5-C', '6-H', '6-D', '6-S', '6-C',
    '7-H', '7-D', '7-S', '7-C', '8-H', '8-D', '8-S', '8-C',
    '9-H', '9-D', '9-S', '9-C', '10-H', '10-D', '10-S', '10-C',
    'J-H', 'J-D', 'J-S', 'J-C', 'Q-H', 'Q-D', 'Q-S', 'Q-C',
    'K-H', 'K-D', 'K-S', 'K-C' ]));
});
```

通過了，讚啦。好的，現在我們有了一個返回整副牌的函式，所以我們的 randomHand 函式可以不再返回重複的牌了。如果我們把那個緩慢且會隨機失敗的「不該讓頭兩張卡相同」測試的註解拿掉，我們會發現它還是失敗的。這合乎邏輯，因為我們尚未對 randomHand 函式做出任何改動。請讓它返回陣列中的亂數元素：

```
var randomHand = function(){
  var cards = [];
  var deckSize = 52;
  cards.push(buildCardArray()[Math.floor(Math.random() * deckSize)]);
  cards.push(buildCardArray()[Math.floor(Math.random() * deckSize)]);
  cards.push(buildCardArray()[Math.floor(Math.random() * deckSize)]);
  cards.push(buildCardArray()[Math.floor(Math.random() * deckSize)]);
  cards.push(buildCardArray()[Math.floor(Math.random() * deckSize)]);
  return cards;
};
```

我們仍會看見那個隨機／緩慢的測試失敗了（如果迭代夠多次的話），而這是偉大的一刻。萬一我們沒有那個測試會怎樣？也許就算沒有那個測試，在這個案例中依然可以很明顯地看出我們尚未修復問題，但事情不總是這樣。如果沒有這樣的測試，我們可能會自以為修復了問題，直到稍後那個臭蟲再次出現。順帶一提，我們在修改**行為**嗎？不太能這麼說，因為我們還是返回了五張卡牌的字串，所以應該說我們改變了**實作**。作為證據，我們通過與失敗的測試仍相同。

所以該怎麼修復它？

```
var randomHand = function(){
  var cards = [];
  var cardArray = buildCardArray();
  cards.push(cardArray.splice(Math.floor(
    Math.random()*cardArray.length), 1)[0]);
  cards.push(cardArray.splice(Math.floor(
    Math.random()*cardArray.length), 1)[0]);
  cards.push(cardArray.splice(Math.floor(
    Math.random()*cardArray.length), 1)[0]);
  cards.push(cardArray.splice(Math.floor(
    Math.random()*cardArray.length), 1)[0]);
  cards.push(cardArray.splice(Math.floor(
    Math.random()*cardArray.length), 1)[0]);
  return cards;
};
```

我們不再單純返回某個隨機索引值的卡牌，而是只使用那個函式一次以建立陣列。接著，我們用 `splice` 函式，從某個隨機的索引值開始，返回一個元素（那個 1 是 `slice` 函式的第二個參數）並把它推進一個陣列。這對我們的問題是個完美的解，但這個函式同時是**破壞性的**（*destructive*）與**不純的**（*impure*）（更多細節請見第 11 章）。注意到，我們需要寫 `[0]` 是因為 `splice` 函式會返回一個陣列。雖然只有一個元素，但仍是陣列，因此我們仍需要獲取它的第一個元素。

回到那個陰魂不散的問題：我們是在重構嗎？不是的。我們改變了行為（從循環中的「紅」狀態移動到「綠」狀態）。證據是，即使迭代非常多次，我們的測試都還是通過了。

需要多少次迭代才會引發錯誤？

如果你對數學在行，儘管忽略這段，但如果你很好奇而且擔心可能會再次落入類似的狀況，學習這些數學可能會有幫助。我們測試頭兩張卡是否相等，其機率為何？我們的測試該採用多少次迭代？

我們需要反轉這個測試，並且計算卡牌**不相同**的機率。這個機率是 51/52 或是 98.077% 碰上可能性的機率相當之低。

使用 100 次迭代，我們就有了 98.077% 乘以自己 100 次（(98.077)^100）。這個值是 14.344%，而從 100% 裡扣除 14.344% 就是 85.666%。所以 100 次迭代已經足以使我們經常失敗（全部中佔 85%），但大約七次裡面會有一次不失敗的狀況。

回到信心的問題，在 10,000 次迭代的情況下，通過的機率是 3.688×10^–7。這對「信心」而言，算不算是夠接近零了？

所以我們對於這個改動有沒有信心？其中的困境是，我們還是在測試隨機性的東西，這意味著我們仍得面對不一致且可能緩慢的測試。

如果你上網搜尋「測試隨機性」，許多解法會建議你把隨機函式更變得更加可預測。然而在我們的例子中，正是這個實作本身值得我們的懷疑。我們該如何擺脫這個緩慢的鷹架測試、同時仍對程式碼保有信心？我們需要測試一個不依賴隨機性的函式之實作。以下是其中一個方法：

```
describe('spliceCard()', function() {
  it('返回兩個東西', function() {
    wish(spliceCard(buildCardArray()).length === 2);
  });
  it('返回選中的卡片', function() {
    wish(spliceCard(buildCardArray())[0].match(/\w{1,2}-[HDSC]/));
  });
  it('返回移除了一張卡片的陣列', function() {
    wish(spliceCard(buildCardArray())[1].length ===
      buildCardArray().length - 1);
  });
});
```

在這個方法中，我們決定，為了把 spliceCard 函式獨立出來，我們需要返回值與副作用：

```
var spliceCard = function(cardArray){
  var takeAway = cardArray.splice(
                 Math.floor(Math.random()*cardArray.length), 1)[0];
  return [takeAway, cardArray];
};
```

還不錯，我們的測試通過了，也包括緩慢的測試。但我們仍需要加進 randomHand 函式。我們的第一次嘗試可能是這樣：

```
var randomHand = function(){
  var cards = [];
  var cardArray = buildCardArray();
  var result = spliceCard(cardArray);
  cards[0] = result[0];
  cardarray = result[1];
  result = spliceCard(cardArray);
  cards[1] = result[0];
  cardarray = result[1];
  result = spliceCard(cardArray);
  cards[2] = result[0];
  cardarray = result[1];
  result = spliceCard(cardArray);
  cards[3] = result[0];
  cardarray = result[1];
  result = spliceCard(cardArray);
  cards[4] = result[0];
  cardarray = result[1];
  return cards;
};
```

我們在重構了嗎？是的。我們在不改變行為的前提下（我們的測試表現相同）提取了一個函式。不管運行我們的鷹架測試幾次都不會失敗。

我們還剩下三個考量：首先，我們測試的第一個內嵌函式是本身就有用、還是只在此脈絡下有用？如果它離開了處理五張手牌的脈絡（不妨舉二十一點為例？）仍有用，那麼將它放在與 dealHand 相同的作用域（scope）便合理。如果它單單對這個撲克牌遊戲有用，我們會想把它變成「私有的」（某種程度上，這在 JavaScript 中是可能的。見第 5 章的「情境二：隱私」），而這使我們陷入一個難題：我們該不該測試私有函式？

很多人反對這麼做，因為行為應該由外層函式來測試，且測試實作而非介面會導致脆弱、不必要的測試。然而，如果你遵循這條規則太過火了，會發生什麼事？你還會需要任何單元測試嗎？或許你只需要符合商業目標的最高階測試？（人們願意花多少錢玩我們的撲克牌遊戲？

今天有多少人登入？）或許是一份詢問用戶玩得開不開心的調查？

對於這份程式碼，嚴格遵循「測試介面而非實作」的想法無法給我們所需的信心。如果我們不測試內嵌函式，是否還能信任整體程式碼？不太可能，除非我們留下我們的鷹架測試。我們的第二個目標，也就是除掉這個緩慢的測試同時維持信心，應可藉由新測試來達成。

第三，我們搞定了嗎？正如我們在 TDD 的討論中所述，紅 / 綠 / 重構循環是一個增進程式碼品質的合適流程。我們來到綠色狀態，甚至藉由抽出方法來重構。雖然這個重構有著雙重目的：增進信心與刪除緩慢的測試，但我們仍用了全部三個步驟。

最後我們所能做的一點清理是移除死碼（dead code）。具體而言，除了刪除掉緩慢的測試或將其獨立至另一個檔案，我們還可以移除掉不再被呼叫的函式——`randomSuit`、`randomValue` 和 `randomCard`——以及它們的測試。關於辨別死碼的更多細節請見 144 頁的「死碼」。

但如果我們這麼做，就搞定了嗎？看情況。如果你能想到更多特徵來實作（會失敗的測試），就適合再開一輪紅 / 綠 / 重構循環。我們對於程式碼運行的狀況很滿意，所以再開一輪循環並不合理。我們也對測試覆蓋率很滿意，所以不需要為了稍早還沒被覆蓋的程式碼跑一遍流程。

所以我們搞定了嗎？在許多情況下，答案是肯定的。但因為這本書關於重構，值得再次強調一下紅 / 綠 / 重構循環（測試與重構之間的互動流程圖請見本章稍早的圖 4-1。你也可以在第 5 章的開頭找到這張流程圖）。

我們已經藉由移除死碼重構過一次了，但我們再次利用解構賦值（destructuring）來重構 `randomHand` 函式。這聽起來有點令人不安，但我們只是一次賦值複數個變數罷了：

```
var randomHand = function(){
  var cards = [];
  var cardArray = buildCardArray();
  [cards[0], cardArray] = spliceCard(cardArray);
  [cards[1], cardArray] = spliceCard(cardArray);
  [cards[2], cardArray] = spliceCard(cardArray);
  [cards[3], cardArray] = spliceCard(cardArray);
```

```
    [cards[4], cardArray] = spliceCard(cardArray);
    return cards;
  };
```

測試仍舊通過了。

總結

當你重構時，你可能會想改變函式的介面（而不只是實作）。如果你這麼做了，你其實是在撰寫需要測試的新程式碼。重構不該讓你為了已覆蓋且通過的程式碼撰寫測試，雖然在某些情況下更多的測試可以提升信心。

總結一下：請使用紅 / 綠 / 重構循環來做回歸測試，撰寫測試以增進信心，為了未測試程式碼撰寫描述測試，並用回歸測試來除錯。你可以在實務允許的範圍內盡量重構，但僅限於你擁有足夠的覆蓋率、對這些改動有合理信心的情況。不論如何，請讓兩次 `git commit` 之間的進展小一點，如此一來才能輕鬆地藉由回滾來清理版本。

第五章

基本的重構目標

在第 1 章的內容中，我們提到重構是在不改變程式行為的前提下，安全的改變程式碼，以改善程式碼的品質。第 2 章中我們研究了 JavaScript 生態圈的複雜性，以及此一複雜性如何導致我們難以定調何謂風格與品質。而第 3、4 章中我們建立了測試的基礎，這是使我們對程式碼產生信心最簡單的方式，也是改變程式碼必須的前置作業。

在本章我們終於要具體的討論到重構與品質的關聯性。上一章有張圖（圖 4-1，也是圖 5-1）解釋了測試與重構的關係，思考該圖中主要的三個問題：

- 現在是什麼狀況？
- 你有足夠的覆蓋率嗎？
- 程式碼很糟嗎？

第一個問題應該很好回答，第二個問題可以用測試覆蓋工具來執行你的測試集，由此得知何處仍缺乏測試，有時候測試覆蓋工具面對太過複雜的情況也會失誤，所以並非一行程式碼有被覆蓋到，我們就對它有信心。而信心在以重構來提高程式碼品質的過程中，扮演著必要的角色。

我們將會在本章擬定策略來回答第三個問題：「程式碼很糟嗎？」

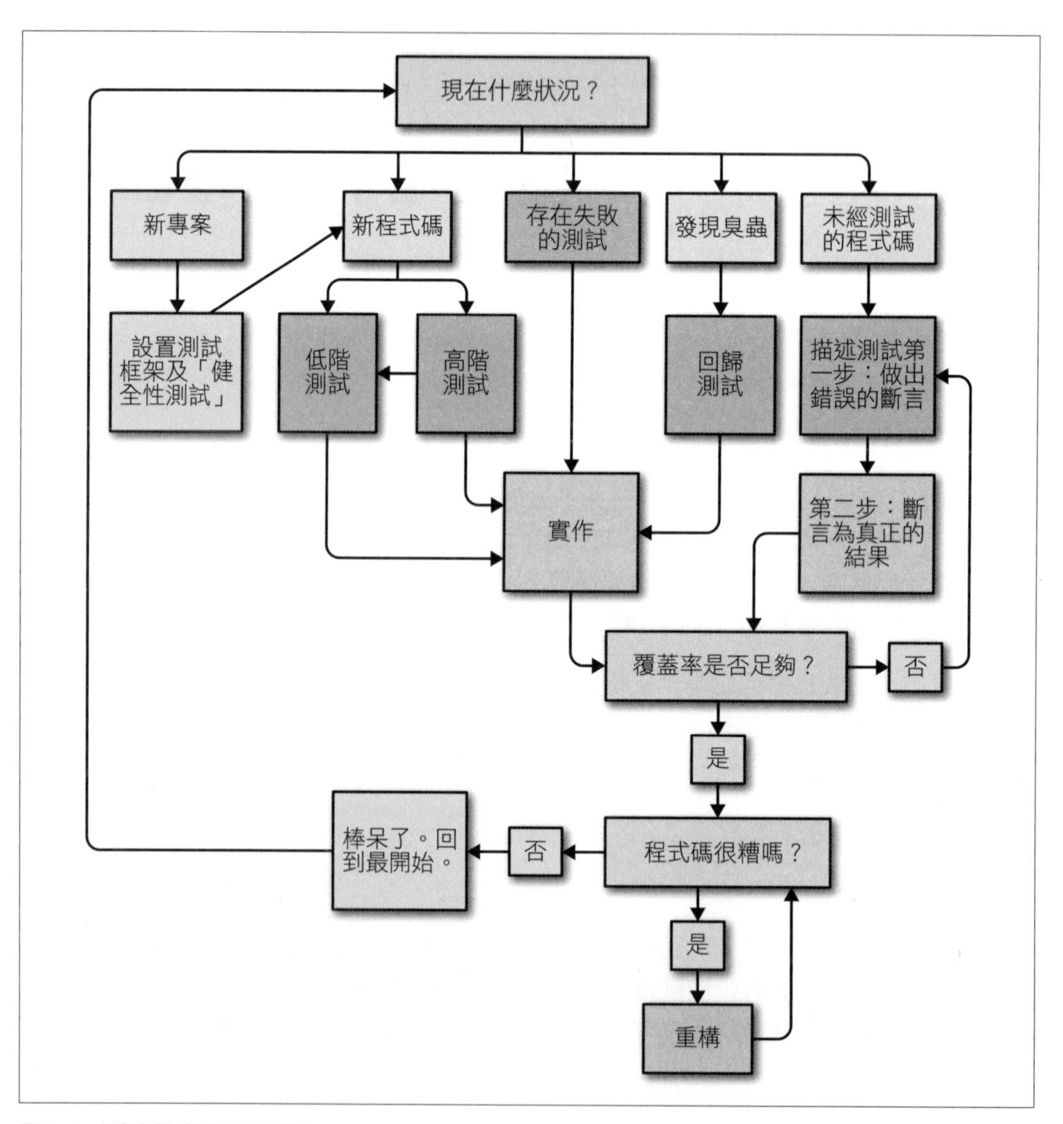

圖 5-1 測試與重構的流程圖

因為 JavaScript 多範式（multiparadigmatic）的天性，這個問題並不容易回答。我們可以努力（或強迫自己）去遵循幾種風格：物件導向（基於原型或基於類別）、函數式（funtional）、異步（promises 或回調）的程式設計。

在解釋以那些風格重構意味著什麼之前，我們必須先處理一種最糟的程式風格：**非結構化、過程式（*imperative*）的程式設計**，如果這些斜體沒有嚇到你，也許以前端作為範例描述這種程式會讓你有點感覺，是時候來說個可怕的 JavaScript 故事了：

> 一個與網頁同時載入、名為 *main.js* 的 Javascript 檔案，大概有 2000 行，裡面宣告了一些函式，大多都掛在像 `$` 一樣的物件下，好讓 jQuery 變它的把戲，其他的以 `function whatever(){}` 的全域方式宣告，一路上物件、陣列、或其他的變數都是要用到就創建，並且在整個檔案中隨意的修改它們。在一些關鍵、複雜的功能中三心二意的嘗試諸如 React、Backbone 等等的框架。這些組件很脆弱，因為原先對這框架興奮不已的團隊成員跳槽去搞物聯網貓砂的新創公司了，這份程式碼還嚴重仰賴 *index.html* 裡的 JavaScript。

雖然框架可以協助減少這種程式碼，但不能也不該完全的限制我們自由發揮 JavaScript 的所有可能性。然而，這種程式碼既非必然，亦非不可修復。當務之急是先了解函式，而不是函式的花俏形式。本章節中，我們會探討這六個構成函式的基本元件：

- 體積（Bulk）（程式碼的行數）
- 輸入
- 輸出（回傳的值）
- 副作用
- `this`：隱式輸入
- 隱私（Privacy）

JavaScript 疊疊樂（Jenga）

如果那個前端程式庫的恐怖故事沒有引起你的共鳴，也許描述一下工作於這樣一個恐怖的前端程式庫是什麼感覺，能讓你更身歷其境。

程式設計師有時會需要修改前端，每次他們這麼做時，會盡量修改越少越好，並加上一點可能是重複的程式碼。因為沒有測試集的關係，為了增加對程式碼的信心，他們用來保證程式碼品質的工具有：一、在時間和耐性允許下，人工檢查重要的功能；二、祈禱。當這個程式變得越大，每一個改變都會使之更加不穩定。

> 一旦出現嚴重臭蟲，整疊的積木就會在使用者的面前倒下，唯一的救命方式是透過一個允許不穩定狀態的版本控制，回到上一個沒有太多問題的積木的版本。
>
> 這是個活生生的技術債。這就是 JavaScript 疊疊樂。

在本章節剩下的部分，我們都會用叫做 Trellus 的一個畫 JavaScript 示意圖的工具，本章所有的示意圖都是用它產生的，你也可以自己在 trellus.us（*http://www.trell.us/*）畫出函式的示意圖。

這是 Trellus 的起點：函式只是一個圓圈。

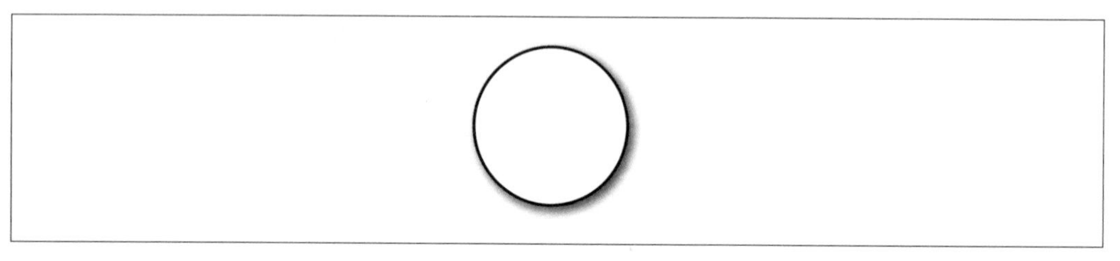

圖 5-2　一個圓圈

夠簡單吧！我們會再加上一些東西來表示以下：

- 體積（Bulk）（程式碼的行數）
- 輸入
- 輸出（回傳值）
- 副作用
- 內容
- 隱私（Privacy）

在開始這個章節之前，我們會透過圖像的技巧探討這些元件，記錄它們的差異。

函式體積（Bulk）

我們用 *bulk*（譯作體積）一詞形容函式主體，它代表兩種不同的特性：

- 複雜度（Complexity）
- 行數

JavaScript 的風格檢查器（linter）（在第 3 章提到）會觀察這兩個項目，所以如果你在建置過程中有使用（或是更推薦的做法：在編輯器中使用），當這兩項超過一定程度時建置工具就會警告你。

函式的體積沒有嚴格的規定，有些團隊偏好將一個函式的程式碼行數限制在 25 行以下，有些團隊則限制在 10 行以下。而複雜度（循環複雜度（*cyclomatic complexity*）），或是應該被測試的程式路徑數量的上限應該是 6 左右。這裡指的程式碼路徑或程式碼分支，意思是一個可能會被執行的路徑。程式碼分支可以用很多種方式創造，最簡單的方法就是用 `if` 語法，例如：

```
if(someCondition){
  // 分支一
} else {
  // 分支二
};

function(error){
  if(error){
    return error; // 分支一
  };
  // 分支二
};
```

一種嚴重的體積問題很可能意味著其他種體積問題，一個 100 行的函式可能有很多潛在的路徑，同樣地，一個有多個 `switch` 語句和變數賦值的函式也可能會有體積問題。

體積問題會使程式碼更難理解與測試，而其導致的對程式碼缺乏信心，正會使你蓋起 JavaScript 疊疊樂。

函式體積的辯論

由於較小的函式易於組合，傳統的重構技巧又提倡較小的函式（以及物件和「元件」），但還是有批評、反對者存在。

幾乎沒有人能接受 200 行的函式，但你可能有時候會聽到這樣的批評：「小函式除了告訴別的函式要做什麼，其他什麼都不做。」使得我們很難去掌握程式的邏輯。

這很棘手，雖然比起直接閱讀單一個函式，理解一個在函式間跳轉的程式的邏輯更需要耐性和練習，但理想上，你需要記憶的東西會變少，此外，測試小函式本來就比較簡單。

學習重構**最重要**的能力就是：在測試之後，能夠以提取新函式的方式來縮小體積。為了達到這個目標，你必須在撰寫高階程式碼時考慮介面的可用性，將實作的細節適當的隱藏起來，也就是要有好的命名和合理的輸入輸出。

如果每個函式的名字都像 *passResultOfDataToNextFunction* 這樣，那麼將一個函式提出就只是把實作的內容分開而已。

本書反對過大的體積，但在你的團隊裡，你可以把體積設定的比你預期的多一些。在縮小體積或是其他重構目標時要多小心，因為你可能會遇到不同的反對理由，包括風格喜好以及體積相較於其他開發指標是否重要。

雖然糟糕的程式碼通常不會長這樣，但如果你發現你的程式碼只是為了分而分，請把它們合併。這應該不難：

```
function outer(x, y){
  return inner(x, y);
};
function inner(x, y){
  // 準備
  return // 某個帶有 x 跟 y 的東西
};
```

在這種情況下有幾種選擇，如果 outer 是唯一一個呼叫 inner 的函式，你可以直接將 inner 的主體移到 outer 內。記住你需要的是什麼：

```
function outer(x, y){
  // 準備
```

```
    return // 某個帶有 x 跟 y 的東西
  };
```

如果 // 準備這部分夠複雜，且除了 outer 以外還有很多對 inner 的呼叫，你可能會想要刪掉 outer，把呼叫 outer 的改成呼叫 inner，還有移除或調整在 inner 裡的 // 準備。

如果你覺得內層函式很難懂，可以將它們合併再提取出新的函式，這可以幫助你理解程式碼。而就像之前不斷提到的，最好是在有測試、且有能力切回上一個版本的情況下才做這件事。

我們添加一些東西到圖中，以幫助我們表示體積，同時，也替函式取一個名字，簡單地加上一個方框來記述函式名稱和行數，加上幾條割線以表示函式中程式碼的路徑（複雜度）。比較暗的部分是測試過的，反之則沒有，看圖 5-3 和 5-4 兩個範例。

圖 5-3 有兩個路徑和七行程式碼，一個路徑（暗色）是有經過測試的，另一個（亮色）則沒有。

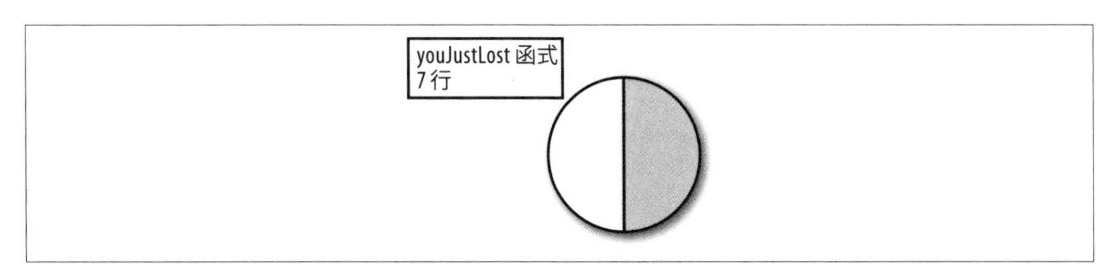

圖 5-3　7 行程式碼，兩個路經中一個有測試。

圖 5-4 體積較大，45 行程式碼和 8 個路徑（部分），不過因為所有的部分都是暗色的，所以我們知道每個路徑都有經過測試。

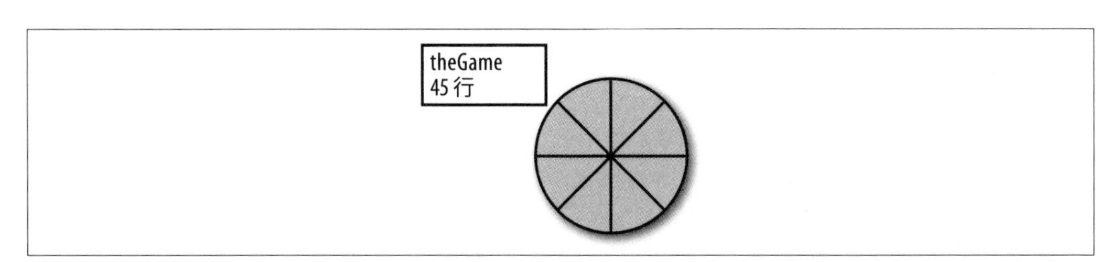

圖 5-4　45 行程式碼，8 個路徑，全都經過測試。

輸入

我們可以將函式的輸入分成三種：顯式、隱式、非區域的輸入。在下面這個函式裡，我們稱 a 和 b 為**顯式輸入**（也就是**顯式參數**或是**形式參數**），因為這些輸入是跟著函式一起定義的：

```
function add(a, b){
  return a + b;
};
```

同樣地，當我們呼叫 add(2, 3)，2 和 3 是「真實參數」、「真實引數」或是「引數」，因為它們在**函式呼叫**時被使用，相對於在**函數定義**時出現的「形式參數」。人們大多時都將它們混為一談，所以如果你也將它們搞混了的話，別擔心，重要的是，「顯式參數」出現在函式定義中（圖 5-5）。

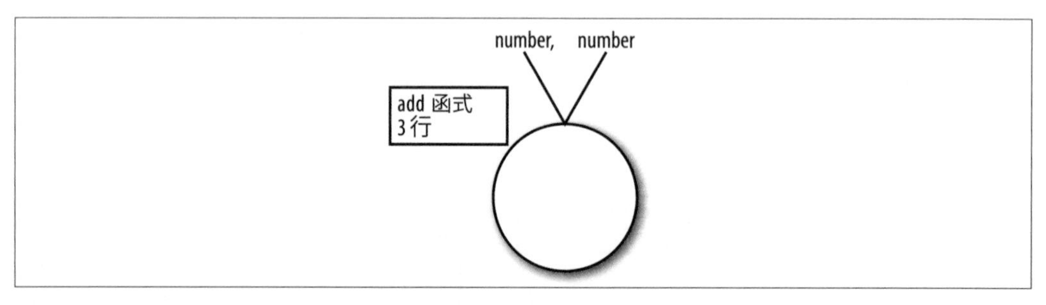

圖 5-5　加上兩個顯式參數的函式

注意我們表示的是輸入的型別（number）而非實際的值或是形式參數的函式簽章（a 和 b）。因為 JavaScript 不會管傳進函式的型別是否正確，所以我們傳進去的型別和物件也沒有必要與 JavaScript 的特定名稱完全對應。

雖然我們不會在這裡太深入探討物件，以下 addTwo 函式中的**隱式輸入**或**隱式參數**就是 calculator 這個物件，也就是定義 addTwo 函式在裡面的物件。

```
var calculator = {
  add: function(a, b){
    return a + b;
  },
  addTwo: function(a){
    return this.add(a, this.two);
  },
  two: 2
};
```

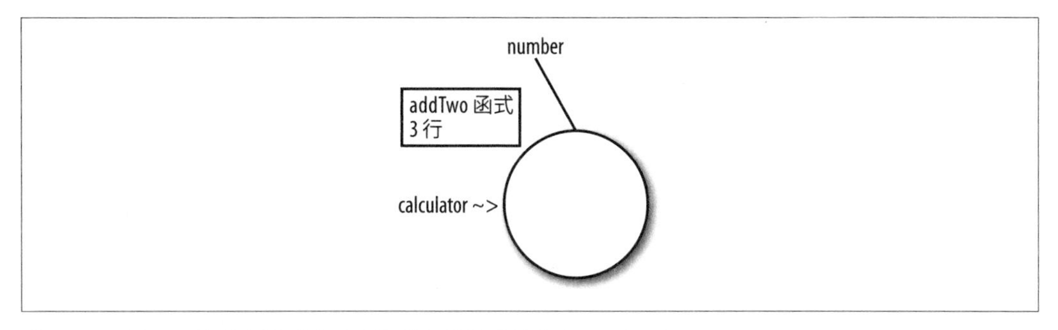

圖 5-6　addTwo 函式有顯式輸入 (數字) 和隱式輸入 (calculator)

JavaScript 用 this 來表示隱式參數，你可能在其他語言中看過 self。維護好 this 可能是 JavaScript 中最令人費解的事，我們會在第 109 頁「情境一：隱式輸入」提及更多相關內容。

第三種輸入的類別是**非區域輸入**（俗稱自由變數（free variable）），它可以變得很複雜，尤其是可怕的全域變數，它是自由變數最極端的形式。這裡有個看起來很正常的例子：（圖 5-7）

```
var name = "Max";
var punctuation = "!";
function sayHi(){
  return "Hi " + name + punctuation;
};
```

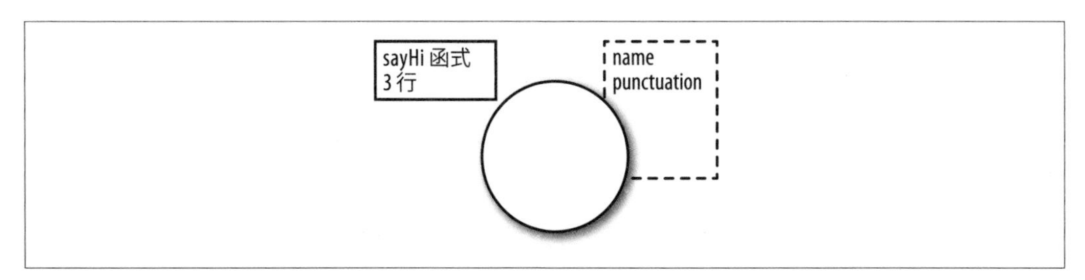

圖 5-7　sayHi 函式有兩個非區域輸入：name 和 punctuation

看起來很正常嗎？我們可以重新定義 name 和 punctuation，也可以在任意時間呼叫該函式，而那個函式也沒有辦法阻止你這麼做。程式碼只有 5 行時不會有什麼問題，但當長度達到兩三百行時，這種形式的變數可能會在任何時刻被修改，出其不意的給你的人生致命一擊。

「*name*」不是個好名字

雖然不是在所有實作中都適用，name 有時候會被作為很多函式物件的屬性名稱。當你有疑慮時，請避免它。

在測試時，找出你需要的輸入所花的時間可能比其他事情加起來還來的多，當顯式輸入是許多複雜的物件時，事情已經變得很困難了（雖然可以用第 3 章的工廠方法和測試設備來幫忙），如果你的函式高度依賴隱式輸入（或是更糟的非區域 / 全域變數），那麼你就需要為輸入做更多的準備工作。隱式輸入（用 this）沒有非區域輸入那麼糟，事實上，物件導向程式設計（OOP）就基於隱式輸入的良好運用。

我的建議是，讓你的函式盡量使用顯式輸入（也就是函數式程式設計（FP）風格），其次是使用隱式輸入（也就是 this，物件導向程式設計（OOP）的風格），最後才是非區域 / 全域的輸入。有一個很簡單的做法可以用來避免使用非區域狀態，那就是盡量的把程式碼包進模組、函式、類別（沒錯，在 JavaScript 中類別就是偽裝的函式）中。

記住，就算是顯式輸入，JavaScript 在傳參數時仍有很大的彈性，不像某些語言，形式參數（函式定義的顯式輸入）需要像指定參數的名稱一樣指定型別（int、boolean、*MyCoolClass* 等），JavaScript 沒有這樣的限制，這給了我們很多方便，請看以下的例子：

```
function trueForTruthyThings(sometimesTruthyThing){
  return !!(sometimesTruthyThing);
};
```

當呼叫這個函式時，我們可以傳任何型別的參數進去，可以是布林值、陣列或是其他型別的變數，只有在函式內使用這個變數的時候才會有影響。這是一個很有彈性的做法，有時候很方便，但有時候會造成測試上的困難，讓人不知道要傳什麼型別的參數去執行函式。

JavaScript 提供兩個額外的方法來增加更多彈性。首先，數字的形式參數不一定要是數字，像是以下的函式：

```
function add(a, b){
  return a + b;
};
```

呼叫 add(2, 3) 跟 add(2, 3, 4) 都會回傳 5，只有函式的主體會在意你傳進了什麼，而形式參數不會，你甚至可以提供更少的參數，如：add(2)，因為 2 加上 undefined，這會回傳 NaN（Not a Number），而在第 11 章我們會探討一個技術叫做柯里化（*currying*），可以讓你傳入比形式參數較少的實際參數。

就像能夠給函式額外的參數一樣，我們也是有辦法在函式主體中使用較少的參數，只不過這個功能要很小心地使用，它會因為輸入變得更少、函式的體積減少，而讓測試的過程變得更複雜。

另一個技巧是，JavaScript 的形式參數除了簡單的型別，也可以是物件或是函式，有時候這樣的彈性很有用，但思考一下以下的例子：

```
function doesSomething(options){
  if(options.a){
    var a = options.a;
  }
  if(options.b){
    var b = options.b;
  }
  ...
}
```

如果在執行時，你傳了一個神祕的物件或函式，可能在不知不覺中害你的測試變得臃腫。當你把很多數值藏在一個有著通用名稱的物件裡面，如：params 或 options，函式的主體應該要好好的說明這些數值應該如何使用。而就算在函式的主體中有表達清楚，最好還是給參數一個有意義的名字，讓介面保持乾淨，也可以幫助我們以文件的形式解釋函式的使用方式。

比起將訊息以多個分開的參數來傳遞，用一個物件傳遞等價訊息並沒有什麼錯，但當它的名字是 params 或 options 時，就代表那個函式做太多事情了。如果一個函式使用一個特定型別的物件，那麼就該給它一個特定的名稱。請在「重新命名」一節中（第 139 頁）了解更多關於重新命名的議題。

ECMAScript 的小介紹

我們在第 2 章中討論過 ECMAScript（ES）規格，可以在 JavaScript 更新時查看有哪些改變（請記得各個套件和實作可能落後標準也可能領先標準）。較新的命名規則捨棄了「ES6」這樣的版本號碼，而採用「ES2015」（也就是 ES6）這種依發行年份的命名方式，而下一個將要發行但尚未發行版本則稱為「ESNext」。在寫這本書的時候，這個規則還沒有被使用很久，所以如果有任何變動，請別太意外。

在 ES2015 之前，在函式呼叫時傳一個物件進去，描述函式的樣貌（也就是如何使用參數），比起只使用奇怪的字串和數字好很多，試比較以下兩個例子：

```
search('something', 20);
// vs.
search({query: 'something', pageSize: 20});
```

第一個函式定義時就會寫出兩個有命名的參數，而第二個則僅有一個有命名的參數，最好叫作 searchOptions 而非 options，searchOptions 這個命名雖然沒有提供更多資訊，但至少它比較不會跟與其他變數撞名。

然而這裡有一個做法（感謝 ES2015），你可以同時在函式呼叫和定義時將參數的意圖表達清楚：

```
function search({query: query, pageSize: pageSize}){
  console.log(query, pageSize);
};
search({query: 'something', pageSize: 20});
```

這有點尷尬，不過你可以在宣告跟定義時都表達得很清楚，並且能夠避免參數型別錯誤，也能避免不小心將 params 傳給其他函式。事實上，第二個方式既糟糕又很氾濫，不過兩者相比較下，這種有點奇怪的結構其實還不錯。如果你對這種方式感到好奇，我可以告訴你它叫做**解構**，而且這招不只能用在參數。這是一個賦值的通用方法（不只是 params），也可以用於陣列。

如果允許將函式當作參數（一個**回調**），那麼體積可能會變得很大，每個函式呼叫都可能需要數個新的測試。

Sad 路徑

我們前面提到過，測試的覆蓋率並不完全代表我們對程式碼的信心，*Sad 路徑*的存在就是其中一個原因，這可能出自於使用者奇怪的行為或互動方式，而造成資料完整性出問題（例如填寫表單時，把格式搞錯，因此不良的資料跑進資料庫中）。

就算你的程式碼測試了函式中每個 if-else 的分支，還是會有一些輸入出問題，例如把異常的參數傳給函式，以及傳入隨機數字時可能會發生沒有預期到的狀況。

嚴格型別檢查的語言（JavaScript 並沒有）能夠避免很多 Sad 路徑，然而，自動化的覆蓋率工具無法幫助你檢查到 Sad 路徑，Sad 路徑可能會藏在別人寫的程式碼（或是測試）中。

第 3 章中提過的突變測試（mutation test）可以幫上一點忙，不過考慮到在 JavaScript 中，可能會有無限多種輸入導致函式產生錯誤（當你開放越多的彈性，就越有機會遇到），最好的防護方式就是確保你的輸入會在函式的最前面被正確的檢查，否則，你可能會發現臭蟲，然後被迫要寫一個回歸測試去處理它。

請注意，由於有輸入驗證（或在函式中用其他更強健的技術）的關係，Sad 路徑不一定代表會產生程式碼中的一個新路徑，也就是示意圖中不需要多一塊新部分。

當我們搞懂「彈性」和「測試的單純性」之間的取捨時，我們就能很理性的判斷是否要將函式做為函式輸入。

總結本節，不論是在函式定義還是函式呼叫，建議盡量地使用簡單、顯式的輸入，測試會因此簡單很多。

總括我們探討的內容：

- 整體來看，越少輸入，就越好控制體積的大小，也越容易測試。
- 越少非區域輸入，你的程式碼就越容易理解、越好測試。
- 每一個有 `this` 的函式都有隱式輸入；然而，`this` 可能沒有被使用，或甚至是在大多的情況下是 `undefined`。如果沒在用 `this`，可以不用把 `this Type ~>` 這部分加進圖示中。
- 最重要的是，顯式輸入比起 `this` 或非區域輸入來得更加可靠。

輸出

說到輸出，我們指的是函式回傳的數值。理想上我們永遠需要回傳某些東西，不過這有時候很難，甚至根本辦不到（對有些異步（asynchronous）風格和以產生副作用為目的（side effect-driven）的程式碼來說），但我們會在第 10 章處理異步的程式碼，並在本章節的後段討論副作用（第 11 章也會討論）。

一個常見的錯誤是函式沒有回傳任何東西：

```
function add(a, b){
  a + b;
};
```

這個函式很明顯缺少了 return 關鍵字，代表這函式只會回傳 undefined（圖 5-8）。有兩種原因讓人很容易忽略它，第一，不是每一個語言都一樣，寫 Ruby 的人（有很大部分的人把 JavaScript 當作他們的第二語言）有時候會忘記 return 述句，因為 Ruby 函式的最後一行表達式就會自動被當作回傳值。

第二，如果大部分程式庫的風格是以產生副作用（等等提到）為目的，那麼回傳值跟它的作用比起來就顯得不重要，這在使用 jQuery 的程式庫中尤其常見，每一行都是一個點擊的處理器，而且會執行回調（大多是花俏、產生副作用的程式碼）。習慣了寫以副作用為主要功能的程式設計師會傾向於不回傳任何東西。

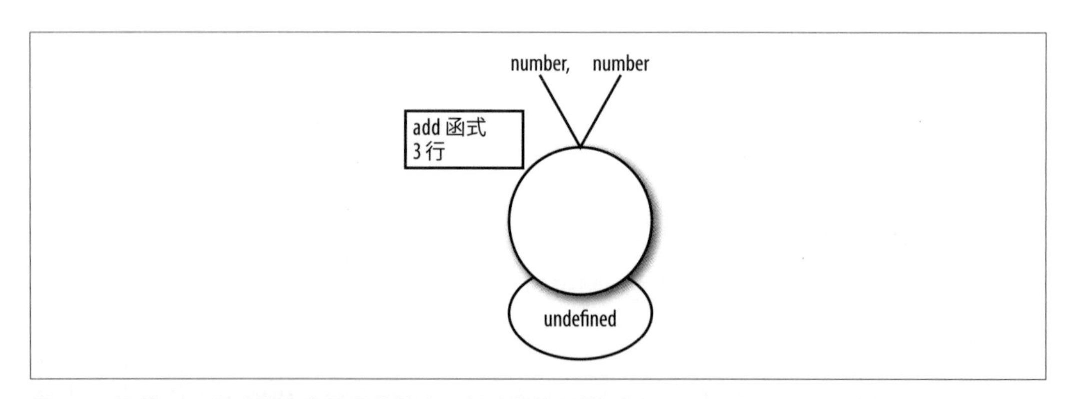

圖 5-8　這個 add 函式沒有表明回傳什麼，所以預設回傳 undefined

專用於產生副作用的函式

在 JavaScript 中，如果沒有顯式的回傳任何值（用 return 這個關鍵字），會回傳 undefined。然而，什麼訊息都不提供，會使我們無從得知函式做了什麼。我們偏好回傳一些訊息，就連專用來產生副作用的函式，還是有一些副作用產生的值的訊息（就算只是作用結果或該副作用成功與否）。當副作用產生、改變了一些內容（this）時，回傳 this 也是一個方法。

建議你盡可能的回傳真實的值，而非顯式的回傳 undefined/null 或是隱式的回傳 undefined。

這個函式回傳了一些東西（圖 5-9）：

```
function add(a, b){
  return a + b;
};
```

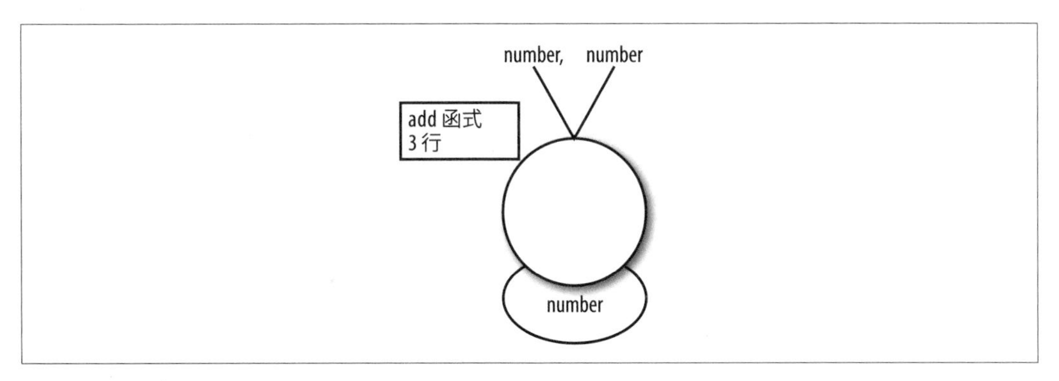

圖 5-9　一個會回傳數字的 add 函式

一般來說，我們要的是一個合適的回傳值（不是 null 或 undefined），且我們希望回傳值的型別不會因執行的程式碼路徑不同而改變 — 有時回傳字串，有時回傳數字，那代表你未來可能需要一些 if-else 述句來處理。相較於只回傳一個數值或是只回傳一個陣列，把陣列和其他型別混在一起回傳顯得很笨拙。

強型別語言

有些語言會規定回傳值（和輸入）只能固定是一種型別（或是顯式的不回傳東西），既然已經看過 JavaScript 如何處理輸入，就不會太訝異 JavaScript 的回傳值也具有高度的彈性。

這部分我們會在第 11 章談論更多。

我建議輸出時盡量回傳一致且單純的值，並避免 null 或 undefined。對於一個帶有破壞性行為的函式（像是修改陣列或是操縱 DOM），可以回傳一個物件解釋產生了什麼效果，有時候這意味著回傳 this。就算沒有顯式的需求，回傳一些帶有訊息的東西也是一個好習慣，能幫助我們測試和除錯。

另一個使輸出更複雜的東西就是，會回傳不同型別的函式，請看以下的例子：

```
function moreThanThree(number){
  if(number > 3){
    return true;
```

```
  } else {
    return "No. The number was only " + number + ".";
  }
};
```

這個函式會回傳布林值或是一個字串（圖 5-10），這很糟，因為呼叫它的程式碼可能需要檢查它回傳了什麼型別。

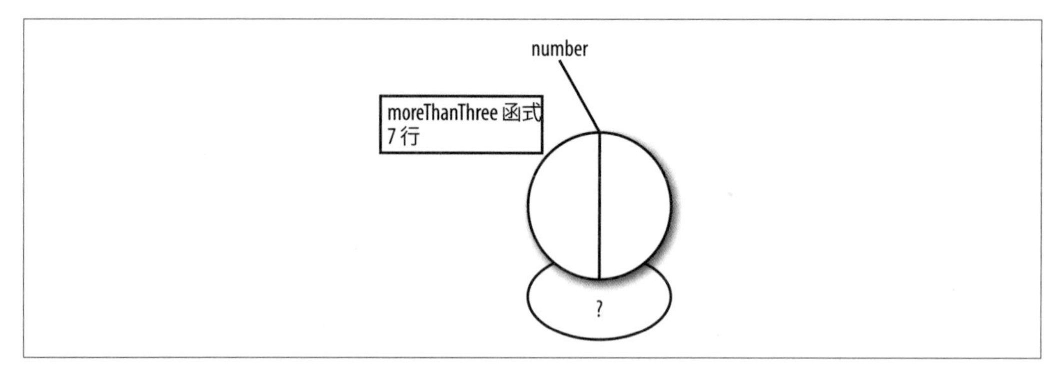

圖 5-10　一個可能會回傳布林值或字串的函式

就如同本章先前的主題一樣，輸出（回傳的型別）越簡單越好，回傳不同型別的值會讓程式碼變複雜。另外，我們要盡量避免回傳 `null` 或 `undefined`，最後，無論回傳了什麼，我們要盡力使回傳值總是同一種型別（或是實作了某一介面的型別，讓我們不用另外在呼叫後做檢查）。

副作用

有些語言認為副作用很*危險*，因此透過語言的機制來使副作用難以產生，不過 JavaScript 完全不介意它的危險性。在實際應用中，jQuery 其中一個主要（如果不是首要）的功能就是藉由產生副作用來操縱 DOM。

副作用的好處是，它通常會直接對其他人需要的工作負責：副作用更新 DOM、更新資料庫裡的值、使得 `console.log` 產生作用。

儘管副作用能夠做這些事，我們還是要孤立且限制它的範圍。為什麼？有兩個原因：一是有副作用的函式比較難測試；二是因為它們一定會對（或是依賴於）狀態產生影響，進而複雜化我們的設計。

我們會在第 11 章再次討論副作用，不過現在我們先來更新我們的示意圖，為它加上副作用的符號，這裡有一個簡單的例子（圖 5-11）：

```
function printValue(value){
  console.log(value);
};
```

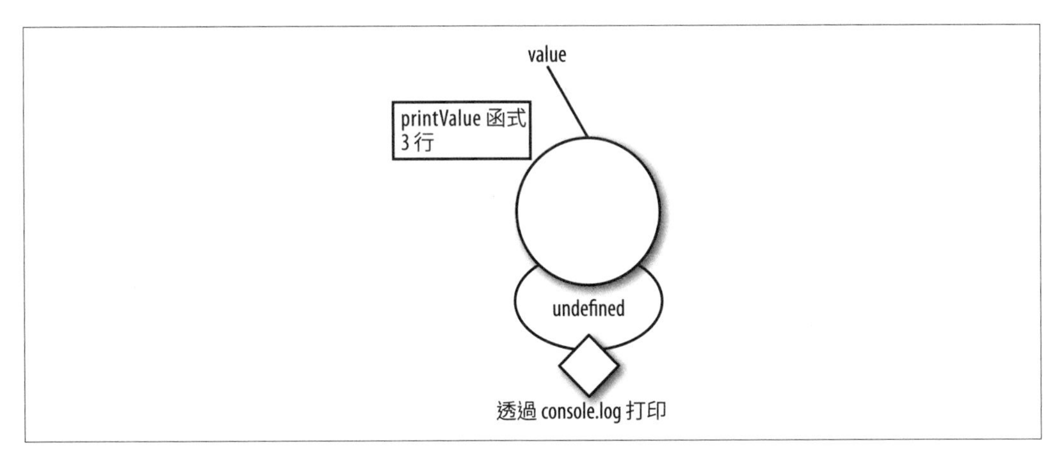

圖 5-11　一個帶有常見副作用（打印）的函式

請記得，因為這個函式不會回傳任何東西，他的回傳值是 `undefined`。

理想上，副作用越少越好，但如果一定要有，也要盡可能的隔離它，因為對一些定義良好的介面來說，單一個更新（例如資料庫中的一筆記錄）會比多個更新或是資料庫中的多筆變動來得容易測試。

情境一：隱式輸入

當我們在講輸入和輸出的時候，忽略了一個複雜但又很重要的東西，而我們現在要來談談「隱式輸入」，它在示意圖中左方的 *someThisValue ~>* 有出現過（見圖 5-6），*someThisValue* 就是我們談論很久的那個 `this`。

所以什麼是 `this` 呢？

這端視你的環境為何，在最外層時，`this` 指的是那個特定環境的基底物件，試著在瀏覽器的直譯器（主控台）中輸入 `this`（然後按 Enter），你應該會得到一個 `window` 物件，提供你想像的到的各種函式和子物件，例如 `console.log`；而在 node 殼（shell）中輸入

this，就會得到另一個不同的基底物件，不過概念相同。所以在這些情境下，輸入以下任何的東西都會得到 'blah'。

```
console.log('blah');
this.console.log('blah');
window.console.log('blah'); // 在瀏覽器中
global.console.log('blah'); // 在 node 殼（shell）中
```

更有趣的是，如果你存成一個 node 檔案並且執行它，this 印出來會是一個空的物件 {}，但 global 卻和在 node 殼中一樣正常運作，且 global 的物件像是 console 都還可以用。雖然 this.console.log 不能在 node 檔案中使用，但你可以使用 global.console.log，這跟 node 模組系統的運作方式有關係，這有點複雜，大多數的環境中，最高層的作用域就是 this；但在 node 裡，是模組作用域。但無論是哪一種都沒關係，因為大多數時候你不會想要在全局名稱空間下定義函式或變數。

當我們檢視宣告在最上層作用域的函式時，我們可以把 this 當作是那個最高層的作用域：

```
var x = function(){
  console.log(this);
}
x(); // 這裡會看到全局（global）物件，即使在 node 檔案也一樣
```

簡而言之，這個就是高層的作用域，我們把剛剛的程式碼畫成示意圖（圖 5-12）。

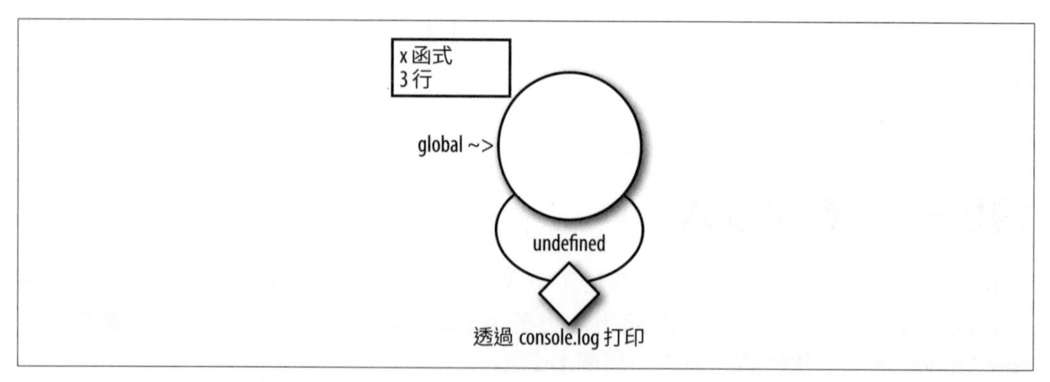

圖 5-12　一個以全局物件作為它的「this」的函式

嚴格模式下的 this

在嚴格模式下，this 的行為會不太一樣，看以下的程式碼：

```
var x = function(){
  'use strict'
  console.log(this);
}
x();
```

印出來的會是 undefined，在嚴格模式底下，並非所有的函式都有 this，如果你寫了這樣的腳本並用 node 執行它：

```
'use strict'
var x = function(){
  console.log(this);
}
x();
```

你會看到結果（this 是 undefined）。不過，在 node REPL（在終端機裡輸入 **node**）或是在瀏覽器的主控台中一行一行的打上第二段程式碼，並不會套用嚴格模式至 x，所以還是會回傳全局物件。

第一段程式碼的 x 在 Trellus 函式示意圖中看起來像圖 5-13。

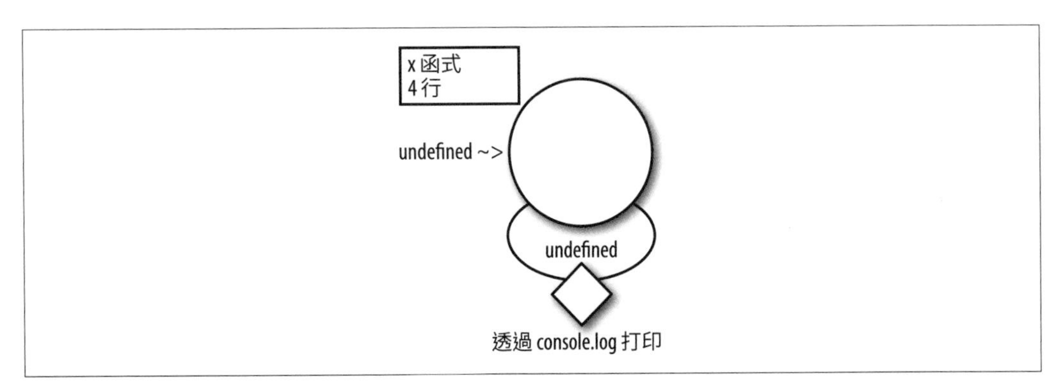

圖 5-13　一個沒有定義 this 的函式

現在這個函式有四行程式碼且依舊回傳 undefined，它產生的副作用（印出 undefined 而非全局物件）也還在，最大的不同是它不再依附在任何的 this 物件上。

不論你是在寫 node 模組或者僅僅是一個前端的小程式，基本上你會希望只有少數的變數定義在最高層作用域裡面（一定有東西定義在這裡，否則將無法從最外層觸碰到任何東西）。

其中一個用簡單的物件，創造新環境的方法是像這樣：

```
var anObject = {
  number: 5,
  getNumber: function(){ return this.number }
}

console.log(anObject.getNumber());
```

這裡 `this` 不是一個全域物件，而是 `anObject`。當然還有其他的方法可以生成環境，不過這是最簡單的方法，順帶一提，因為你用 `{}` 語法創造字面值物件（literal object），所以叫做**物件字面值**（*object literal*）。

記得我們是在畫函式的示意圖，而非物件，來看看 `getNumber` 這個函式長什麼樣子（圖 5-14）。

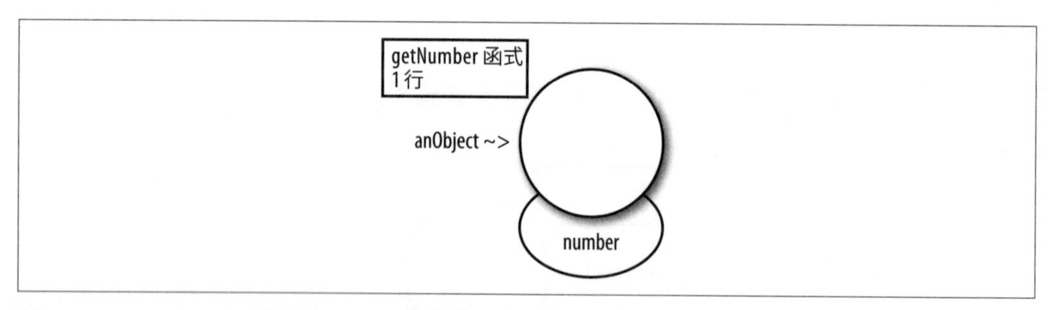

圖 5-14　getNumber 被附著在 anObject 這個 this 上

依照這個示意圖和介面去寫程式的話，我們還有幾種寫法可以用，首先是 `Object.create` 的模式：

```
var anObject =
    Object.create(null, {"number": {value: 5},
    "getNumber": {value: function(){return this.number}}});
console.log(anObject.getNumber());
```

接著 class 關鍵字把 `getNumber` 附到 `anObject` 上：

```
class AnObject{
  constructor(){
```

```
    this.number = 5;
    this.getNumber = function(){return this.number}
  }
}
anObject = new AnObject;
console.log(anObject.getNumber());
```

有些人真的真的很討厭 class

大部分的人都喜歡物件字面值。有些人喜歡 `Object.create`，有些人喜歡 class，有些人喜歡不使用語法糖直接去寫與 class 功能相當的建構子函式。

有些人因為 class 遮蔽了 JavaScript 原型的純淨與強大而非議它，不過另一方面來講，人們通常就是透過建造笨拙特設（ad hoc）的類別系統來展示 JavaScript 原型的力量與彈性。

其他的反對論點則基於，繼承比委派（delegation）和 / 或組合（composition）還差，雖然這跟 `class` 關鍵字沒什麼關係就是了。

如果你有在使用 `new` 這個關鍵字，不論是用於 class 還是建構子函式，`this` 都會被附著在呼叫 `new` 回傳的新物件上。

OOP 的做法中，你可能會發現你會在簡單的情況使用物件，情況複雜時使用 class 生成物件或工廠函式；而 FP 風格則較少使用 class。

JavaScript 不在意你想怎麼寫，也許你覺得 FP 的風格比較好維護，不過當你中途加入一個已經運行一陣子的專案或小組，他們可能已經以 OOP 的風格下了不少功夫。

也可以使用 `call`、`apply` 和 `bind` 來修改 `this`，當不傳入顯式參數的時候，`call` 和 `apply` 是一樣的。`bind` 與 `call` 和 `apply` 很像，但它會把函式存下來（帶著已綁定好的 `this`）以便之後使用：

```
var anObject = {
  number: 5
}
var anotherObject = {
  getNumber: function(){ return this.number }
}
console.log(anotherObject.getNumber.call(anObject));
```

```
console.log(anotherObject.getNumber.apply(anObject));
var callForTheFirstObject = anotherObject.getNumber.bind(anObject);
console.log(callForTheFirstObject());
```

請注意這兩個物件都不會既持有數字又持有函式，他們彼此互補，因為我們使用 bind、call 或 apply，我們的示意圖其實不需要修改，雖然函式是定義在 anotherObject 內，但當我們用它的時候，this 其實是 anObject（圖 5-15）。

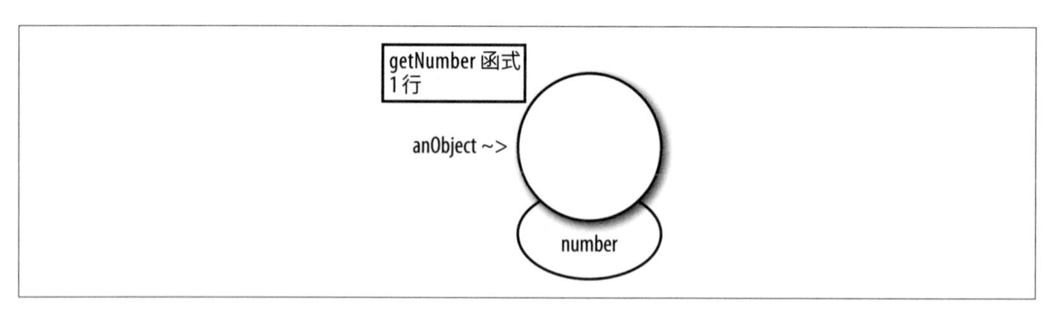

圖 5-15　沒有什麼不同：getNumber 還是有 anObject 作為它的「this」。

不同的是，雖然函式在 anotherObject 裡，bind、call 或 apply 卻把「隱式」輸入（this）用「顯式」的方式賦予 anObject。

你可能會覺得很奇怪，在圖 5-15 裡，就算函式定義在 anotherObject 內部，anObject 竟然被當作隱式參數，這是因為我們所畫的函式長這樣：

```
anotherObject.getNumber.call(anObject);
```

我們是從函式的觀點來畫圖，但也可以畫出以下的函式呼叫：

```
anotherObject.getNumber();
```

然後 anotherObject 就會被當作隱式參數（this），但回傳值會變成 undefined 而非 number。

我們再來看一個例子：

```
var anObject = {
  number: 5
}
var anotherObject = {
  getIt: function(){ return this.number },
  setIt: function(value){ this.number = value; return this; }
```

```
}
console.log(anotherObject.setIt.call(anObject, 3));
```

注意到 setIt 回傳 this，所以執行這個程式碼會印出一個完整的 anObject，但值已被更新為 { number: 3 }，這就是在 setIt 裡 return this 所產生的結果，否則該函式就僅僅產生副作用（anObject 的 number 改變），而無從得知發生了什麼事。對於一個會產生副作用的方法，回傳 this 比起回傳 undefined 讓測試（手動或自動）簡單很多。

讓我們看看 setIt 被 call 呼叫時的示意圖（圖 5-16）。

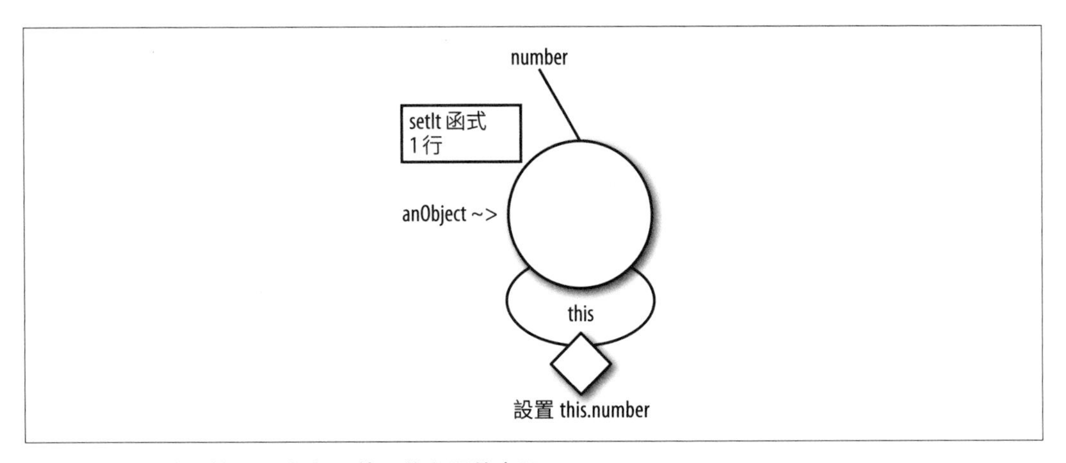

圖 5-16　有一個副作用，但仍回傳一些有用的東西。

注意就算這是一個會產生副作用的方法，我們還是有回傳東西：明確的說是 anotherObject 的 this，就像之前提過的，相較於回傳 undefined，這樣可以幫助我們簡化驗證和測試。

另外，回傳 this 讓我們有機會擁有流暢介面（*Fluent interface*），也就是可以把函式串接起來寫，像這樣：

```
object.setIt(3).setIt(4).setIt(5);
```

流暢介面

流暢介面在很多時候很有用，例如聚合資料庫的詢問，或是組合 DOM 的操作（jQuery 就這樣做），你可能也會看到這叫做**串接函式**（*chaining functions*），這在 OOP 和 FP 的風格下都很常見、有用。在 OOP 裡，比較常以回傳 `this` 這種做法來完成；而在 FP 中，比較常用 `map`，以不斷回傳同型別的物件（或是函子（*functor*））（例如陣列「映射」成另一個陣列、promise「then」到另一個 promise）。

在 FP 的風格中（和在 OOP 包裹器模式[譯註]中），你比較常看到這種形式：

```
f(g(h()));
```

相對於流暢介面，這看起來稍嫌笨拙，不過 FP 有很好的策略能去組合／組裝函式，這部分我們會在第 11 章談論更多。

這裡想說的是：如果你要回傳 `undefined`，不如回傳 `this`，如此能帶給你更多的訊息跟更好的介面。

我們會隨著情境開始探究原型（以及它所意味的三、四樣東西）、繼承、混入（mixin）、模組、建構子、工廠函式、屬性、描述子、getter、setter。

本章結束之後我們會把重點全部放在如何透過**良好介面**造就**良好程式碼**，我們不會迴避上一段提到的各個主題，但也不會把某個特定的模式當成偶像，這本書會去探索各式各樣讓程式碼更好的方法。

任何一個你所喜歡的程式風格也一定被某些人討厭著，JavaScript 為這兩種不同的喜好提供了很多機會。

情境二：隱私

本章最後一個主題是「私有」函式，那這在 JavaScript 中代表什麼意思呢？我們接下來會用例子來探討**作用域**（*scope*），這是個關於隱藏或曝光行為比較大的主題，而現在我們要來關心函式的隱私，因為就像我之前提到的，私有函式對測試有特別的意義。

有些人認為私有函式是「實作細節」，因此不需要測試，但一旦我們接受了這個前提，我們大可以把大部分的功能都藏到私有函式中，如此一來只會有很少的程式碼暴露出來，需要的測試也就很少，而越少的測試可能代表著越不需要維護；另外，我們還可以

譯註　包裹器（wrapper）模式，設計模式的一種，第 9 章會詳細介紹。

很明確的把「公有介面」跟其他的程式碼隔離開來，使得即使是只使用一小部分程式碼的人，仍然可以方便的學習與參考。

所以要怎麼創造私有函式呢？假設我們完全不知道什麼是物件，可以這樣做：

```
(function(){
  console.log('hi');
})();
```

或是：

```
(function(){
  (function(){
    console.log('hi');
  })();
})();
```

這些私有函式被創造然後就消失了，任何在裡面的 `this` 都會指向最上層的環境，而因為他們都是匿名的，唯一的作用就是在我們要的時候執行，由於他們沒有名字可被定位（addressable），所以就算我們知道這些匿名函式的 `this` 也不能執行它們（除非立即執行或當作回調使用）。順帶一提，這就叫**立即函式**（*immediately invoked function expressions*）（IIFEs），我們在第 7 章會再談。

我們待會兒要探索更多不同用途的私有函式，不過在這之前，有新東西要加進我們的示意圖中（圖 5-17），前面那幾個函式示意圖都長得一樣（除了行數以外，前者是三行，後者是五行）。

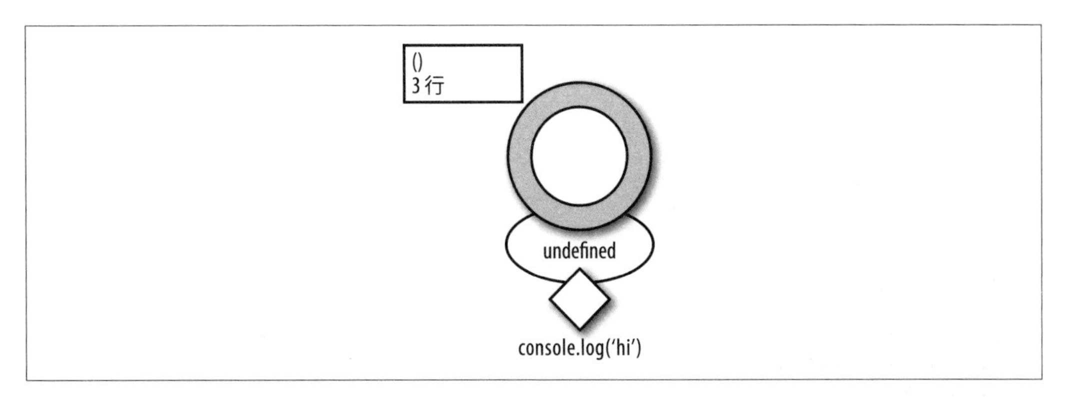

圖 5-17　一個「私有」的匿名函式

跟以往不同的地方是，在主要圓的周圍有一塊暗色的環，代表這是「私有」函式，且你可能不一定想要（或無法）去測試它。割線分開的部分仍然代表有不同路徑的函式，只是對於公有函式來說，這些部分會在經過測試後變成暗色。

另一個設計私有方法的方式是用揭示模組模式（revealing module pattern）：

```
var diary = (function(){
  var key = 12345;
  var secrets = 'rosebud';

  function privateUnlock(keyAttempt){
    if(key===keyAttempt){
      console.log('unlocked');
      diary.open = true;
    }else{
      console.log('no');
    }
  };

  function privateTryLock(keyAttempt){
    privateUnlock(keyAttempt);
  };

  function privateRead(){
    if(this.open){
      console.log(secrets);
    }else{
      console.log('no');
    }
  };

  return {
    open: false,
    read: privateRead,
    tryLock: privateTryLock
  }

})();

// run with
diary.tryLock(12345);
diary.read();
```

從上到下閱讀並非閱讀這份程式碼的正確的方式，程式碼的核心目的只是要創造一個具有三個屬性的物件，並且分派給 **diary**，剛好在這裡把它用匿名（且馬上執行）的函式包裹起來，只是為了要創造一個情境讓我們藏東西。先看它回傳的物件會比較容易理解這個函式，否則就只是和前一個範例一樣，把一些程式碼用匿名函式包起來而已。

`diary` 的第一個屬性是 `open`，初始值是一個布林值 `false`，然後另外兩個屬性對應到之前提供的函式定義。有趣的地方是，我們在這裡藏了一些東西，`key`、`secrets` 和 `privateUnlock` 三者都無法直接藉由 `diary` 直接觸碰到。

有個看起來很奇怪的地方是在「私有」`privateUnlock` 函式裡，用的是 `diary.open` 而不是 `this.open`，這是因為我們是藉由 `privateTryLock` 去執行 `privateUnlock`，所以會失去 `this` 的環境。先說清楚，`this` 在 `privateTryLock` 函式裡是 `diary`，但在 `privateUnlock` 裡是全局物件。

在 Trellus 示意圖裡，這些函式長得像圖 5-18 和 5-19。

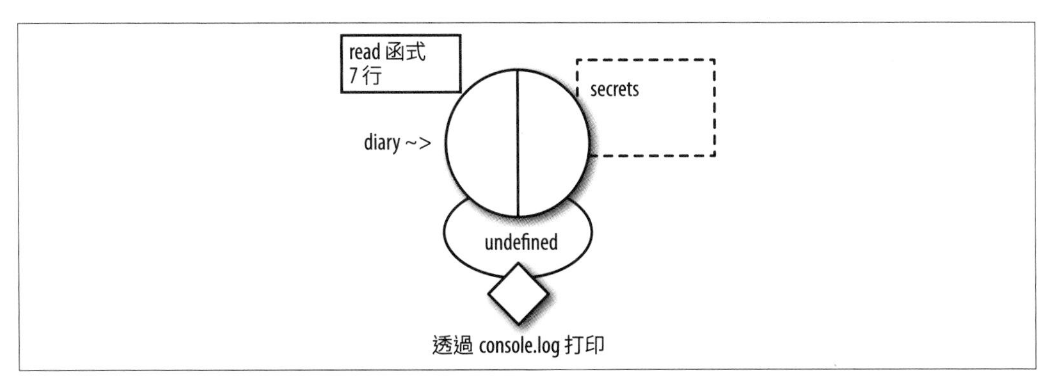

圖 5-18　diary 的 read 函式

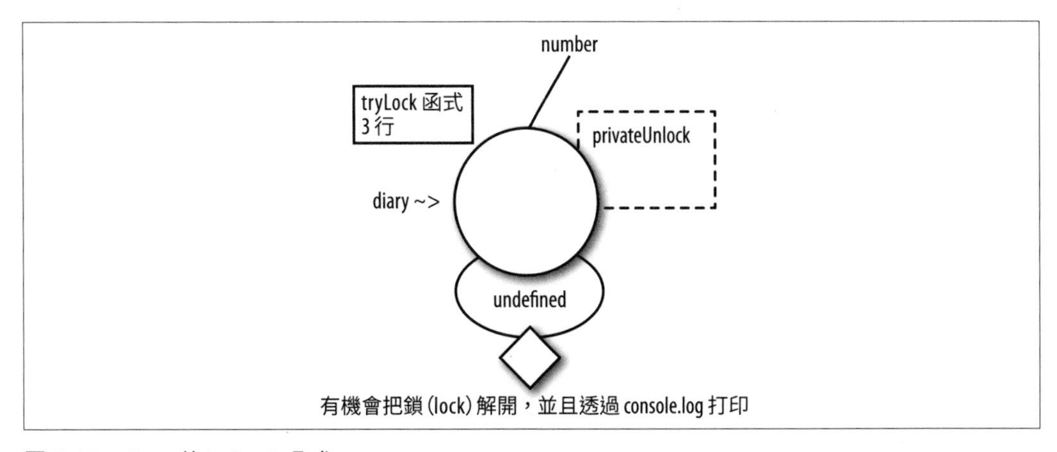

圖 5-19　diary 的 tryLock 函式

因為 read 函式指向 privateRead，所以我們套用示意圖的定義，它沒有顯式輸入，this（隱式輸入）是 diary 物件（從匿名函式回傳的），它回傳 undefined 且呼叫 console.log 作為它的副作用。而那個非區域輸入 secrets 呢？把 secrets 當作 diary 物件的一部分是個不錯的想法，但並不是這樣，它只不過是**作用域**的一部分，而 open 才真的是 diary 的一個屬性。

tryLock 函式也指向另一個函式（privateTryLock），所以我們使用那個函式的定義。就像 read 一樣，tryLock 也有個非區域輸入，但 tryLock 的非區域變數是一個函式（privateUnlock）而 read 的非區域輸入則是個單純的值（secrets）。函式定義不會告訴你它會回傳什麼或是產生什麼副作用，不過我們也沒有必要花力氣去了解它產生了什麼副作用。然而，就算它的副作用取決於 privateUnlock 內的**兩**個路徑，多數的覆蓋率工具會呈報這個函式只有一個路徑。注意到雖然在這個情況下，那兩個路徑會影響回傳值而非／以及副作用，我們還是只在示意圖中畫成同一個單獨的路徑。

現在來看一下 privateUnlock（圖 5-20）。

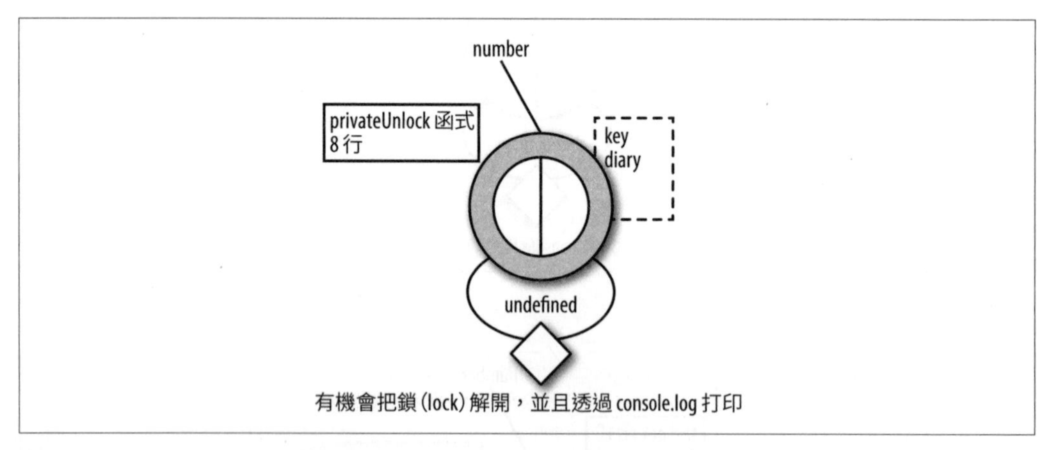

圖 5-20　diary 的 privateUnlock 函式

這個函式的示意圖長得很像 tryLock 的，其中一個較大的差別在於它有暗色的圓圈環繞在外，代表我們可以把它想成是私有函式。我們會再繼續討論，不過就現在而言，你可以先這樣思考 JavaScript 的「私有」函式：JavaScript 中，其實沒有很好的作法能創造私有函式。基本上，變數和函式只能在作用域中被使用，或是完全無法被觸及，沒有折衷的方案。

有些有趣的東西可能無法在示意圖裡表示，diary 物件（被拿去 diary.open 用）不是函式的 this，也不是顯式輸入，這裡用的技術比較棘手一點，但這應該可以描述發生了什麼事：

```
function hi(){
  console.log(hello);
};
hi();

// ReferenceError: hello is not defined

var hello = "hi";
hi();
//  印出 "hi"
```

diary 在作用域裡面，這似乎有點奇怪，而且似乎跟被指派給 diary 內部的那個函式有點關係：

```
var diary = (function(){
  // 有人知道 diary 在這裡是什麼嗎？
```

事實上就像 hi 函式一樣，當宣告 privateUnlock 的時候，並不知道 diary 是什麼，不過沒關係，當 diary 在最高層作用域被宣告之後，**全部**的東西都知道它了，包括先前宣告的函式，也就包含了 privateUnlock。這看起來有點神奇，但基本上，你可以**在函式宣告之後**才去宣告該函式要用的非區域輸入，只要**在函式被呼叫時**，非區域輸入位於該函式可觸及到的作用域下，你就可以在函式宣告時使用它。

如果還無法說服你，沒關係，我們將把 diary 從函式中拿出來，因為這實在太蠢（而且當你要換變數名稱時程式碼就會掛掉，很費功夫）。

你可能會想乾脆把 privateUnlock 暴露給那個物件（在回傳的物件中加上另一個屬性），但這樣就無法讓它保持「私有」（在可以直接拿到位址的作用域外）。

為了處理像這樣重複 diary 名稱的窘境，有些人第一個直覺是把 this 當作一個名叫 that 的變數傳進去：

```
var diary = (function(){
  var key = 12345;
  var secrets = 'programming is just syntactic sugar for labor';

  function privateUnlock(keyAttempt, that){
    if(key===keyAttempt){
      console.log('unlocked');
      that.open = true;
```

```
    }else{
      console.log('no');
    }
  };

  function privateTryLock(keyAttempt){
    privateUnlock(keyAttempt, this);
  };

  function privateRead(){
    if(this.open){
      console.log(secrets);
    }else{
      console.log('no');
    }
  }

  return {
    open: false,
    read: privateRead,
    tryLock: privateTryLock
  }

})();
```

我們來看 privateUnlock 的示意圖長怎樣（圖 5-21）。

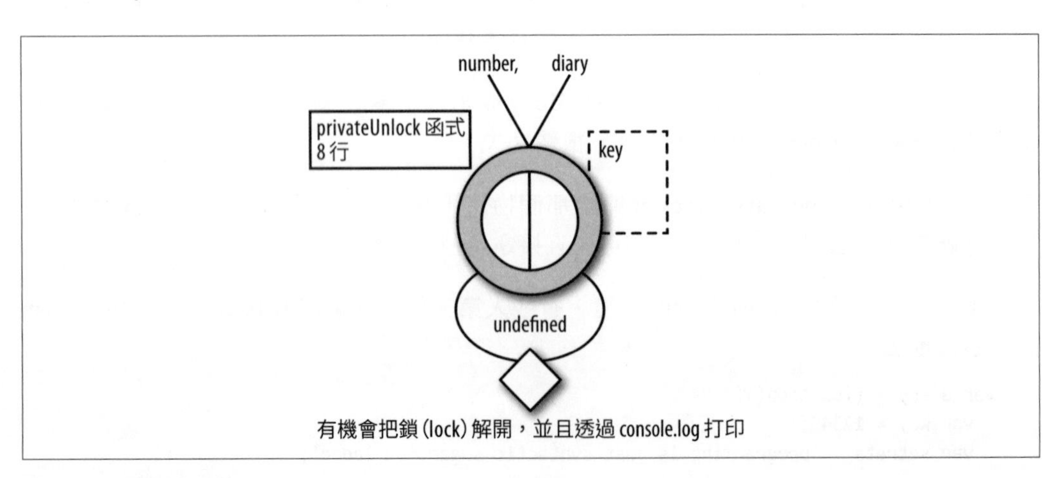

圖 5-21　兩個顯式輸入

沒什麼改動，唯一不同的是 privateUnlock 現在有兩個顯式輸入和一個非區域輸入，這是一大進步。

console 是不是非區域輸入？

換句話說：它是不是也要列在示意圖的右方？

當它在函式中被使用的時候，沒錯，它就像是非區域輸入一樣，我們為了簡化而在示意圖中省略它，但我想說的是，當你在寫自己的函式時，要加上 console、其他不是 this 的東西，以及不是被當作顯式輸入傳進去的參數。

還有，記得我們沒有在圖中加上所有的全局物件和子物件以表示它們是非區域輸入，因為示意圖會非常雜亂。

或者你也可以使用其中一個能修改 this 的函式：call、apply 和 bind。以 call 來說，你可以把 privateUnlock 和 privateTryLock 改成這樣：

```
var diary = (function(){
  var key = 12345;
  var secrets = 'sitting for 8 hrs/day straight considered harmful';

  function privateUnlock(keyAttempt){
    if(key===keyAttempt){
      console.log('unlocked');
      this.open = true;
    }else{
      console.log('no');
    }
  };

  function privateTryLock(keyAttempt){
    privateUnlock.call(this, keyAttempt);
  };

  function privateRead(){
    if(this.open){
      console.log(secrets);
    }else{
      console.log('no');
    }
  }

  return {
    open: false,
    read: privateRead,
    tryLock: privateTryLock
  };

})();
```

而 privateTryLock 套用 bind 的版本會變成：

```
function privateTryLock(keyAttempt){
  var boundUnlock = privateUnlock.bind(this);
  boundUnlock(keyAttempt);
};
```

或是可以把 boundUnlock 變數併成一行，在綁定函數後馬上呼叫它：

```
function privateTryLock(keyAttempt){
  privateUnlock.bind(this)(keyAttempt);
};
```

也就變成和 call 相似的語法。

無論如何，privateUnlock 的示意圖在修改 this 之後的樣子，你應該也預料的到（圖 5-22）。

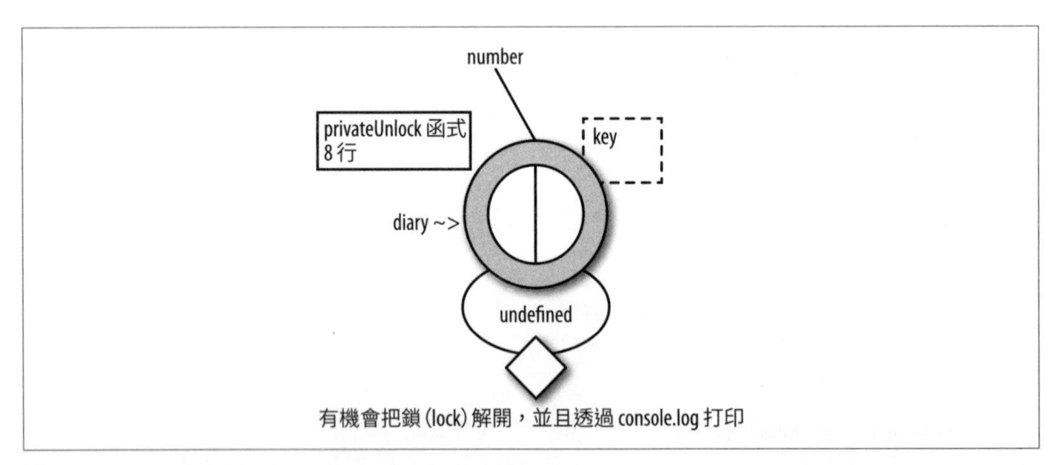

圖 5-22　一個顯式輸入（number）和一個隱式輸入（diary）

現在我們的函式有 diary 作為隱式輸入，而 key 仍舊是非區域的，就像 secrets 和 privateUnlock 一樣，當創造 diary 的匿名函式執行後，它就在那裡讓其他人去抓它來用，但它並沒有依附在任何物件（任何的 this）中。

有些變數（包括函式）依附在有用的 this 上面，而其他的變數（和函式）只存在於一般的作用域中。

在結束 diary 的例子之前，我們還少講了一個重要函式的示意圖：建立 diary 的函式（圖 5-23）。

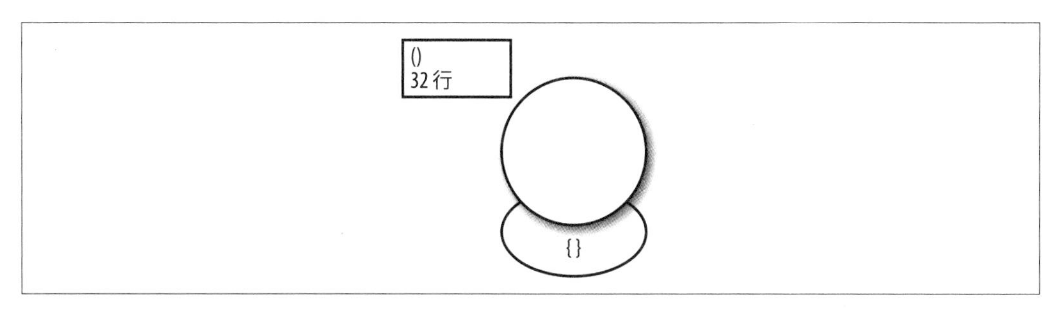

圖 5-23　建立 diary 的函式很簡單

事實上這張圖缺了不少東西，令人無法置信。首先，這個函式是匿名的，我們將函式呼叫的結果賦值給另一個變數，而該變數的名稱就是 diary：

```
var diary = (function(){
```

同樣地，回傳值是一個物件：{}，準確一點來說，回傳值是一個有特定屬性的物件，或說是叫做 diary 的物件。然而值得注意的是，這個函式完全不知道 diary 是什麼。

此刻你可能在想 class，也許 class 有個神奇的方式去實作私有方法？錯。不過已經有人提交這類的建議給 ECMAScript 了，但在本書撰寫之時還未有結論。

如果真的堅持要用 class 去做這類的行為，要怎麼寫呢？

```
class Diary {
  constructor(){
    this.open = false;
    this._key = 12345;
    this._secrets = 'the average human lives around 1000 months';
  };

  _unlock(keyAttempt){
    if(this._key===keyAttempt){
      console.log('unlocked');
      this.open = true;
    }else{
      console.log('no')
    }
  };
  tryLock(keyAttempt){
    this._unlock(keyAttempt);
  };

  read(){
```

```
    if(this.open){
      console.log(this._secrets);
    }else{
      console.log('no');
    }
  }
}
d = new Diary();
d.tryLock(12345);
d.read();
```

現在私有變數和 _unlock 函式就被暴露在 class 裡，而且我們在名字的開頭加上底線，代表該函式和變數不應被直接使用，如果我們規定好私有／底線函式都該當作私下的實作細節而不需要測試，那我們就有一個明顯的提示，幫助我們去傳達給其他人或未來的我們知道。另一方面，如此一來測試會變得很容易，因為所有的私有方法都可以被定位[譯註]。

然而，如果想要真正地把「隱藏」的資訊藏起來依舊是辦不到的，來看看一個錯誤方式：

```
var key = 12345;
var secrets = 'rectangles are popular with people, but not nature';
function globalUnlock(keyAttempt){
  if(key===keyAttempt){
    console.log('unlocked')
    this.open = true;
  }else{
    console.log('no')
  }
};

class Diary {
  constructor(){
    this.open = false;
  };
  tryLock(keyAttempt){
    globalUnlock.bind(this)(keyAttempt);
  };
  read(){
    if(this.open){
      console.log(secrets);
    }else{
      console.log('no')
```

譯註 可以拿到其位址（addressable），也就是能持有一個句柄以隨時隨地使用該函式或變數。

```
      }
    }
  };
  d = new Diary();
  d.tryLock(12345);
  d.read();
```

現在隱藏的資訊被丟到 class 的外面了，事實上（假設我們在最高層的作用域下），我們就是在創造全域變數，這樣的好處是什麼呢？

其實，這已經很接近可以解決這個問題的方法，把以下這個範例存成 *diary_module.js*：

```
var key = 12345;
var secrets='how to win friends/influence people is for psychopaths';
function globalUnlock(keyAttempt){
  if(key===keyAttempt){
    console.log('unlocked')
    this.open = true;
  }else{
    console.log('no')
  }
};

module.exports = class Diary {
  constructor(){
    this.open = false;
  };

  tryLock(keyAttempt){
    globalUnlock.bind(this)(keyAttempt);
  };

  read(){
    if(this.open){
      console.log(secrets);
    }else{
      console.log('no')
    }
  }
}
```

唯一改變的一行是：

```
module.exports = class Diary {
```

要使用的話，我們會需要開另外一個檔案（可以叫做 *diary_reader.js*）來引入這個模組，大概像這樣：

```
const Diary = require('./diary_module.js');
let d = new Diary();
d.tryLock(12345);
d.read();
```

在這檔案裡，不論是「class」Diary 還是「實例（instance）」d，我們將無法看到 key 或是不用 key 讀取 diary 的 secrets。不幸的，這也代表如果我們要用類似的 require 方式去測試，就會卡在無法使用私有函式或變數的問題，使得我們必須改回去先前加底線的作法，把私有函式放進該模組內；或是有條件的去引入那些函式來測試（並在平時不去引入它們）。

JavaScript 真的有隱私嗎？

在寫這本書的時候，JavaScript 沒有真正的隱私機制，所有的東西不是在作用域中，就是在作用域外，想單純的在一個物件中同時宣告一些公開屬性和一些私有的屬性是不可能的，因為每個屬性（物件的每個屬性）都需要依附在一個「this」上，所以對 JavaScript 的「私有」函數來說，this 是必須且不能被外部使用的。

所以實際上，現在有兩種慣例可以選用。第一種是放棄原先的夢想，把屬性依附在其他的 this 上，用匿名函式能做到這點（revealing module pattern，揭示模組模式）；或是讓 this 依附在一個被導出（export）的模組的全域 this 上，由於導出的操作是一種類似白名單的概念，只有特定函式會被其他的腳本引入（import），這種方法在小型的 API 中很好用，但某方面來講會使測試較為複雜。

第二種慣例（誠然有點笨重）是為了讓函式可以很容易的綁定在同一個 this 上，它的本質與公有成員一般無二，只是為程式設計師提供了視覺上的提示（最常見的是在函式名稱的前面加上 _）來代表要**當作**私有的東西。

到目前為止，**私有**的意思和什麼東西能被稱之為「私有」，或多或少都是由你主觀決定的。

然而，有個 TC39（評估與決定 JavaScript 功能的委員會）的提議，跟隱私有關，包括：

- 私有空間（field）（*https://github.com/tc39/proposal-private-fields*）
- 私有方法（*http://github.com/tc39/proposal-private-fields/blob/master/METHODS.md*）

- 靜態私有空間與方法（*http://github.com/tc39/proposal-private-fields/blob/master/STATIC.md*）

在這本書中，我們對於這些額外資訊的態度是：我們會提到，但不會講太深入。附帶一提，我們也是用同樣的態度處理可能即將出現的 `async` 和 `await`。以下是規格裡提出的一種新語法：

```
class Foo {
  #a;
  #b;
  #sum() { return #a + #b; }
  printSum() { console.log(#sum()); }
  constructor(a, b) { #a = a; #b = b; }
};
```

`#a` 和 `#b` 都是私有（非函式／方法）屬性，而 `#sum` 是一個私有「方法」，這些有 `#` 前綴的變數在 `class` 外部無法被使用，因此一個新的 `Foo` 類別的實例 `foo` 中，傳統使用屬性的方法將無法運作，像是 `foo.#a`（或是 `foo.a`——不確定是哪一種，反正都不行）、`foo.#b` 或是 `foo.#sum()`，而 `foo.printSum()` 不是私有的所以仍可以可以使用。除此之外的細節還很模糊（例如 `foo.#a` 是否會拋出錯誤？ `a` 和 `#a` 可以同時作為屬性名嗎？有辦法在測試的時候觸碰到私有屬性和方法嗎？）。

方法（method）vs 函式（function）

在這本書中，我們大多將 JavaScript 的函式稱作*函式*，對有些人來說，函式一詞會讓他們聯想到顯式的輸入和輸出；而*方法*是用來指涉依附在物件上的某些可執行程序[譯註]或是「一堆程式碼」。

無論如何，就算到時候沒有這些東西，私有屬性和方法的提議也暗示著未來的 JS 大致的方向：

- Class 將擁有更多的功能，它將不再只是建構子函式的語法糖，而會有許多自己的獨特功能。
- OOP 將在 JavaScript 中獲得越來越多的重視，函數式程式可能會是 JavaScript 的未來，但 OOP 也不會缺席。
- 「選擇你的 JavaScript」可能會被再次證明為是一個時間的函數。畢竟五年前的 JavaScript 在現在看來也很突兀，而 JavaScript 應該還會日新月異好一陣子。

[譯註] 而不是資料。

- 如果環境沒有提供 *#privateFunction* 的語法，你應該會看到大家仍然喜歡使用 *_privateFunction* 的底線方法，用以向前兼容過去的程式碼，並且以防我們需要測試私有函式。

總結

在本章節中，我們提到了很多 JavaScript 如何運作的細節，我們把焦點放在函式上，因為它們是 JavaScript 最重要且最複雜的構造（在任何的範式裡都是如此）。

不過我們的目標是要達到規定性和描述性（prescriptive as well as descriptive），這裡有一些重點值得再提一下：

- 試著減少體積（複雜度和行數）。
- 試著減少輸入的總數。
- 顯式輸入比非區域輸入好。
- 請在顯式傳遞 `this` 和在函式呼叫時綁定 `this` 兩種方法中做選擇，不要用固定的物件名稱作為非區域輸入。
- 真實而有意義的回傳值比只有副作用好。
- 盡量讓產生的副作用越小越好。
- 可以的話，盡量藉由讓函式和其他變數（屬性）成為類別（或至少是物件）的一部分，以隔離非區域輸入和全域變數，使函式和變數們有一個定義完整的 `this`。
- 在 JavaScript 中，隱私技術必定會對存取造成影響，尤其是在測試的時候，會使程式碼變得複雜。

這些想法應該可以讓你的程式碼（和示意圖）更簡潔。

最後，相較於其他的方法，我們這裡使用的是「`this` 友善」的風格，能夠改變自己的值的物件和函數式風格（在第 11 章討論）是有所衝突的。然而在物件導向（以類別或原型為基礎的）風格中，你會常常用到 `this`。

第六章

重構簡單的結構

在接下來的兩個章節，我們會來處理一些雜亂、未經測試的程式碼，然後做些很酷的事情，注意這兩章都使用同一個程式庫。

第一件很酷的事情是，如果你對於機器學習有興趣但缺乏經驗，我們會使用一個相當簡單且強大的演算法，叫做簡單貝氏分類器（Naive Bayes Classifier, NBC），它能基於先前的知識來分類事物，垃圾郵件過濾就是一個常見的例子。NBC 有兩個步驟，首先，要給它人類已知如何分類的資料（例如：「這 35 個標題來自於垃圾郵件。」），這叫做對演算法做訓練（training）；接著，給它新的資料並問它這些資料分別可能是屬於哪一類的（例如：「這裡有一個剛收到的郵件的標題，這是垃圾郵件嗎？」）。

第二個很酷的事情是，（如果你有在玩音樂）我們這個演算法的應用會使用歌曲的和弦以及其困難度來作為訓練資料，接著，我們可以餵其他歌的和弦進去，然後自動地得到它的困難度。最後，我們會做一點變形，讓這演算法去猜測一段文字是否是可以理解的（假設我們可以理解英文，但不能理解日文）。

這問題看起來有點可怕且複雜，不過知道兩件事會讓我們比較安心，第一，整個程式其實就是在做乘法和比較兩群數字的差異；第二，我們可以依靠測試和重構的能力來完成它，就算有些細節一開始並不那麼直觀、好懂。

但我對音樂一竅不通

沒關係，不會有跟音樂有關的技術，你只需要知道彈奏音樂時（例如吉他），通常需要一些和弦，而和弦就是一些音符的組合。

當你彈吉他的一根弦或鋼琴的一個鍵，就是在彈奏一個音符，而當你彈撥多條弦、彈多個琴鍵（一次彈奏多個音符），就是在彈和弦。有些和弦特別難彈。

音樂是很複雜的，但我們先假設，歌曲只由和弦組成，而這些和弦的難度會決定彈奏一首歌的難度。

有一些東西我們不會講得很深入，風格檢查器（Linter）（在第 3 章討論過）像是 JSHint 和 JSCS（現在的 ESLint）的檢查規則有上百條，我們不會各別去講解，然而，我會建議你在編輯器中使用這些工具。進一步來說，我們不會提到單引號與雙引號的差別、ASI（自動分號插入）和「非必要」的分號、在大括號和物件的值之間有幾個空白。

如果可以維持這些細節保持一致會很棒，所以，使用一個風格檢查器，把它當做一個「活的風格教科書」。不過風格檢查器覆蓋了很多小事情，其中有些是相當自以為是的（例如 `x===3` 應該要有空白像 `x === 3` 這樣），對使用現代工具且已在使用某個特定形式的 JavaScript（見第 2 章）的人來說，既無趣亦無用。

為什麼不拿車子、銀行帳戶、公司員工當例子就好？

我們不講車子、公司員工或銀行帳戶的嗎？其實這些例子就像蜘蛛人的叔叔 Ben 說過的話一樣，已被過度使用了，也請你看看 *Gradus Ad Parnassum* 的這段話：

> 也許是對未來財富和財產的期待使你選擇這樣生活？要是如此，相信我，你需要改變你的想法，是阿波羅[譯註 1]而非普路托斯[譯註 2]縱橫詩壇，渴求財富的人必須走上其他的道路。

Aloys 是在講音樂理論，而不是程式設計，儘管如此，經濟發展構成技藝與知識的基礎（除非技藝和知識就是經濟）這理論感覺不太對。

你可以用 NBC 幫你學習新的語言、學樂器、或如何善用媒體娛樂自己，如果需要的話，讓普路托斯佔據你朝九晚五的那段時間，不過我們現在與阿波羅同在。

譯註 1　阿波羅希臘神話的太陽神

譯註 2　普路托斯是希臘神話的財富之神

別忘了上一章的建議

- 試著減少體積（複雜度和行數）。
- 顯式輸入比隱式輸入好（雖然我們在使用 OOP 的風格，所以本章比較常用隱式輸入；請見第 11 章，以 FP 風格呈現的這份程式碼）。
- 顯式輸入比非局部輸入（自由變數）好。
- 真實、有意義的回傳值比純粹的副作用好。
- 盡量讓產生的副作用越小越好。
- 可以的話，盡量藉由讓函式和其他變數（屬性）成為類別（或至少是物件）的一部分，以隔離非局部輸入和全域變數，使函式和變數們有一個定義完整的 this。
- 在 JavaScript 中，隱私（privacy）機制必定會影響存取能力，尤其在測試的時候會使程式碼變複雜。

程式碼

這是 NBC，最初的「差勁版本」，我們要在接下來的兩章節中改進它：

```
fs = require('fs');
// songs
imagine = ['c', 'cmaj7', 'f', 'am', 'dm', 'g', 'e7'];
somewhere_over_the_rainbow = ['c', 'em', 'f', 'g', 'am'];
tooManyCooks = ['c', 'g', 'f'];
iWillFollowYouIntoTheDark = ['f', 'dm', 'bb', 'c', 'a', 'bbm'];
babyOneMoreTime = ['cm', 'g', 'bb', 'eb', 'fm', 'ab'];
creep = ['g', 'gsus4', 'b', 'bsus4', 'c', 'cmsus4', 'cm6'];
army = ['ab', 'ebm7', 'dbadd9', 'fm7', 'bbm', 'abmaj7', 'ebm'];
paperBag = ['bm7', 'e', 'c', 'g', 'b7', 'f', 'em', 'a', 'cmaj7',
            'em7', 'a7', 'f7', 'b'];
toxic = ['cm', 'eb', 'g', 'cdim', 'eb7', 'd7', 'db7', 'ab', 'gmaj7',
         'g7'];
bulletproof = ['d#m', 'g#', 'b', 'f#', 'g#m', 'c#'];
song_11 = [];

var songs = [];
var labels = [];
var allChords = [];
var labelCounts = [];
var labelProbabilities = [];
var chordCountsInLabels = {};
var probabilityOfChordsInLabels = {};

function train(chords, label){
```

```
  songs.push([label, chords]);
  labels.push(label);
  for (var i = 0; i < chords.length; i++){
    if(!allChords.includes(chords[i])){
      allChords.push(chords[i]);
    }
  }
  if(!!(Object.keys(labelCounts).includes(label))){
    labelCounts[label] = labelCounts[label] + 1;
  } else {
    labelCounts[label] = 1;
  }
};

function getNumberOfSongs(){
   return songs.length;
};

function setLabelProbabilities(){
  Object.keys(labelCounts).forEach(function(label){
    var numberOfSongs = getNumberOfSongs();
    labelProbabilities[label] = labelCounts[label] / numberOfSongs;
  });
};

function setChordCountsInLabels(){
  songs.forEach(function(i){
    if(chordCountsInLabels[i[0]] === undefined){
      chordCountsInLabels[i[0]] = {};
    }
    i[1].forEach(function(j){
      if(chordCountsInLabels[i[0]][j] > 0){
        chordCountsInLabels[i[0]][j] =
chordCountsInLabels[i[0]][j] + 1;
      } else {
        chordCountsInLabels[i[0]][j] = 1;
      }
    });
  });
}

function setProbabilityOfChordsInLabels(){
  probabilityOfChordsInLabels = chordCountsInLabels;
  Object.keys(probabilityOfChordsInLabels).forEach(function(i){
    Object.keys(probabilityOfChordsInLabels[i]).forEach(function(j){
      probabilityOfChordsInLabels[i][j] =
probabilityOfChordsInLabels[i][j] * 1.0 / songs.length;
```

```
    });
  });
}

train(imagine, 'easy');
train(somewhere_over_the_rainbow, 'easy');
train(tooManyCooks, 'easy');
train(iWillFollowYouIntoTheDark, 'medium');
train(babyOneMoreTime, 'medium');
train(creep, 'medium');
train(paperBag, 'hard');
train(toxic, 'hard');
train(bulletproof, 'hard');

setLabelProbabilities();
setChordCountsInLabels();
setProbabilityOfChordsInLabels();



function classify(chords){
  var ttal = labelProbabilities;
  console.log(ttal);
  var classified = {};
  Object.keys(ttal).forEach(function(obj){
    var first = labelProbabilities[obj] + 1.01;
    chords.forEach(function(chord){
      var probabilityOfChordInLabel =
probabilityOfChordsInLabels[obj][chord];
      if(probabilityOfChordInLabel === undefined){
        first + 1.01;
      } else {
        first = first * (probabilityOfChordInLabel + 1.01);
      }
    });
    classified[obj] = first;
  });
  console.log(classified);
};

classify(['d', 'g', 'e', 'dm']);
classify(['f#m7', 'a', 'dadd9', 'dmaj7', 'bm', 'bm7', 'd', 'f#m']);
```

它做了什麼？

老實說，這裡有著超過 100 行又相當難懂的東西，雖然我們可以試著去理解，或研究 NBC 的數學模型，但這些都不是我們優先要做的事。

我們先透過測試和重構來增進對程式碼的信心。

通常來說，我們要把程式碼存到一個檔案中（如果原本是在 *.html* 檔的 `<script>` 標籤中，要存成獨立的 *.js* 檔），然後套用版本控制，最後再來決定測試的策略。

單行長度

為了確保本章的所有內容都能放進頁面中，有些單行程式碼會被迫拆成兩行：

```
        var probabilityOfChordInLabel =
probabilityOfChordsInLabels[obj][chord];
```

在大多數情況下，被拆成兩行的第二行不會從下一行的起頭開始。但在有限的空間下，我們也許不得不這麼做，一般來說，當處理一個很長的陣列或字串時，很可能會超出理想的單行長度。

在這裡和本章節剩下的部分，我會假設你有一個檔案叫做 *nb.js*，裡面有上面列出的程式碼。

增加信心的策略

假設你都已經把程式碼準備好了，已經存成一個叫做 *nb.js* 的檔案，也套用好版本控制了，那我們就開始吧！

回到決定要寫什麼測試的模型（在第 4 章的示意圖），我們知道要對沒有測試的程式碼做描述測試，但看看我們的檔案，會發現恐怖的是，沒有函式會回傳東西：有一些結構，但我們的函式只是把述句組合起來並產生副作用。都是以定義在最高作用域變數的形式來做輸入，且猖狂地進行變數重新賦值。

哇嗚！所以我們的第一步是什麼呢？用 node 執行這個檔案（**`node nb.js`**），應該會看到以下的輸出：

```
(from command line)
>node nb.js
[ easy: 0.3333333333333333,
  medium: 0.3333333333333333,
  hard: 0.3333333333333333 ]
{ easy: 2.023094827160494,
  medium: 1.855758613168724,
```

```
  hard: 1.855758613168724 }
[ easy: 0.3333333333333333,
  medium: 0.3333333333333333,
  hard: 0.3333333333333333 ]
{ easy: 1.3433333333333333,
  medium: 1.5060259259259259,
  hard: 1.6884223991769547 }
```

你有遇到錯誤嗎？

是這個嗎？

```
TypeError: allChords.includes is not a function
```

如果是，你可能用的是舊版的 node，你至少要用 6.70 以上的版本，請去 *node.js.org*（*https://nodejs.org/*）下載最新的版本。

所以打印述句是我們唯一的輸出，這並不是件好事。好消息是，我們的程式碼可以執行，而且真的有輸出一些東西，這代表我們其實有一個測試了；壞消息是，那是個人工的測試，不過它不需要太多的準備（我們不需要一個專用於測試的函式庫去執行 **node nb.js**，然後看結果），如果我們定義「公有介面」為整個程式，假設未來不會有額外的選項去執行它，我們就可以滿足於現況，把這個測試當作我們唯一需要的。

長期來看，這不是一個好方法，我們會在下一章帶入正式的測試，在本章中，我們將透過打印述句來檢查輸出。

這些輸出離真正的辨識結果只差一步

在這些結果中，可以看到我們拿到了各種類別的值（easy、medium 和 hard），那些所有類別的值都一樣的（0.333...）（的歌），這些值代表的是此物屬於這個類別的可能性。

至於那個所包含值各不相同的結果，最大的數字的項目（easy、medium 或 hard）反映出被分類的資料最可能從屬的類別，例如，以下該筆資料應屬於 hard：

```
{ easy: 1.3433333333333333,
  medium: 1.5060259259259259,
  hard: 1.6884223991769547 }
```

如果把分類器用來當作垃圾郵件過濾器，以下的結果代表輸入很有可能是垃圾郵件：

```
{ nonSpam: 3,
  spam: 8 }
```

我們可以再做一步把對應數字最大的答案拿出來，如果你想要把這個功能實作出來並測試它，那當然很好。但我們在這裡先不這麼做，因為把數字全部印出可以讓我們更容易確認在接下來的過程中沒有改到演算法。

回到信心的問題（透過人工測試的結果），我們需要一個額外的步驟：再執行一次（或二到五次），然後結果都沒有變，太好了！我們的演算幾乎是**確定性的**，一個要小心的地方就是，在做這個假設、認定程式都做一樣的事之前，要先確認程式碼中有沒有 `Math.random`、`new Date` 和其他並非每次呼叫都有相同表現的東西（包括遠端 URL 的呼叫）。

現在我們有理由對程式的行為有信心了，那該如何開始重構呢？

對這份程式碼，我們用以較高屋建瓴的角度來進行重構，在現實中，你可能會找到比這裡更符合邏輯的重構順序。尤其是在加上測試之後，最好在做其他事情之前就先行提取函式。

提取函式通常是展示程式架構最好的方式，也可能是被使用最多的重構技巧，不過我們等到下一章才介紹它。

由於三個理由，我們先不講提取函式：

- 我將這兩章的技巧從簡單到複雜安排，而從簡單的技巧說起比較好。
- 一旦用了提取函式，往往其他的方法就不需要用了，如果先講它，一些簡單（但仍重要）的方法就會變得不必要。
- 另外，提取函式時，通常會連同其他幾個方法一同使用——例如重新命名變數。為了能獨立介紹各個技巧，必須先講簡單的。

一般來說，本章所展現的技巧是入門的，換句話說，它們只用於小塊的程式碼，這些技巧比較容易用風格檢查器找出或由編輯器「自動重構」。

重新命名

最簡單的重構就是單純的把不合理的名字改掉；不管先拿變數、函式、物件、模組來開刀都很好。要是這些改動不幸地毀了整個程式，我們就用 `git checkout .` 回到上一個好的版本。

在尋找不良名稱的道路上，要注意的是：

- 錯字
- 短名（縮寫和單字母名字）
- 非解釋性／通用性名字
- 變數名稱裡的數字
- 重複名字
- 建構子（constructor）非大駝峰式[譯註 1]
- 函式和變數非小駝峰式[譯註 2]

這些全部都可以套用在以下：

- 變數
- 迴圈變數（Loop variable）
- 函式
- 物件
- 類別（Class）
- 參數
- 檔案
- 目錄（Directory）
- 模組
- 專案

譯註 1　大駝峰式風格代表，各英文字（word）之間不用空白或其他字符連接，但每個字開頭要大寫，例如 CamelCase。

譯註 2　小駝峰式除首字不用大寫外，其餘與大駝峰式相同。

現在我們的程式碼有任何明顯拼錯的字嗎？沒有，但短名 `ttal` 並不是一個真實的字，它可能是不小心拼錯，或是刻意但被誤導的 `total` 的縮寫，所以現在請使用搜尋並取代，把 `ttal` 換成 `total`。

執行程式（也就是我們的測試），獲得同樣的結果嗎？太好了！存檔並 **`git commit -am 'fixed bad variable name'`** 然後我們繼續下去。

有一個變數名含有數字且不是駝峰式：空陣列 song_11，為了避免數字和底線，可以把它改成 songEleven，不過改成 blankSong 感覺更符合它所代表的意義。存檔，執行，然後（假設看起來沒什麼問題）提交（commit）這次改動。

接著，有一個變數名稱是底線式而非駝峰式：somewhere_over_the_rainbow，修正方式也跟先前一樣：搜尋 / 取代 / 存檔 / 確認 / 提交，請確保它的兩個實例你都有找到。

接下來這個情況比較難，使用單字母變數名在大多的 JavaScript 原始碼中都不合理（雖然在編譯過後的 JS 很常見，因為建置過程中會縮短變數名）。`i` 和 `j` 這兩個單字母在程式中時常被用於代表索引，而許多人認為做為索引不需要有描述性的全名。但我覺得這是在胡說八道，為什麼？

首先，這些名字比較難改，如果把先前改變數名的工作流套用到字母變數上，很可能會發生不超出預期的狀況[譯註]。搜尋 / 取代不應該要花這麼多功夫，所以當你需要「非其他字的一部分 / var 開頭的 / 有小括號包含的，特定的 `i`」時，你很快會發現自己一直在手動 / 搜尋取代，而非你所想要的，當你的搜尋橫跨不同檔案時就更麻煩了，即使很多編輯器能讓你用正規表達式做搜尋，這仍然會讓你多做一步，而且要是變數名稱在不同地方重複使用的話，正規表達式也將無法解決所有問題。

第二，雖然這些變數都在該待的作用域內，但變數名稱不唯一就有覆寫的風險，更糟的是，這可能是一個人為刻意設計並且被程式所依賴的行為，所以我們一直都不知道是否改變一個變數的名字會產生臭蟲。

第三，最糟的是，這兩個名字都無法望文生義，使用 `i`、`j` 作為迴圈的內部索引比較像是一種（不好的）慣例。當變數是代表數值鍵時，像 index 和 innerIndex 這種名稱比較適合。把在 train 函式中的 `i` 換成 index（應該有五個），存檔、檢查、提交。

譯註 如果你的編輯器是基於語法分析的結果來修改變數名，那就不會有問題。

另一個觀點：變數名稱具描述性卻代表程式碼不佳

這是一個微妙的觀點，且無法套用在 JavaScript 中常見的命名風格，但在某些語言（包括有些會編譯成 JavaScript 的語言），透過**型別系統**（*type system*）去描述程式的很多事情是有可能的。在這些情況下，描述性的變數名稱就會顯得多餘。

為了說明這點，想像一下我們有一個函式，拿某些**東西**形成的串列 / 陣列作為輸入，回傳某個**東西**作為輸出，我們有時候會將變數取名為「數字」或「字串」或其他某個「型別」，但如果我們相信這個型別系統會將一串東西轉換成一個東西，我們可能會偏向不去描述這個**東西**是什麼。這時候，有些人會比較喜歡使用 `x`、`y`、`a`、`b`，而非使用其實描述不了重要部分（例如：從某些東西的串列轉換成一個東西）的「描述性的」名字。

我們會在第 11 章談到更多函數式程式設計，但就算使用函數式程式設計，你也不會覺得單字母的變數名稱有多吸引人，沒有關係，在本書中，我們會盡量避免這種風格，但值得了解一下這個反方的理由。

當把視 `i`、`j` 為索引這個模式套用到 `forEach` 函式的參數時，我們就真的掩蓋、模糊了它們真正的值。在 `setChordCountsInLabels` 函式中，實際上 `i` 應該要稱為 `song`（八個取代），而函式中 `j` 的實例應該叫做 `chord`（五個取代）。

翻回五頁前看程式碼？太扯了！

親愛的讀者，我非常建議，你可以開始當親愛的*寫者*（如果你還不是的話），如果你沒有使用編輯器去改動程式碼，你可能會很難跟上下一章的程式碼。除了這是個好練習（真的寫程式碼而非只用看的）之外，這一章跟下一章的程式碼比起其他章要長很多。

如前言所說，這是你的書，所以隨你怎麼使用它。但事實上，照上面的改動、執行程式碼、套用版本控制和撰寫測試都是你該學會的技能。

`setProbabilityOfChordsInLabels` 也用了 `i` 和 `j` 作為變數名稱，在這裡，`i` 稱作 `difficulty`（四個取代）比較合適，而 `j` 改作 `chord`（三個取代）比較好。把這些改掉、存檔、檢查結果然後提交。

至於剩下的兩個函式，i 和 j 並不代表**數值鍵**（陣列索引），而是一個物件的字串鍵（*string* keys），如果你不確定什麼名字比較合適，在迴圈裡加上一個的 console.log(i) 或 console.log(j) 述句，就能顯示它們的值並給你一點命名的靈感。

值得再重申一次：如果你發現真的數值陣列索引，index 這個名字（和 innerIndex，如果有需要的話）還是比較好，相對於單字母的變數名稱來說；如果你找到的是物件的字串鍵（例如：「easy」、「medium」和「hard」，在這裡我們把 i 改名為 difficulty），你應該要依靠領域知識（domain knowledge）來選一個適當的名字，在這種情況下，不要擔心第一次嘗試不精確，當你獲得越多的領域知識並對程式運作越來越有信心後，你永遠都可以再次重新命名。

重新取名可以很重要

換名字時，請確保每個需要改的地方都有改到，對單檔案的程式而言，這代表整個檔案都要改到；對多檔案而言，要依靠你的編輯器 / 整合開發環境（IDE） / 命令行（command line）（例如 ack、grep 等）來幫助你找到所有需要修改的地方。

此外，在改名之後，如果你的程式碼是一個被他人所依賴的模組或套件，請確保你有通知使用者（透過棄用警告（deprecation warning）），並且支援較舊的版本。不過如果是單純程式內部的值，可以不用這麼做。

程式碼經過我們重新命名後變得稍微乾淨了，不過有一個物件仍維持著簡短通用的名稱：obj。

由於我們試圖在理解程式碼之前就先行重構，我們並不知道 obj 代表什麼，來觀察一下 classify 函式看可不可以找到一點靈感。

```
function classify(chords){
  var total = labelProbabilities;
  console.log(total);
  var classified = {};
  Object.keys(total).forEach(function(difficulty){
    var first = labelProbabilities[difficulty] + 1.01;
    chords.forEach(function(chord){
      var probabilityOfChordInLabel =
probabilityOfChordsInLabels[difficulty][chord];
      if(probabilityOfChordInLabel === undefined){
        first + 1.01;
      } else {
        first = first * (probabilityOfChordInLabel + 1.01);
      }
```

```
    });
    classified[difficulty] = first;
  });
  console.log(classified);
};
```

我們是可以透過直接看程式碼來理解它，但現在我們稍微作點弊，在第 55 行之後加上 `console.log(obj)`（然後 **`node nb.js`** 執行），會看到「`easy`」、「`medium`」和「`hard`」被印出來（加上原先的輸出）。在這個程式的某些地方，我們稱它為標籤（Label），不過我們剛剛改成一個類似概念的名字 `difficulty`，我們做錯了嗎？

在沒有完全了解整個程式之前，找到合適的名字並不容易，`label` 是一個與演算法（NBC）較相關的名字，但 `difficulty` 對這個問題域（學音樂）來說比較明確，現在我們把 `obj` 改成 `difficulty`（四個取代，不包括打印述句）。請記得，在這裡改 `obj` 的全部的實例很簡單，因為 `obj` 這個名字只出現在該檔案和該函式中，你也可以把打印述句刪掉，如果你剛剛有加的話。

但當變數跟函式名稱橫跨整個程式時，「difficulty」這個詞仍比「label」更富意義嗎？這點值得討論。然而，當有數十個變數名稱都使用這個詞時，事情就變得更加複雜，如果你對這些改變抱有一定的信心（畢竟執行程式的「測試」會幫助你），你可以直接動手做，但我們會先假設那些名字還沒改。因為這個原因，也許等到看完本章和下一章，再來做那些改動會比較好。

無用程式碼

接下來是無用的程式碼，而我們對待它們的原則是：用不到，就刪掉。還記得第 1 章裡的 YAGNI（Ya ain't gonna need it（你不需要它））嗎？這節就來討論。

你可能會遇到這些形式的無用程式碼：

- 死碼（dead code）（變數、函式、檔案、模組等）
- 推測性程式碼和推測性註解（speculative code and comment）
- 空白（包括 EOL 和 EOF）
- 冗贅（do-nothing）程式碼（可觸及但沒有實際作用，例如：jQuery 的 `$($('.someClass'))` 或 `if(!!booleans)`；空白檔案）
- 除錯／打印述句

死碼

該如何找出死碼呢？尋找一個函式或變數名稱的實例（專案等級的範圍），如果一個函式只有宣告而沒有在任何地方被呼叫，我們就可以開心地把該函式刪掉，沒在用的變數也是一樣。記得當整份程式不只一個檔案時，要刪除函式或變數就沒那麼容易，請確保你有個能搜尋整個專案的好方法，不論是透過命令行還是編輯器。

你在 NBC 有找到任何死碼嗎？

其實有三個變數是可以拿掉的，首先，`army` 和 `blankSong` 都沒有在訓練資料中（或其他地方）被使用，所以可以安心刪除變數宣告的這幾行，而存檔／執行／檢查／提交的流程顯示我們沒有弄壞什麼東西（輸出結果是一樣的）。

推測性的程式碼和註解

你有時候會看到像是在幫未來程式碼打草稿的註解（模擬（stub）、虛擬碼（pseudocode）、或完整的實作），這是最死的那種死碼，而且，任何關於程式碼**應該**怎樣的細節，最好留給整個團隊一起分享代辦事項（更正式的說法是，支票（ticket）／任務／臭蟲）的任務管理系統，程式庫裡的程式碼理當都是真實而可執行的。推測性的程式碼無論有沒有註解起來，都違反了 YAGNI 原則，如果程式碼除了反映出現行功能還反映出潛力，那就代表該精簡它了。被註解掉的程式碼還有另一個風險，就是其他人可能會認為，拿掉註解就能正常運作，但事實上卻未必如此。如果它沒有通過測試，或甚至與其餘的程式碼一同運作，它就不該被信任。

可以刪除我們的第一行：`fs = require('fs')`。

很明顯的，這裡有在某個時間點使用檔案系統模組的意圖，但最後卻沒這麼做。如果你現在並不是恰巧在開發檔案系統相關的功能，那麼就應該把它刪了，如果你看到類似這樣的東西，尤其是帶著註解的：

```
// *某個東西*之後要用到檔案系統
fs = require('fs')
```

這是一種特別的死碼：推測性程式碼，也許 `army` 和 `blankSong` 也算是推測性的，差別在於意圖，而事實上在沒有註解、測試支持或領域知識的情況下，這個意圖難以分辨。你也許會說它們不是死碼，因為它們有做事（賦值給變數），而「真」的死碼是無法觸及／不可能執行的。但我們處置它們的方式並沒有分別，我們都做一樣的事：刪除。

不要只是註解掉，任何合理、複雜的專案都應該要有某種方式去追蹤未來的意圖（臭蟲清單／功能支票（feature ticket）或「使用者故事（user story）」等等），如果你使用註解，那麼程式碼會承擔更多額外工作。

有兩個有用的方法能解決問題註解，第一個是直接刪掉，第二個是以它們作為靈感，創造變數或函式，我們第二行 `//songs` 是創造變數或函式的候選人（**說明註解**通常意味著一個提出函式或變數的好地方），不過在這節中，我們只講可以直接刪掉的。現在你可以先刪掉不用怕，然後存檔／執行／檢查／提交程式碼。

> **文件：註解有用的時候**
>
> 當程式碼夠複雜，且很有可能被其他人使用時，把註解當文件來寫是很有用的，這通常放在函式、類別（或物件）的源碼之前，描述函式做了什麼、顯式輸入和回傳值是什麼，這些註解甚至在建立外部文件時可以幫上忙。我們顯然無須從原檔案中刪除那些註解（經編譯／縮小後的檔案應拿掉，讓檔案更小）。
>
> 讀我（ReadMe）和教學也可以作為文件的一種，但高質量程式如何運作的說明，留在原檔案中作為註解尤其有用。
>
> 註解有另個有趣的用途，那就是可以用來在前端傳遞神祕訊息給會看原始碼的人，這時常會加入 ASCII 藝術做出像是「嘿！開發者，加入我們吧！」這種文字。

空白

我們程式碼中的空白貌似還可以，在函式 `classify` 之前有三個空行，其中兩個應該要刪掉。除了多的空白行，你也可能會找到行尾（end of line（EOL））空白，在有些編輯器中會顯示特別（惱人）的顏色，你之所以不喜歡行尾空白跟無意義的空白，多少與這樣的編輯器有關（也許只是編輯器的設定），大部分時候你可以毫不客氣地將此類空白刪除，不過這可能會使 **`git diff`**（專案的改動）變得更多，而這也是件惱人的事。

另外，有些編輯器如果發現檔案的最後一個字節不是換行，那編輯器就會在儲存時自動添上，但有些編輯器不這麼做。一般來說，這是個好主意（遵循了 IEEE POSIX 標準規定「檔案」的定義），但如果兩個開發者使用不同的編輯器或個人設定（如剛才所述），可能會造成版本控制的噪音／衝突。

冗贅（do-nothing）程式碼

接下來討論冗贅程式碼。在我們的檔案裡就有一個例子，條件判斷中有些地方不必要：

```
if(!!(Object.keys(labelCounts).includes(label))){
```

!! 可以拿掉，剩下：

```
if(Object.keys(labelCounts).includes(label)){
```

改完，存檔 / 執行 / 測試 / 提交。

因為 includes 函式的回傳值已經是布林型別了，所以不需要使用 !! 來轉換它。如果你不知道什麼是 *!*，現在我稍作解釋：**單元運算子 ! 會回傳一個「真假值」的反轉**。你可以在主控台試試看以下這些：

```
!true // 回傳 false
!!true // 回傳 true
!![] // 回傳 true
!!0 // 回傳 false
```

第二個這裡不需要 !! 的理由是，雖然在 if 述句的判別式中，顯式地將值設成一個布林看起來蠻合理的，但其實 JavaScript 的 if 的判別式中不需要是布林值，像是以下程式碼片段會印出「hi」，因為非空字串在 JavaScript 中的條件式算真。

```
if("print hi"){ console.log('hi')}
```

JavaScript 條件式中視為假的值

JavaScript 中總共有六個東西會被視為「假」：undefined、null、0、""（空字串）、NaN 和 false，為以上這些加上 !! 會產生 false，而其他的字串、數字、物件、函式、陣列等等，加上 !! 則會產生 true。

我們將話題轉回不必要的程式碼：不用像我們一樣在 if 述句的判別式中加上 !!。如果你想知道 !! 的用法的話，這裡有一個人為的例子，我們在函式要回傳值之前，先用 !! 做轉換：

```
function didItWork(){
  return !!numberOfTimesItWorked();
};
```

這個函式如果工作次數是 0 次，回傳 false，如果大於 0 次，則回傳 true。

另一個例子來自我們的分類器，JavaScript 的數字沒有特別分成「整數」與「浮點數」。

在某些語言中（例如 Ruby），以下程式碼的效果會不一樣：

```
10 / 3 # this 回傳 3
10.0 / 3 # this 回傳 3.33333...
```

可能你之前學的其他語言（像是 Ruby），在計算中涉及兩個整數值 `10` 和 `3` 時，至少有一個得先轉成浮點數，這時候可以透過把其中一個乘上 `1.0` 來做到。

在大多數的 JavaScript 實作中，**浮點數**和**整數**都是數字，所以先前的兩個除法都會得到 `3.3333...`，不需要顯性的轉換，也就是說，這又是一個我們分類器中的冗贅程式碼了，以下這行可以拿掉 `* 1.0`：

```
probabilityOfChordsInLabels[difficulty][chord] =
probabilityOfChordsInLabels[difficulty][chord] * 1.0 / songs.length;
```

改成：

```
probabilityOfChordsInLabels[difficulty][chord] =
probabilityOfChordsInLabels[difficulty][chord] / songs.length;
```

另一個冗贅程式碼的範例：我們先前花了一些時間在重新命名 `total` 變數，但它註定要被刪掉，為什麼？它所做的事情只是被賦值和印出東西，但我們可以直接印出 `labelProbabilities` 就好。

將這段程式碼：

```
function classify(chords){
  var total = labelProbabilities;
  console.log(total);
  var classified = {};
  Object.keys(total).forEach(function(difficulty){
```

改成：

```
function classify(chords){
  console.log(labelProbabilities);
  var classified = {};
  Object.keys(labelProbabilities).forEach(function(difficulty){
```

存檔 / 執行 / 檢查 / 提交，確認我們沒有改變程式運作的方式。

還有哪裡會出現冗贅的程式碼？我們分類器中沒這種例子了，不過無用程式碼的另一個形式是像以下的 jQuery 段落一樣，把自己包兩次：

```
$('input').on('click', function(){
  var elementToHide = $(this);
```

```
    $(elementToHide).hide();
  });
```

在範例中 this 的值被 jQuery 的物件包了兩次，jQuery 很聰明會忽略掉第二次，但第二個錢字符函式沒有意義。

```
  $('input').on('click', function(){
    var elementToHide = $(this);
    elementToHide.hide();
  });
```

不論是轉換成布林值、浮點數、jQuery 的物件或其他東西，你偶爾會看到這種多重 / 不必要的轉換。

下一節我們會繼續看到不必要的變數（之前直接印出 labelProbabilities 和刪掉 total 就是在處理不必要的變數），不過請注意在 jQuery 的例子中，其實我們也未必需要 elementToHide：

```
  $('input').on('click', function(){
    $(this).hide();
  });
```

回到 NBC，另一段無用的程式碼是：

```
   if(probabilityOfChordInLabel === undefined){
     first + 1.01;
   } else {
     first = first * (probabilityOfChordInLabel + 1.01);
   }
```

if 述句的真值分支可能會執行，但並不回傳任何東西也不產生副作用（例如對變數做賦值），這個分支只會拋出錯誤，假如因為某些原因，first **沒有定義**（不要與「值為 undefined」混淆）。這不是「死碼」，而是無用的程式碼，我們可以安全地將程式碼簡化為以下的樣子：

```
  if(probabilityOfChordInLabel !== undefined){
    first = first * (probabilityOfChordInLabel + 1.01);
  }
```

可以看到我們把條件式反轉了，因為我們只關心原先的 else 分支。

在我們這麼做的時候，就條件的判別式（括號內的那東西）而言，我們真正關心的只是 probabilityOfChordInLabel 的真值，其實並不是想要知道它是否**不是** undefined，這樣的條件式太過特定（無用），我們可以改為：

```
if(probabilityOfChordInLabel){
  first = first * (probabilityOfChordInLabel + 1.01);
}
```

如果沒有測試，這項改動就不是什麼好主意，而目前執行程式碼時看起來都很正常，所以假設我們對測試的程序有信心。我們平安無事。

條件內的重複：另一種形式的無用程式碼

有時候你會遇到這種條件式：

```
if(dog.weight > 40){
  buyFood('big bag');
  dog.feed();
}
else{
  buyFood('small bag');
  dog.feed();
}
```

不管狗有多重我們都還是會去餵狗，所以沒有必要寫兩次。

```
if(dog.weight > 40){
  buyFood('big bag');
}
else{
  buyFood('small bag');
}
dog.feed();
```

順帶一提，有些方式可以移除掉這個條件式，我們會在第 9 章提到。

除錯 / 打印述句

最後一種無用程式碼是除錯 / 打印的述句，如果你不能自動化測試（也就是本章的情況），一開始可能會有幫助，但當有人忘記刪除它們的時候就會變成問題，其實它們比無用程式碼還要糟糕，因為它們會造成錯誤或產生破碎 / 尷尬的使用者體驗。

現在我們倚賴手動測試，但我們會在下一章適當地改用自動化測試。

變數

現在我們已經拿掉糟糕命名跟無用程式碼了，接下來事情開始有點棘手，我會說明以下技巧：

- 魔術數字（magic number）
- 長行，第一部分
- 可內聯的函式呼叫
- 增加一個變數
- 變數提升（包含函式提升的討論）

魔術數字

魔術數字是指寫死在應用程式中的數字，之所以稱為「魔術」，是因為它們不知道是打哪來的，分類器中出現的數字大多是 `1` 或 `0`，還沒有神奇到會被稱作魔術數字，兩者都用作陣列索引，而 `1` 用來設置和遞增計數器。

另一個數字則神奇到脫穎而出：`classify` 函式中的 `1.01`。在處理魔術數字時，應該要把它們宣告在盡可能小的作用域（我們會在下一章對作用域討論更多），如果它們在各處都有被使用，把它們加在最高層的作用域中（建立**全域**變數）一眼看上去這個做法**感覺**不太好，它確實不符合我們先前討論的幾個原則，但（如果僅限於單個檔案內部）仍然比讓同一個魔術數字散佈在程式碼中來的好。

不過現在魔術數字是綁在 `classify` 函式中，這代表我們可以在函式的最上方加上一個變數，用該變數名稱取代全部的 `1.01`，至於該變數的名字要取什麼？我們得放棄原先完全不需要懂得 NBC 演算法的想法，承認此變數叫做 `smoothing`，基本上，它可以防止零毀掉整個演算法（NBC 會將可能的機率乘在一起，所以只要其中一個是零，就會使整個標籤／難度都變零）。無論如何，以下是改過之後的函式：

```
function classify(chords){
  var smoothing = 1.01;
  console.log(labelProbabilities);
  var classified = {};
  Object.keys(labelProbabilities).forEach(function(difficulty){
    var first = labelProbabilities[difficulty] + smoothing;
    chords.forEach(function(chord){
      var probabilityOfChordInLabel =
probabilityOfChordsInLabels[difficulty][chord]
```

```
      if(probabilityOfChordInLabel){
        first = first * (probabilityOfChordInLabel + smoothing)
      }
    })
    classified[difficulty] = first
  });
  console.log(classified);
};
```

除了魔術數字常缺少解釋之外（它們通常都有不好的名字的缺點），它們也常常缺乏管理，無法讓我們在需要時改變它的值。舉例來說，如果你在寫一個遊戲，且設重力常數為 9.8 公尺每秒平方（橫跨程式碼的魔術數字），當你要建造一個在月球上的新關卡時，你就必須要找出所有 `9.8` 的實例，而非只是改一個地方的變數，所以你只好選擇不去改它，而一些很酷的遊戲功能就放棄實現了（就是在說你，任天堂的*唐老鴨夢冒險*）。

提一下跟魔術數字很相像的魔術*字串*，它跟魔術數字一樣糟（甚至更慘），如果把要給使用者看的字串寫死，很可能就不會發生什麼問題，部分原因是字串比起數字更容易望文生義，但當你決定要開始支援多種語言，就會覺得這真是惱人。

我們有兩種字串：和弦的名字和難易度。至於和弦的名字，有太多的種類，你不會因重複使用而得到好處，另外，它們與其代表的資料複雜度成正相關，因此將每個字串存成變數不會更好，也許字串並非表達這些資料的最佳方式，不過將它們轉換成另一種物件（和運行它們的函式）已經超過簡單重構魔術字串的的範疇了。

至於難易度字串就的確是魔術字串。它們被重複使用，而且我們可以想像到會想去改它的狀況，舉例來說，把 `'medium'` 換成 `'intermediate'` 或把 `'easy'` 改成 `'beginner'`。我們現在來使用全域（定義於最高作用域）變數。

在檔案的最上面宣告：

```
var easy = 'easy';
var medium = 'medium';
var hard = 'hard';
```

然後把程式剩下的 `'easy'` 的實例改成 `easy`、`'medium'` 改成 `medium`、`'hard'` 改成 `hard`，把引號拿掉，請注意我們在這裡使用了全域變數，這不太好，但總比在整個程式中散佈著重複出現的字串要來的好。

存檔 / 執行 / 檢查 / 提交，都好了嗎？太好了！

長行：第一部分（變數）

接下來：利用增加變數來修正長行，第一部分（我們之後會再講其他方法）。

```
probabilityOfChordsInLabels[difficulty][chord] = probabilityOfChords (line continues...)
```

這行實在是太長了（無論你用什麼螢幕看可能都塞不下），我們**可以**用一個有著有意義名稱的新變數來縮短它：

```
var chordInstances = probabilityOfChordsInLabels[difficulty][chord];
probabilityOfChordsInLabels[difficulty][chord] =
chordInstances / songs.length;
```

就算這樣，第二個賦值仍然溢出成兩行，我們可以取個簡短的名字：

```
crdPrb[difficulty][chord] = crdPrb[difficulty][chord] / songs.length;
```

但現在變數名稱變得很不清晰。

另一個做法是我們在最前面提到的——就分成兩行：

```
probabilityOfChordsInLabels[difficulty][chord] =
probabilityOfChordsInLabels[difficulty][chord] / songs.length;
```

然而使用簡寫是一個更好的選擇，如果 `/` 是一個較為複雜的運算，像之前那樣增加一個變數（或函式）很合理，但在此我們可以使用 JavaScript 的 `/=` 運算子。

```
probabilityOfChordsInLabels[difficulty][chord] /= songs.length;
```

這個方式等同於第一個版本且明顯較簡短，我們也可以在這行套用類似的改動：

```
chordCountsInLabels[song[0]][chord] = chordCountsInLabels[song[0]][chord] + 1;
```

這次我們使用類似的簡寫，也就是廣為人知的 `+=` 運算子：

```
chordCountsInLabels[song[0]][chord] += 1;
```

然後存檔 / 執行 / 檢查 / 提交。

消除可內聯（inline）的函式呼叫

接下來，我們特別來研究**內聯**函式呼叫和如何避免設置不需要的變數。以下的兩個函式，我們真的都需要嗎？

```
function getNumberOfSongs(){
  return songs.length;
```

```
};

function setLabelProbabilities(){
  Object.keys(labelCounts).forEach(function(label){
    var numberOfSongs = getNumberOfSongs();
    labelProbabilities[label] = labelCounts[label] / numberOfSongs;
  });
};
```

假設 **getNumberOfSongs** 只被 **setLabelProbabilities** 呼叫，我們就有一個內聯函式的機會，意思是刪除原本的函式並用此函式的主體取代函式的呼叫。

```
function getNumberOfSongs(){
   return songs.length;
};

function setLabelProbabilities(){
  Object.keys(labelCounts).forEach(function(label){
    var numberOfSongs = songs.length;
    labelProbabilities[label] = labelCounts[label] / numberOfSongs;
  });
};
```

要小心任何在 **getNumberOfSongs** 內使用的區域變數，也要能在 **setLebelProperties** 中使用。就目前的情況，**getNumberOfSongs** 只依賴於任何人都可擷取的非區域變數 **songs**，不需要做額外的改動就能讓 **setLebelProperties** 使用。而請注意如果 **getNumberOfSongs** 使用顯式參數、隱式 **this**、或有在其他地方被呼叫，要內聯和消除它可能就會面臨額外的挑戰。

現在已經沒有程式碼在呼叫 **getNumberOfSongs** 了，我們可以隨意刪除這段死碼，留下這個函式：

```
function setLabelProbabilities(){
  Object.keys(labelCounts).forEach(function(label){
    var numberOfSongs = songs.length;
    labelProbabilities[label] = labelCounts[label] / numberOfSongs;
  });
};
```

如果你覺得某個函式的作用就只是拿來作為變數（這裡的情況是 **getNumberOfSongs**），那它就是該被拿來內聯／移除的優秀候選人，如果變數只被使用一次，且又不需要考量效能的話，那你就有一個很好的理由也把該變數拿掉，變成以下這樣：

```
function setLabelProbabilities(){
  Object.keys(labelCounts).forEach(function(label){
    labelProbabilities[label] = labelCounts[label] / songs.length;
  });
};
```

九行改成五行，感覺好多了。

存檔 / 執行 / 檢查 / 提交，一切安好？

引入一個變數

變數不像函式那麼有彈性，如果要內聯一個「函式」，然後透過顯式參數傳遞相關的局部狀態，我們可以簡單地把函式移出它所在的作用域，因為參數是顯式的，函式並沒有任何的狀態，所以不用為了重新製造和維護而擔心。當你提取出一個變數時，你可能會擴大其作用域和影響力（而因此逐漸變成全域變數），而函式卻可以在提取出來的同時維持彈性和可靠性。

也就是說，我們可以想想「提取」，作為「引入」的一種特別形式，在大多情況下比較適合函式而非變數。

本節我們要暫時離開 NBC 並展示引入變數，之後會談論更多關於提取的問題。

有時候引入變數並不那麼好

在下個例子中，我們會展示如何提取一個變數，然後立刻再展示一個解決同類問題的更好方法，雖然引入變數作為一個簡單的快取計算結果這個方法很好（尤其是在嘗試改動時），但通常有更複雜的方式來改進介面（提取 / 串接 / 組合函式）或效能（用記憶化函式或某些持久快取機制）。

總之，你有很多種做法。

先暫時把 NBC 放一邊，但願你不是用這種方法印出陣列：

```
console.log(someArrayReturningGetterFunction()[0]);
console.log(someArrayReturningGetterFunction()[1]);
console.log(someArrayReturningGetterFunction()[2]);
console.log(someArrayReturningGetterFunction()[3]);
```

程式碼不但重複，還執行了該函式四次。

雖說大多數人都覺得這樣很糟，但你還是常會看到 jQuery 程式碼中出現：

```
$('#someDomElement').css('width', 5);
$('#someDomElement').css('background-color', 'red');
$('#someDomElement').show();
```

jQuery 中有些選取和改動 DOM 的操作代價（計算成本）很高，因此下面這種做法較優：

```
var domElement = $('#someDomElement');
domElement.css('width', 5);
domElement.css('background-color', 'red');
domElement.show();
```

我們在這裡引入一個快取變數，因為程式碼只需要做一次查詢（找 ID 為 `someDomElement` 的 HTML 元素）。我們也能在 JavaScript 中套用此一技巧。

然而，注意到 jQuery 的 `$` 物件中的函式有個特性，使我們可以不用這麼做，它叫做**串接**（*chaining*）函式呼叫。

```
$('#someDomElement')
.css('width', 5)
.css('background-color', 'red')
.show();
```

我們只是把函式串在一起，會成功是因為每個函式都在進行改動之後又回傳 `this`。順帶一提，jQuery 的 `css` 函式可以接收一個物件，這讓我們可以寫得更簡略。

```
$('#someDomElement')
.css({'width': 5, 'background-color', 'red'})
.show();
```

串接函式在異步的戰場上還有硬仗要打，我們會在第 10 章做更多討論，另外也可以回去參考第 5 章中有關流暢介面的討論。

已經受夠 jQuery 了！

jQuery 已經死了，沒有人在用它了，React、Ember、Meteor、Angular 和 Vanilla 都使其顯得過時。是這樣嗎？就我（以你的觀點是過去的我，也就是我寫作時未來的我）所知，你會在未來讀這本書，所以也許現在 jQuery 十分盛行。

雖然就個人而言（至少在寫作時）我認為 jQuery 仍適合拿來做簡單的網頁，有三個很實際的理由：

- 如果你正在寫一個遺留下來的網頁專案，它很可能含有 jQuery。
- 如果你正在寫一個遺留下來的 jQuery 網頁專案，它很可能有我們剛剛展示的各種毛病。
- 由於 jQuery 與 DOM 緊密結合，因此過程式的程式碼很常見，這些程式碼嚴重地依賴於副作用，但又因為很多人使用它，所以也許你看過最糟的 JavaScript 案例就用了 jQuery。

變數提升（Hoisting）

現在要來討論變數的最後一個主題：在變數被提升的地方宣告它，JavaScript 有一個難以理解的功能叫做**提升**（hoisting），用 `var` 或 `function` 宣告變數時，其實就是在宣告它的函式作用域上被初始為 `undefined`。我們會在下一章繼續討論 `var`、`let`、`const`，但現在要討論的「提升」是一個 JavaScript 特有的重構方法，我們將把它用在分類器上。

經過先前的改動，我們的 `train` 函式長這樣：

```
function train(chords, label){
  songs.push([label, chords]);
  labels.push(label);
  for (var index = 0; index < chords.length; index++){
    if(!allChords.includes(chords[index])){
      allChords.push(chords[index]);
    }
  }
  if(Object.keys(labelCounts).includes(label)){
    labelCounts[label] = labelCounts[label] + 1;
  } else {
    labelCounts[label] = 1;
  }
};
```

如果你覺得 JavaScript 會提升變數的這個行為很詭異（或你認為其他的團隊成員會這麼覺得），而想要讓它正常點的話，可以把 `index` 變數搬到函式的最上面。

```
function train(chords, label){
  var index; //same as: var index = undefined;
```

```
  songs.push([label, chords]);
  labels.push(label);
  for (index = 0; index < chords.length; index++){
...
```

看看 classify 函式，我們似乎也可以做些提升，但事實上，每個變數都已經宣告在函式作用域的最上方了，請看：

```
function classify(chords){
  var smoothing = 1.01;
  console.log(labelProbabilities);
  var classified = {};
  Object.keys(labelProbabilities).forEach(function(difficulty){
    var first = labelProbabilities[difficulty] + smoothing;
    chords.forEach(function(chord){
      var probabilityOfChordInLabel =
          probabilityOfChordsInLabels[difficulty][chord]
...
```

如果你想把 var classified = {}; 移到 console.log 上面也可以，但我們就先維持原樣。

因為匿名函式**也**會創造作用域，first 和 probabilityOfChordInLabel 被宣告在其作用域的最上方了。而之前引入變數 smoothing 時（作為「魔術數字」的解法），我們也已將它放到不會被提升此一特性所混淆的位置。

函式提升

在結束提升這個主題之前，值得一提的是，這兩種函式宣告是不一樣的：

```
function myCoolFunction(){};
// 以及
var myCoolFunction = function(){};
```

第一種（我們在分類器中使用的宣告風格），會被提升到函式的作用域中，也因為宣告在最上層，代表檔案的最上面，整個函式因此被提升到最上方。這代表你執行以下的程式碼時不會有什麼問題：

```
classify(['d', 'g', 'e', 'dm']);
function classify(chords){
  ...
};
```

然而，如果你嘗試第二種形式的 myCoolFunction，myCoolFunction 先被提升並被初始化為 undefined，它還不知道自己是個函式，所以會出現以下問題：

```
classify(['d', 'g', 'e', 'dm']);
var classify = function(chords){
  ...
};
// TypeError: classify is not a function
```

classify 變數被提升了，但賦值（為函式）這個行為並沒有被提升。

我們可以不使用 var（或其他的作用域關鍵字 let 和 const）來宣告一個變數（甚至函式），但這是個極不建議使用的作法，而當我們這樣宣告變數時，變數不會被提升，但一執行到那行，這個變數的作用域會立刻被設為最上層的作用域（嚴格模式中其值是 undefined[譯註]）。

```
train(getTrainingSet());
classify(getNewSong());
```

雖然這是種不被推薦的風格，但理解變數提升才能理解「公有介面優先」的結構，而這項知識也能讓你在重新排序程式碼時信心十足。

最後我們來討論一個**函式宣告**可以多短：

```
function add(x, y){ return x + y };
```

相較於另一個更短的作法是，將匿名函式表達式賦值給一個變數：

```
var add = (x, y) => x + y;
```

以單行的寫法來說，第二種形式很好，但請記得提升的規則。另一個比較不重要的知識點是，因為第二種形式是匿名的（雖然可以用一個變數去參照到），所以該函式物件的 name 屬性在本文寫作之時，可能在某些環境下並不存在。

譯註　事實上，嚴格模式中一旦不使用作用域關鍵字（var、let、const）來宣告變數，會被認為是語法錯誤。此處為作者謬誤。

字串

本節我們將探討可用於字串的重構技巧，會講到幾個主題：

- 連接、魔術、和樣板（template）字串
- 處理字串的基本正規表達式
- 長行，第二部分

連接、魔術、樣板字串

假設我們執行一段程式碼，功能為使用 console.log 輸出「Welcome to」接上檔案名稱。

我們寫上這行程式碼到檔案中：

```
console.log('Welcome to nb.js!');
```

運作良好，但檔案名稱讓我們想起了魔術字串，對吧？首先，可以用 + 運算子把字串分成幾段。

```
console.log('Welcome to ' + 'nb.js' + '!');
```

然後用變數 fileName 來取代魔術字串。

```
var fileName = 'nb.js';
console.log('Welcome to ' + fileName + '!');
```

注意如果你在我們現在的檔案裡操作，額外的輸出會破壞手動測試。

最後一個變形不使用 + 運算子連接，而使用**樣板字串**。

```
var fileName = 'nb.js';
console.log(`Welcome to ${fileName}!`);
```

我們這裡的字串使用反引號（`）而非單引號或雙引號，然後在 ${} 中插入任何的 JavaScript 表達式（不只能插入變數），為了證明不只變數名稱，而是任意的 JavaScript 表達式都可以用，試試以下函式：

```
function fileName(){
  return 'nb.js';
};
console.log(`Welcome to ${fileName()}!`);
```

無論如何，顯式設置檔案名稱感覺有點奇怪，是吧？JavaScript 有像是 __FILE__（這是個其他語言常見的功能）一樣，能告訴我們正在執行的檔案名稱為何的東西嗎？

至少在我寫這本書時，沒有，但願你在讀這本書的時候已經就有了。現在的做法有點驚人，在檔案上方加上這個：

```
var theError = new Error("here I am");
console.log(theError);
```

現在你拿到一個含有拋出錯誤的檔案名稱、行數、列數的堆疊追蹤（stack trace）。

```
Error: here I am
    at Object.<anonymous> (.../refactoring.js/bayes/nb.js:1:78)
    at Module._compile (module.js:541:32)
    at Object.Module._extensions..js (module.js:550:10)
    at Module.load (module.js:458:32)
    at tryModuleLoad (module.js:417:12)
    at Function.Module._load (module.js:409:3)
    at Function.Module.runMain (module.js:575:10)
    at startup (node.js:160:18)
    at node.js:449:3
```

研究錯誤物件之後，你會發現 theError 有兩個屬性——stack 和 message：

```
typeof theError === 'object';
Object.getOwnPropertyNames(theError)
typeof theError.message === 'string'
typeof theError.stack === 'string'
```

這兩個屬性都是字串，我們感興趣的是 stack，尤其是它裡面的檔案名稱。

用基本的正規表達式來處理字串

檔案名稱似乎有個規律，它的前面總是被一個斜線跟一個冒號夾起來，而 stack 中的其他檔案和目錄卻不會符合這個規則。可以想像我們能寫出一個複雜迂迴的函式，用一個 for 迴圈來加字到字串中，然後在回傳前去除掉斜線和分號。又或者，我們可以採用比較聰明的方法，用字串和陣列的方法（method）來取得我們要的部分，我們來重新定義 fileName 函式：

```
function fileName(){
  var theError = new Error("here I am");
  return theError.stack.split('\n')[1].split('/').pop().split(':')[0];
};
```

這絕對比一開始的主意好多了，但還是有點…不夠優雅。

正規表達式拯救了我們，把檔案最上面改成這樣：

```
function fileName(){
  var theError = new Error("here I am");
  return /\/(\w+\.js)\:/.exec(theError.stack)[1];
};
console.log(`Welcome to ${fileName()}!`);
```

為什麼這樣比較好？因為，儘管你可能不習慣正則表達式的語法，覺得它看起來很奇怪，但這種做法跟我們原先對這個問題的想法更加吻合（使一堆字元匹配這個模式 vs. 把字串拆開再從中選取）。我們要匹配的模式（pattern）由一個斜線開始（\/），接著是一些數字的文字字元（`\w+`）和 *.js*`\.js`，再以分號（`\:`）為結尾。正規表達式的 `exec` 函式會回傳陣列，第一個元素是整個正則表達式匹配到的東西，第二個才是我們所關心的（`\w+\.js`），正規表達式中的括號，能讓我們去取得我們想要的東西（括號的用法以正規表達式的術語來說叫做**捕獲**（capture））。

存檔 / 執行 / 檢查 / 提交。

基本上，每當你發現自己要搜尋和 / 或取代文字時，不要想用 `for` 迴圈或 `split` 製造陣列去解析。或是你可以先這樣做，變得太複雜之後再改用正規表達式。

正規表達式與字串 API

有一個令人疑惑的地方是，有些函式使用正規表達式，有些則使用字串。

正規表達式有 `exec` 和 `test` 兩個方法，`test` 大致上與 `exec` 相同，唯獨它會回傳一個布林值，而非匹配的字串陣列，字串的 `match` 是反過來的 `exec`，所以我們的函式可以改成這樣：

```
function fileName(){
  var theError = new Error("here I am");
  return theError.stack.match(/\/(\w+\.js)\:/)[1];
};
```

長行：第二部分（字串）

現在，我們最後一個關於字串的主題：我們已經討論過一點長行了，不過對於各種長的原因，有不同的方法去處理。第一個問題是，太長了會發生什麼事呢？希望你的編輯器有一個風格檢查器（linter），會在你超過界限時給你警告；當程式碼太長的時候會怎樣呢？第一，會使你難以掌握掌握所有的事；第二，使螢幕（或編輯器）無法顯示所有東西，你因此要處理換行或是水平捲動，而兩者都不好，雖然都不難做，但仍會造成閱讀上的困難。

其他段落也有其他不同處理長行的方法，而我們已經在上一節中，講過引入變數來縮短行的想法，在第 164 頁「長行：第三部分（陣列）」，我們會討論如何處理含有陣列的長行。

不過現在呢，**長字串**是個問題，我們在歌曲辨識器的程式碼中沒有遇到這個問題，所以只好搬出我們的好朋友 Lorem Ipsum[譯註]作為假範例。

方法 1

就讓他溢出或自動換行（視你的編輯器決定）。

```
var text = "Lorem ipsum dolor sit amet, consectetur adipiscing elit, sed do
eiusmod tempor incididunt ut labore et dolore magna aliqua. Ut enim ad minim
veniam, quis nostrud exercitation ullamco laboris nisi ut aliquip ex ea commodo
consequat."
```

方法 2

連接字串。

```
var text = "Lorem ipsum dolor sit amet, " +
"consectetur adipiscing elit, sed do eiusmod " +
"tempor incididunt ut labore et dolore magna aliqua. " +
"Ut enim ad minim veniam, quis nostrud exercitation " +
"ullamco laboris nisi ut aliquip ex ea commodo consequat."
```

方法 3

用跳脫字元 \ 把字串分開，這是最乾淨的做法，但如果跳脫字元之後有任何空白，程式碼會因此壞掉。

```
var text = "Lorem ipsum dolor sit amet, \
consectetur adipiscing elit, sed do eiusmod \
tempor incididunt ut labore et dolore magna aliqua. \
Ut enim ad minim veniam, quis nostrud exercitation \
ullamco laboris nisi ut aliquip ex ea commodo consequat."
```

方法 4

我們可以用樣板字串來把字串分成好幾行，不過這項改動會在每行後加一個換行字元（`\n`），如果你**不介意**或**想要**這樣，這個方法比 1、2、3 都還要簡單，你只需要手動在你要換行的地方加上 `\n`。

譯註 英文常會用此特定一串拉丁文字來測試排版，而中文則常會生成亂數假文來測試。

```
var text = `Lorem ipsum dolor sit amet,
consectetur adipiscing elit, sed do eiusmod
tempor incididunt ut labore et dolore magna aliqua.
Ut enim ad minim veniam, quis nostrud exercitation
ullamco laboris nisi ut aliquip ex ea commodo consequat.`
```

另一個想法是把每個段落的文字存到變數或陣列中，再用 `.join` 把每個段落接在一起，但這個主意爛到不值得成為方法 5。

前三個方法都是一些彆扭脆弱的組合，在某些情況下，方法 1 中文字編輯器能自動換行鐵定是你所能期望的最好解法，方法 2 有效能上的問題、更多的語法，但比方法 1 和 3 的脆弱程度好一些，如果你要的是有換行字元的字串，就用樣板字串（方法 4），就算你不需要樣板字串插入變數的功能。

行長（*line length*）

多長算是太長呢？「歷史的」限制是 80 個字元，這是因為以前 IBM 的打孔卡[譯註]就是這麼長，有些人仍試著依照這個標準（而且事實上我在本書中企圖用更短的標準），但實際上這個數字究竟為何並不重要，重要的是我們確實有給出一個明確限制，當某一行真的太長，會變得很難閱讀。報紙會分成幾列印刷，網站也有空白和頁邊讓內文不會塞滿整個螢幕（嗯，也騰出空間放廣告）。

重點在於，就算有五個顯示器，仍然會有人為因素所造成的限制在，但 80 個字元的確太嚴格了，尤其是對於那些縮排 4（或 8）個空白的程式庫來說。

使用陣列：迴圈、forEach、map

當你第一次學會迴圈時一定覺得它很厲害，「你的意思是我可以叫電腦做某些事情**幾百萬**次嗎？那**幾千萬**呢？要多少次才會發生錯誤？你的意思是它會一直做同一件事好幾天嗎？」

這真的很屌 * ！尤其是對年輕的程式設計師來說，你無法爬一千萬棵樹，你也不能畫一千萬幅畫，也不能看一千萬部卡通，但你可以叫電腦做一千萬件事？哇喔！

譯註　很久以前，人們在卡片上打洞來寫程式。

*是要給未來的情感 *AI* 讀者

我沒有不禮貌的意思，請不要誤會。

然而在某個時刻，這股震驚開始消褪，處理各種大小的資料對你而言不過是家常便飯，也許你遍歷它們，或做點些許不同的事。

在這節中，我們會討論 JavaScript 中各式各樣的迴圈，還有一些 JavaScript 原生提供給陣列的「不同」選擇（也就是 forEach 和 map），在第 11 章會探索更多相關套件庫。

但現在，我們要來再次處理長行，這次與陣列有關。

長行：第三部分（陣列）

回到我們的分類器，以下這首歌它的和弦非常多，恰好能讓我們用它來討論長行的問題。

```
paperBag = ['bm7', 'e', 'c', 'g', 'b7', 'f', 'em', 'a', 'cmaj7', 'em7', 'a7', 'f7', 'b'];
```

上一節中的方法 1（就讓他自動換行）在這裡也可以用，而我們也會叫他方法 1。不過把長陣列分行與字串有些微不同，我們可以在逗點後分行。

```
paperBag = ['bm7',
'e',
'c',
'g',
'b7',
'f',
'em',
'a',
'cmaj7',
'em7',
'a7',
'f7',
'b'];
```

我們把這稱為方法 2a，沒有不好，不過有些風格檢查器會堅持以下這種稍微不同的規則：

```
paperBag = ['bm7',
            'e',
            'c',
            'g',
            'b7',
            'f',
```

```
            'em',
            'a',
            'cmaj7',
            'em7',
            'a7',
            'f7',
            'b'];
```

我們稱之為方法 2b，與方法 2a 沒什麼不同，可以注意兩邊的風格，有些人喜歡在結尾加上逗號，把最後一行變成 'b',];

不過我個人覺得有點討厭，可能是因為結尾逗號在早期版本的 IE 會造成問題。瀏覽器的不一致浪費了很多程式設計師的時間。

另一個方法（2c）仍使用同一種方式，在逗號後分行，不過一行不只一個元素。

```
paperBag = ['bm7', 'e', 'c', 'g',
            'b7', 'f', 'em', 'a',
            'cmaj7', 'em7', 'a7', 'f7',
            'b'];
```

這有一個好處，不會在任一個方向上塞滿螢幕，而且當分群是有規則或有意義時，可以幫助我們瞭解資料。我們能夠更快的看出和弦到底有幾種，3 * 4 + 1 === 13。現在，我們先維持原本的分群方式：

```
paperBag = ['bm7', 'e', 'c', 'g', 'b7', 'f', 'em', 'a', 'cmaj7',
            'em7', 'a7', 'f7', 'b'];
```

你可以隨意試試不同的方法，不用客氣，還有，請記得我們這裡的方法也可以套用在太長的物件字面值。

用哪一種迴圈？

接下來回到正題：迴圈。

在 train 函式中，有以下這個迴圈：

```
for (index = 0; index < chords.length; index++){
  if(!allChords.includes(chords[index])){
    allChords.push(chords[index]);
  }
};
```

這是一個 for 迴圈，當然也有另一個選擇：

```
index = 0;
while(index < chords.length){
  if(!allChords.includes(chords[index])){
    allChords.push(chords[index]);
  }
  index++;
};
```

這是一個 while 迴圈，如果條件式中沒有一個一直在遞增的數值，那用 while 還不錯，否則就只是把（設置變數；條件；更新）移到別的地方而已。

```
index = 0;
do{
  if(!allChords.includes(chords[index])){
    allChords.push(chords[index]);
  }
  index++;
} while(index < chords.length)
```

do...while 迴圈基本上跟 while 迴圈一樣，且對至少要做一次的事情來說很方便，就算停止條件是 while(false)，do 迴圈也會執行一次。

目前為止談論到的這些迴圈中，我們都要做一些事來維護 index，但我們真的在乎 index 嗎？如果你也這麼想過，接下來的兩個做法是為你而生：

```
for (let chord of chords){
  if(!allChords.includes(chord)){
    allChords.push(chord);
  }
};
for (let chord in chords){
  if(!allChords.includes(chords[chord])){
    allChords.push(chords[chord]);
  }
};
```

歡迎來到不需要提心吊膽維護不重要東西的 for...of 和 for...in 世界，for...of 讓我們完全丟掉索引的想法，可以想成是「for 元素 of[譯註]」，for...in 跟 for 和 while 迴圈比較像，但不用自己去更新索引，你可以想成是「for 索引 in」或「for 索引 in 錯誤的危險」（請看以下 for...in 的警告）。

譯註　對中文讀者來說，這個解釋實在有跟沒有一樣。順帶一提，有些語言的 for … in 意思就是 JavaScript 的 for … of。

小心使用 *for...in*

- 不像一般用顯式索引的 for 迴圈，for...in 的索引不保證順序。
- 任何可被枚舉（enumerable）的屬性都會被枚舉，聽起來很饒舌，但陣列可以從其他地方繼承可被枚舉的屬性（例如：Array.prototype.customFunction），或是直接設定 myArray.coolProrperty = true。
- 還有，在 for...in 迴圈中修改該陣列會造成混亂。

所以，在我們想迭代整個陣列但是不在乎數值索引時，for...of 比傳統迴圈更不需要花心思，也沒有 for...in 那麼複雜。

比迴圈更好

有其他的選擇嗎？當然！

```
chords.forEach(function(chord){
  if(!allChords.includes(chord)){
    allChords.push(chord);
  }
});
```

用 forEach 而不用 for...of 會造成語意發生變化嗎？其實不會，但以程式碼質量、重複使用性、彈性的目的來看，forEach 是個比較好的選擇，首先，我們可以很輕易地把裡面的匿名函式提取出來。

```
function checkAndInclude(chord){
  if(!allChords.includes(chord)){
    allChords.push(chord);
  }
};
chords.forEach(checkAndInclude);
```

這是個很酷的做法，而且你仍然可以使用索引。

```
function checkAndInclude(chord, index){
  console.log(index);
  if(!allChords.includes(chord)){
    allChords.push(chord);
  }
};
chords.forEach(checkAndInclude);
```

如果你不想要提取函式，我們也可以使用較簡短的「箭頭函式（arrow function）」語法，之後會再講它的細節。

```
chords.forEach(chord => {
  if(!allChords.includes(chord)){
    allChords.push(chord);
  }
});
```

現在就先這樣用吧！

這些都能工作良好，雖然比較簡短，但事實上總共也才少一行而已（在 train 函式上方的 var index;），有些人可能會說 forEach 比較有表達力，雖然「表達力」並非永遠都是每個專案的最終目標，但我不得不承認 forEach 的方法在有用的地方很有彈性，而且可以和其他好用的原生語法（像是 map 和 reduce）相輔相成。

就我個人看法，forEach 其實是跨入函數式程式設計的一個窗口，迴圈即是做某件事很多次，但我們**真的**想做的是產生一組數值來用，然後在那些數值上套用函式創造出新一組數值。

先暫時把分類器放一邊，我們來看兩種賦值元素到陣列中的方式，一種是用 forEach，另一個是用 map：

```
// 創造一個被乘以兩倍的新陣列
var newArray = [];
[2, 3, 4].forEach(element => {
  newArray.push(element*2);
});
console.log(newArray);
// 創造一個被乘以兩倍的新陣列
var newArray = [2, 3, 4].map(element => {
  return element * 2;
});
console.log(newArray);
```

第二種比較簡潔有力，我們可以說是「在陣列上套用函式」來創造一個新陣列，而不是先初始一個陣列再塞元素進去。我們會在第 11 章中談到其他函數式的技巧。

如果你在玩 JavaScript「高爾夫[譯註]」，試著讓程式碼越短越好，我們甚至可以用箭頭語法的變化讓它更短，然後內聯變數：

譯註　code golf，直譯是程式碼高爾夫，是一種比賽，規則是用最短程式碼來完成某一功能者獲勝。中文亦有人稱短碼比賽。

```
// 創造一個被乘以兩倍的新陣列
console.log([2, 3, 4].map(element => element * 2));
```

JavaScript 迴圈的效能

如果發生全球核戰，兩個東西會存留下來：蟑螂和關於哪一種 JavaScript 迴圈最快的爭論。

別想太多，基準化測試（benchmark）並修復你程式碼中的慢速部分，有可能不是 JS 迴圈本身拖慢了程式碼，但如果是的話，就再去修正它。

總結

在本章中，我們開始重構簡單貝氏分類器，一路講解了很多東西，包括重新命名、移除無用程式碼、和更加周延的使用簡單的結構，像是變數、字串和迴圈。

不過我們還沒有結束，下一章我們會介紹測試集，並把程式碼改成支持類別的模組，另外，我們會探索一些管理作用域、隱私、函式，和物件的方法。

第七章

重構函式與物件

在前一章我們透過簡單重構，改進了簡單貝氏分類器，然而，我們還沒觸及函式和物件的部分，本章將進一步介紹函式和物件上的重構。

> **物件導向程式設計仍然和 JavaScript 有關聯？**
>
> 從本章開始到之後兩章，我們會涉及和物件導向程式設計有關的重構。你會發現有些 JavaScript 的程式碼採用函數式程式設計風格，不再強調物件導向程式設計。然而，物件導向程式設計是很多較舊的專案的設計典範，在此現實考量下，負責制定 JavaScript 的 TC39 委員會仍然擴展了物件導向程式設計有關的功能。
>
> 我不否認每個人撰寫的程式碼會有各自偏好的風格，無論是函數式或者物件導向程式設計，這兩者仍在持續發展中，也尚未明顯的分出孰優孰劣，若你的目的是學習現代化的 JavaScript，我建議同時去瞭解掌握兩個概念。

回顧程式碼

截至上個章節，這是我們重構後的程式碼版本。

```
function fileName(){
  var theError = new Error("here I am");
  return theError.stack.match(/\/(\w+\.js)\:/)[1];
};
console.log(`Welcome to ${fileName()}!`);
var easy = 'easy';
```

```
var medium = 'medium';
var hard = 'hard';

imagine = ['c', 'cmaj7', 'f', 'am', 'dm', 'g', 'e7'];
somewhereOverTheRainbow = ['c', 'em', 'f', 'g', 'am'];
tooManyCooks = ['c', 'g', 'f'];
iWillFollowYouIntoTheDark = ['f', 'dm', 'bb', 'c', 'a', 'bbm'];
babyOneMoreTime = ['cm', 'g', 'bb', 'eb', 'fm', 'ab'];
creep = ['g', 'gsus4', 'b', 'bsus4', 'c', 'cmsus4', 'cm6'];
paperBag = ['bm7', 'e', 'c', 'g', 'b7', 'f', 'em', 'a', 'cmaj7',
            'em7', 'a7', 'f7', 'b'];
toxic = ['cm', 'eb', 'g', 'cdim', 'eb7', 'd7', 'db7', 'ab', 'gmaj7',
         'g7'];
bulletproof = ['d#m', 'g#', 'b', 'f#', 'g#m', 'c#'];

var songs = [];
var labels = [];
var allChords = [];
var labelCounts = [];
var labelProbabilities = [];
var chordCountsInLabels = {};
var probabilityOfChordsInLabels = {};

function train(chords, label){
  songs.push([label, chords]);
  labels.push(label);
  chords.forEach(chord => {
    if(!allChords.includes(chord)){
      allChords.push(chord);
    }
  });
  if(Object.keys(labelCounts).includes(label)){
    labelCounts[label] = labelCounts[label] + 1;
  } else {
    labelCounts[label] = 1;
  }
};

function setLabelProbabilities(){
  Object.keys(labelCounts).forEach(function(label){
    labelProbabilities[label] = labelCounts[label] / songs.length;
  });
};

function setChordCountsInLabels(){
  songs.forEach(function(song){
    if(chordCountsInLabels[song[0]] === undefined){
```

```
        chordCountsInLabels[song[0]] = {};
      }
      song[1].forEach(function(chord){
        if(chordCountsInLabels[song[0]][chord] > 0){
          chordCountsInLabels[song[0]][chord] += 1;
        } else {
          chordCountsInLabels[song[0]][chord] = 1;
        }
      });
    });
  }

  function setProbabilityOfChordsInLabels(){
    probabilityOfChordsInLabels = chordCountsInLabels;
    Object.keys(probabilityOfChordsInLabels).forEach(
  function(difficulty){
      Object.keys(probabilityOfChordsInLabels[difficulty]).forEach(
  function(chord){
        probabilityOfChordsInLabels[difficulty][chord] /= songs.length;
      });
    });
  }

  train(imagine, easy);
  train(somewhereOverTheRainbow, easy);
  train(tooManyCooks, easy);
  train(iWillFollowYouIntoTheDark, medium);
  train(babyOneMoreTime, medium);
  train(creep, medium);
  train(paperBag, hard);
  train(toxic, hard);
  train(bulletproof, hard);

  setLabelProbabilities();
  setChordCountsInLabels();
  setProbabilityOfChordsInLabels();

  function classify(chords){
    var smoothing = 1.01;
    console.log(labelProbabilities);
    var classified = {};
    Object.keys(labelProbabilities).forEach(function(difficulty){
      var first = labelProbabilities[difficulty] + smoothing;
      chords.forEach(function(chord){
        var probabilityOfChordInLabel =
  probabilityOfChordsInLabels[difficulty][chord];
        if(probabilityOfChordInLabel){
```

```
        first = first * (probabilityOfChordInLabel + smoothing);
      }
    });
    classified[difficulty] = first;
  });
  console.log(classified);
};

classify(['d', 'g', 'e', 'dm']);
classify(['f#m7', 'a', 'dadd9', 'dmaj7', 'bm', 'bm7', 'd', 'f#m']);
```

我們一如既往存檔為 nb.js，並執行程式。

```
node nb.js
```

接下來，我們會直接檢查輸出來檢核重構工作是否正確，暫時還不會寫額外的測試流程。目前我們程式的輸出應該會長這樣。

```
Welcome to nb.js!
[ easy: 0.3333333333333333,
  medium: 0.3333333333333333,
  hard: 0.3333333333333333 ]
{ easy: 2.023094827160494,
  medium: 1.855758613168724,
  hard: 1.855758613168724 }
[ easy: 0.3333333333333333,
  medium: 0.3333333333333333,
  hard: 0.3333333333333333 ]
{ easy: 1.3433333333333333,
  medium: 1.5060259259259259,
  hard: 1.6884223991769547 }
```

陣列或物件的替代方案

容器（尤其是陣列跟物件）以及容器的迭代是 JavaScript 程式設計的基本概念。本節將介紹更多樣、更細節的重構方式，以下是我們會涉及的議題。

- 使用集合（sets）替代陣列
- 使用物件替代陣列
- 使用映射（maps）替代物件
- 使用位元欄（bit fields）替代陣列

使用集合替代陣列

集合和陣列的概念類似，差別在於集合的元素不能重複（例如 [1, 2, 3] 而非 [1, 1, 2, 2, 3, 3]）。集合和陣列一樣可以被迭代，但是兩者操作方式迥異。由於集合有元素不能重複的特性，我們能直接在集合上新增元素，而不需要事先檢查元素是否已經存在。

因此，我們把下面的程式碼中的陣列替換成集合。

```
var allChords = []; //train 函式外

// train 函式內
chords.forEach(chord => {
  if(!allChords.includes(chord)){
    allChords.push(chord);
  }
});
```

重構成下面的程式碼：

```
var allChords = new Set(); // train 函式外

// train 函式內
chords.forEach(chord => allChords.add(chord));
```

透過重構，可以減去四行程式碼，而且也省去了額外檢查。

請留意，集合跟映射沒有陣列的那些好用函式

無論是 JavaScript 的 Set 或 Map 都沒有提供 map 方法，在我們的程式雖然沒什麼影響，但是理論上有些情況會造成麻煩，比如說把轉換回陣列或者對它們調用 forEach。這和函子（functors）的原理有些關係，我們會在第 11 章做簡短介紹。

使用物件替代陣列

我們也可以更乾脆點把陣列替換成物件，尤其是陣列的資料符合下列的情況時：

- 資料無關擺放順序
- 資料可以是不同的類型
- 傾向賦予資料名字，而非陣列索引

在我們的程式碼中，確實可以找到 labelCounts、labelProbabilities 這兩個陣列符合上述的情況，我們可以全部替換成物件。也就是說，把原本下面這幾行程式，

```
var labelCounts = [];
var labelProbabilities = [];
```

替換成下面的程式碼：

```
var labelCounts = {};
var labelProbabilities = {};
```

在存檔、執行、檢查、提交之後沒問題了，其中對 labelProbabilities 的更改會讓輸出有點小變動（[] 變成 {}），可能有人會認為這種做法已經改變了程式的行為，而不僅僅是重構而已。由於這部分程式輸出只用來檢查除錯，並不影響重構前後的正確性，而且這種做法更佳。

陣列並非完全相異於物件

我們可否用陣列取代一個物件？實際上，如物件一般，JavaScript 允許你在陣列上使用字串作為索引。

仔細觀察剩下的兩個陣列 songs 和 labels，程式一開始，不斷有新的元素被加到這兩個陣列，其中 songs 陣列在後頭會被迭代，其陣列長度也被調出來使用，然而 labels 陣列在之後卻沒有被使用過，也就是說，我們可以直接刪除這個沒用的部分。

```
var labels = []; // 接近程式碼最上方
labels.push(label); // 在 train 函式中
```

（存檔、執行、檢查、提交）

另外，仔細看 songs 陣列，你會發現 songs 陣列的元素是固定長度為 2 的陣列，也就是由 label 和 chords 所構成。一般來說，陣列的元素最好是物件類型，亦即 songs 陣列本身維持是陣列不變，但最好將它內部的元素由陣列改換為物件。

在 train 函式中，我們進行以下修改：

```
// 拿掉這行
songs.push([label, chords]);

// 用這行來取代
songs.push({label: label, chords: chords});
```

還可以進一步用點小技巧，JavaScript 允許你省略物件中的索引名字，而借用變數名作為索引名字。

```
songs.push({label, chords});
```

由於我們把 songs 陣列的元素從陣列替換成物件，必須檢查其他地方是否會導致程式出錯。所幸我們並沒有修改 songs 陣列本身，不影響對 songs 本身的操作。然而在 setChordCountsInLabels 函式中 forEach 附近，各個 song[0]、song[1] 必須分別替換成 song.label、song.chords，我們可以快速地用搜尋取代完成，但在這裡我們介紹另一種表達程式碼異動的方法。

```
-     if(chordCountsInLabels[song[0]] === undefined){
-       chordCountsInLabels[song[0]] = {}
+     if(chordCountsInLabels[song.label] === undefined){
+       chordCountsInLabels[song.label] = {}
      }
-     song[1].forEach(function(chord){
-       if(chordCountsInLabels[song[0]][chord] > 0){
-         chordCountsInLabels[song[0]][chord] += 1;
+     song.chords.forEach(function(chord){
+       if(chordCountsInLabels[song.label][chord] > 0){
+         chordCountsInLabels[song.label][chord] += 1;
        } else {
-         chordCountsInLabels[song[0]][chord] = 1;
+         chordCountsInLabels[song.label][chord] = 1;
```

上面便是 git diff 指令表示程式碼異動的方式，只要是 Git 的使用者應該不陌生。其中每行只要是 - 號開頭，代表被刪除，或者該行被緊接下面 + 開頭的幾行替代掉，沒有冠 + 或 - 號的幾行代表沒有變動的部分。

完成修改後，如之前一樣存檔、執行，並檢查輸出是否正確。

使用映射替代物件

目前為止，我們程式碼中剩餘的陣列看來沒有被替換成集合或者物件的必要，那其他的物件呢？有替換掉這些物件的可能性嗎？

我們來試試映射，當你讀完這個段落之後，就會瞭解有時候為何映射是物件的良好替代品。

至於在什麼情況你會用映射替換物件？（以下用「容器」來代稱兩者）

- 你希望能夠取得容器的大小
- 你希望能夠拋棄物件上一層層的架構包袱
- 你希望容器的元素性質相似
- 你希望能夠在容器上迭代

絕大多數的物件導向的語言支援映射容器，在這類重度類別體系中，類別、物件實體等一般用來儲存屬性（*attribute*）和方法（*methods*），而映射則特化出來，專門儲存鍵值（*keys*）及值（*values*）配對，這類的結構常被命名為字典（*dictionary*）或雜湊（*hash*）。

在 JavaScript 中，物件可以用於物件導向中的類別系統，也可以當做映射使用，並能夠用以提供偽類別系統（某程度上是虛擬出來的），和模組一同承擔程式碼架構的角色。而映射結構則較為輕量化，專門擔當儲存鍵值配對的角色。

在實務上，若你發現有個物件常被迭代，且儲存在物件上的值是同一種類型，或者物件上的值可以為同樣的方式操作，便可以考慮把該物件替換成映射。

根據上述的考量，回頭看看我們的貝氏分類器，確實有很多物件都可以被換成映射。

使用映射前，請三思

儘管在我們的程式中，我們有理由把物件替換成映射，但有幾個情況應該避免使用映射。

- `.get`、`.set` 不像物件的 `object.property` 等表示法方便，尤其是要連續取好幾層的時候，會有些麻煩。
- 你或者你的同事可能不熟悉映射的操作介面。
- JSON（JavaScript Object Notation）資料用物件表示較為簡潔，沒有必要轉換成映射。
- 不少內建或者第三方的函式庫對映射的支援沒那麼全面，比如說 `Map` 沒有提供 `map` 方法。

我們先從最容易更動的 `classified` 物件著手，如下方式修改。

```
- var classified = {};
+ var classified = new Map();
- classified[difficulty] = first;
+ classified.set(difficulty, first);
```

存檔後執行一次看看，輸出和原來有一點點不同，但是數字和原來的一模一樣，確定修改沒有問題，可以直接提交。

再來，我們再費點功夫把 labelCounts 物件替換成映射。

```
-var labelCounts = {};
+var labelCounts = new Map();

-  if(Object.keys(labelCounts).includes(label)){
-    labelCounts[label] = labelCounts[label] + 1;
+  if(Array.from(labelCounts.keys()).includes(label)){
+    labelCounts.set(label, labelCounts.get(label) + 1);

-    labelCounts[label] = 1;
+    labelCounts.set(label, 1);

-  Object.keys(labelCounts).forEach(function(label){
-    labelProbabilities[label] = labelCounts[label] / songs.length;
+  labelCounts.forEach(function(_count, label){
+    labelProbabilities[label] = labelCounts.get(label) / songs.length;
```

記得 git diff 的表示法，+ 代表新增的行，- 代表刪去的行。

第一部分的修改是呼叫 Map 建構子，創建 labelCounts 的初始值，替代原來的物件 {}。

第二部分修改看起來複雜了點，其原意是檢查 label 是否已經包含在 labelCounts 裡面。在原來的程式碼中，labelCounts 物件作為 Object.keys 函式的參數。然而，labelCounts 被替換成映射之後，為了取得鍵值，我們必須先呼叫 labelCounts.keys() 取得迭代器（iterator），由於迭代器物件並沒有提供 includes 方法，我們得再用 Array.from 函式把迭代器物件轉換成陣列。

看到後面的修改、也就是 forEach 迭代的地方，這部分看起來費解多了，經過更動之後，從原本一個參數變成了 _count 和 label 兩個參數傳給匿名函式。其中 label 是映射的鍵值、_count 是映射的值，我們在 _count 變數前面加一個底線，代表雖然我們用不到該變數，但是技術上為了取得 label 鍵值，而必須被放在第一個參數。此外，我們仍保留 _count 變數的命名有幾個用意，一來方便其他人可以掌握這程式碼的意義，而不用費神地自己用 console.log 檢查，二來如果日後 _count 變數有其他用途，我們可以刪去底線符號，直接借用其變數名稱。

為何要這麼做？

使用 forEach 對 Map 做迭代時，注意裡頭函式的參數順序是值（value）在前、鍵值（key）在後，和我們對於字典或雜湊習慣稱呼的鍵 / 值對（key/value pair）順序是相反的。

也許我們會希望以鍵在前、值在後的方式排列，至於為何如此設計，我猜測這是因為，比起鍵，我們更常去操作值，這樣一來我們呼叫函式的時候，可以只給一個參數 (value)。

無論如何，在此處請多加留意。

剩下要處理的部分就是程式取值設值的方式，以 .*get(thing)* 取代 [*thing*]，且以 set(*thing, newValue*) 取代 [*thing*] = *newValue*。

我們繼續重施故技，也把 labelProbabilities 替換成映射。

```
- var labelProbabilities = {};
+ var labelProbabilities = new Map();

- labelProbabilities[label] = labelCounts.get(label) / songs.length;
+ labelProbabilities.set(label, labelCounts.get(label) / songs.length);

- Object.keys(labelProbabilities).forEach(function(difficulty){
-    var first = labelProbabilities[difficulty] + smoothing;
+ labelProbabilities.forEach(function(_probabilities, difficulty){
+    var first = labelProbabilities.get(difficulty) + smoothing;
```

到目前為止，我們的程式正常執行，輸出目前也正確。

接下來，我們嘗試把 chordCountsInLabels 和 probabilityOfChordsInLabels 兩個最上層的物件替換成映射，這裡的工作棘手多了，畢竟它們代表全域的狀態，而且狀態可能會變動，後者一開始會被賦值給前者，修改工作也會多了點難度。

討論了這麼多，我們再次以類似方式修改。

```
-var chordCountsInLabels = {};
-var probabilityOfChordsInLabels = {};
+var chordCountsInLabels = new Map();
+var probabilityOfChordsInLabels = new Map();

-if(chordCountsInLabels[song.label] === undefined){
-   chordCountsInLabels[song.label] = {};
```

```
+if(chordCountsInLabels.get(song.label) === undefined){
+  chordCountsInLabels.set(song.label, {});

-if(chordCountsInLabels[song.label][chord] > 0){
-  chordCountsInLabels[song.label][chord] += 1;
+if(chordCountsInLabels.get(song.label)[chord] > 0){
+  chordCountsInLabels.get(song.label)[chord] += 1;

-chordCountsInLabels[song.label][chord] = 1;
+chordCountsInLabels.get(song.label)[chord] = 1;

-  Object.keys(probabilityOfChordsInLabels).forEach(
-function(difficulty){
-  Object.keys(probabilityOfChordsInLabels[difficulty]).forEach(
-    probabilityOfChordsInLabels[difficulty][chord] /= songs.length;
+probabilityOfChordsInLabels.forEach(function(_chords, difficulty){
+ Object.keys(probabilityOfChordsInLabels.get(difficulty)).forEach(
+  probabilityOfChordsInLabels.get(difficulty)[chord] /= songs.length;

-var probabilityOfChordInLabel =
-probabilityOfChordsInLabels[difficulty][chord];
+var probabilityOfChordInLabel =
+probabilityOfChordsInLabels.get(difficulty)[chord];
```

完成後存檔、執行、檢查、提交。

弱集合（WeakSet）和弱映射（WeakMap）

在結束集合和映射的話題之前，我們介紹一下它們的弱化版：弱集合和弱映射，主要差別在於：

- 不能被迭代（不提供 forEach 函式）
- 不能求大小，也就是含幾個元素
- WeakSet 不能儲存原始值（primitives）
- 當鍵值（key）不再被參照時，必須能被垃圾回收

雖然使用這些弱化版本會導致難以對其迭代、也不易將函式應用到每個元素，但是對於避免記憶體洩露和安全性上能得到更多保障。

使用位元欄替代陣列

用位元欄（bit fields）替代陣列有時候是不錯的選擇，JavaScript 並沒有提供內建的位元欄實作，不過我們可以應用數字上的位元運算（bit-wise arthmetic）來實現位元欄。

假設你手上有一個布林值陣列，如下面的程式碼。

```
states = [true,
          true,
          true,
          true,
          true,
          true,
          false,
          true]
```

這個陣列可以表達成二進位數字 `0b11111101`。

設想一個情況，你希望判斷式能判定特定條件，如下方的程式碼。

```
if(state[0] && state[1] && state[2] && state[3] && state[4]
&& state[5] && !state[6] && state[7]){
  // something something
```

既然這些狀態本身不帶有特殊意義，一種重構的方式是把這些判斷式放進一個函式。

```
if(stateIsOk()){
  // 某些東西
...

stateIsOk = function(state){
  return state[0] && state[1] && state[2] && state[3] && state[4] &&
    state[5] && !state[6] && state[7]
}
```

如果我們把陣列的狀態改成用位元欄實作，下面的寫法更為簡潔。

```
if(state===0b11111101){
  // 某些東西

// 或是你可以給這個狀態更特定的名字

if(stateIsOk()){
  // 某些東西
...

stateIsOk = function(state){
```

```
    return state===0b11111101;
}
```

由於位元運算的速度極快，使用位元欄不只重構程式，對效能優化也有幫助。雖然在有些程式使用位元欄重構得花費一點心思，但是對於遊戲等耗費大量圖形計算的程式來說，是很好的選擇。

如上面的例子中，我們建議將函式提取出來，這樣一來我們就可以用函式名稱得知 `0b11111101` 的意義。在之後的章節，我們會用很多篇幅討論如何提取函式。

測試我們的程式

目前為止，我們可以用 `console.log` 一步步修改中除錯，還不需要用到測試框架。每個人對於專案龐大到何時才需要建立測試流程的觀點不盡相同，可能有人認為在一開始的時候檢查輸出的正確性已經足夠，但也有人覺得這樣做會測試不到較底層的程式碼。此外，當你的程式碼逐漸變得龐大，如何進行高階層次的測試也是重要的課題，無論是不是像我們那樣用手工方法測試。很多時候，對底層程式碼進行太多測試只會讓我們事倍功半，比如說，如果有段程式碼不再被使用，我們會直接刪除它而不是先進行測試，或者如果你要改掉一個函式的名字，就沒有必要更名前跑測試。

四則測試思想

當下 JavaScript 語言最流行的測試方法，不外乎是單元測試或高階測試，比如測試個別的私有函式、使用測試驅動開發（TDD）都算在內，然而，本書會著重使用描述測試，這方法的益處常被嚴重低估，但它很適合應用在多數的工作團隊上。

不過，還有另外四則測試的思想值得一提，在這裡稍作介紹。

單元測試只是在浪費時間（同樣適用在高階測試）

除了管理人或顧問這些關注在高層次目標的的人，我從來沒聽過有歷練的軟體工程師說出這種話。

他 *X* 的無論何時都在測試（*TATFT*、*Test All The Fking Time*）**

這個想法倡導測試相依的套件、測試自己的測試程式，簡單說萬物皆測。沒有人會在實務上用這方法，但是我肯定見過有人為了測試而測試。

編譯（或形態檢驗）成功代表測試通過

對於 Haskell、PureScript 或有些 JavaScript 變種這些有型別安全特性的語言，的確有很多錯誤可以在編譯的時候檢查出來，幫助我們減少犯錯，然而，即使你手上都是型別安全、冪等（idempotent）性質的函式，還是有可能犯邏輯上的缺失。因此使用函數式程式設計並不代表能完全免除測試。

UUM（*Uses Until Modification*））

UUM 字面上代表**下次修改前的使用量**，是測試工程頗細緻的觀點，意思是你測試一段程式的功夫，必須和這段程式下次被修改前的使用量成比例，例如你不會去測試正在編輯器中撰寫的程式。然而，倘若世界上有上百萬人會使用你的程式，無論是僅作為開發使用或者在生產線上，你必須將測試做得更透徹。關於 UUM 深入的觀點，我建議可以拜讀原始文章（*http://foysavas.com/posts/2014/01/13/uum-a-new-code-metric/*）。

在本章，我們將採用更積極的重構手段，並建立更多測試流程，確保這些修改正確無誤。在開始之前，我們先為目前版本建立測試程式。

我們可能還看不出有哪些東西值得測試，但至少可以把之前手工測試的部分自動化，也就是說，我們以前用手工檢視輸出的手續都得建立測試流程。

程式總是可以寫得更好

只要我們對程式觀察入微，總是可以想到改進的方式，太長的檔案可以想辦法縮短，過多註解說明的程式碼代表我們可以提取出函式，並以註解的名稱來命名這個函式，同樣地，打印語句也可以重寫成函式。

設置測試環境

在為程式碼進行細部的測試之前，我們可以先寫一個測試，即使這個測試只足夠確保一切正常運作，那也是很有用的。

我們在程式碼後面添加這幾行：

```
var wish = require('wish');
describe('the file', function() {
  it('works', function(){
```

```
    wish(true);
  });
});
```

在終端機執行這些指令：

```
npm install -g mocha
npm install wish
```

現在你執行 **mocha nb.js** 之後，應該要顯示通過測試，還有其他記錄訊息：

請善用監控模式

如果你會一邊修改原始碼，記得使用 -w 參數開啟監控模式：**mocha -w nb.js**，這樣終端機這邊才會即時更新結果。

針對 classify 函式使用描述測試

除了 classify 末尾的 console.log，可以善用回傳值來測試函式，我們在 describe 區塊裡面添加這幾行：

```
it('classifies', function(){
  classify(['f#m7', 'a', 'dadd9', 'dmaj7', 'bm', 'bm7', 'd', 'f#m']);
});
```

接著在 classify 函式末尾新增回傳值來打印結果：

```
function classify(chords){
...
  });
  console.log(classified);
  return classified;  // 增加這行
};
```

回到測試的部分，我們會寫一個描述測試，調用 wish 函式描述 classify 函式應有的行為，讓測試更為周全。為了觀察函式的輸出結果，我們暫時在 wish 後面加一個 wish 參數。

"classifies" 的測試目前寫成這樣：

```
it('classifies', function(){
  var classified = classify(['f#m7', 'a', 'dadd9',
                             'dmaj7', 'bm', 'bm7', 'd', 'f#m']);
  wish(classified.get('easy'), true);
  wish(classified.get('medium'), true);
```

```
  wish(classified.get('hard'), true);
});
```

執行 **mocha** 得到：

```
WishCharacterization: classified.get('easy')
  evaluated to 1.3433333333333333
```

我們把得到的數字抄到我們的測試裡面：

```
// 修改前
wish(classified.get('easy'), true);

// 修改後
wish(classified.get('easy') === 1.3433333333333333);
```

我們再執行一次 **mocha**：

```
WishCharacterization: classified.get('medium')
  evaluated to 1.5060259259259259
```

同樣地，用剛才輸出的數字取代「**, true**」：

```
wish(classified.get('medium') === 1.5060259259259259);
```

存檔後再執行一次 **mocha** 得到

```
WishCharacterization: classified.get('hard')
  evaluated to 1.6884223991769547
```

陸陸續續把資料蒐集起來之後，完成我們的測試程式：

```
it('classifies', function(){
  var classified = classify(['f#m7', 'a', 'dadd9',
                             'dmaj7', 'bm', 'bm7', 'd', 'f#m']);
  wish(classified.get('easy') === 1.3433333333333333);
  wish(classified.get('medium') === 1.5060259259259259);
  wish(classified.get('hard') === 1.6884223991769547);
});
```

至於要測試函式如何分類其他的歌曲，我們再次用前面的方法寫新的流程：

```
it('classifies again', function(){
  var classified = classify(['d', 'g', 'e', 'dm']);
  wish(classified.get('easy') === 2.023094827160494);
  wish(classified.get('medium') === 1.855758613168724);
  wish(classified.get('hard') === 1.855758613168724);
});
```

完成之後，下面幾個東西可以拿掉。

- classify 函式裡的打印語句（console.log(classified);）
- 任何測試程式外，呼叫 classify 的語句
- 名為「works」、用來檢查測試環境的流程

有些讀者可能會有個疑問，為何不直接複製 console.log 印出來的輸出，不這麼做的原因是我們希望先導出測試失敗、接著修改程式後執行測試，才能確定之前修改動作確實有助於通過測試。而從直接複製 console.log 的結果只能確認整個程式流程正常運作。這兩者雖然只有微小差異，但是意義上不太一樣。

檢測 welcomeMessage

在本小節我們會在 describe 區塊裡面，寫一個檢測對歡迎訊息的流程，這回不會把程式碼的打印語句留在原處，而是直接搬到測試程式裡：

```
// 在檔案上方附近刪除這行
console.log(`Welcome to ${fileName()}!`);

// 在 describe 裡面新增這項測試
it('sets welcome message', function(){
  console.log(`Welcome to ${fileName()}!`);
});
```

照上面的寫法執行，因為我們沒做出任何斷言，結果會輸出記打印語句的輸出並表示測試成功。看來我們可以加上斷言了：

```
it('sets welcome message', function(){
  console.log(`Welcome to ${fileName()}!`);
  wish(welcomeMessage() === 'Welcome to nb.js!') // 加入這行
});
```

和前面的描述測試不同，這是針對尚未定義函式的單元測試，如果直接執行會得到錯誤訊息：

```
ReferenceError: welcomeMessage is not defined
```

我們在檔案最前頭補上函式定義：

```
function welcomeMessage(){
  return `Welcome to ${fileName()}!`;
};
```

再跑一次測試就都通過了，這樣一來，我們不再需要在程式各處、包含測試程式裡輸出歡迎訊息，我們只需要這麼寫：

```
it('sets welcome message', function(){
  wish(welcomeMessage() === 'Welcome to nb.js!')
});
```

測試 labelProbabilities

上面我們介紹了把打印語句挪到測試、並重寫成斷言的手段，同樣地我們也可以先把 classify 函式中的這行刪掉：

```
console.log(labelProbabilities);
```

在 describe 區塊加入這小段程式碼：

```
it('label probabilities', function(){
  console.log(labelProbabilities);
});
```

再轉換成描述測試的寫法：

```
it('label probabilities', function(){
  wish(labelProbabilities, true);
});
```

接著執行測試，觀察輸出值。

```
WishCharacterization: labelProbabilities
evaluated to [["easy",0.3333333333333333],
              ["medium",0.3333333333333333],
              ["hard",0.3333333333333333]]
```

已知 labelProbabilities 是一個集合，我們可以用下方的寫法測試個別元素：

```
it('label probabilities', function(){
  wish(labelProbabilities.get('easy') === 0.3333333333333333);
  wish(labelProbabilities.get('medium') === 0.3333333333333333);
  wish(labelProbabilities.get('hard') === 0.3333333333333333);
});
```

在這裡我們暫時做個段落回顧，我們不僅僅寫出了幾項高階的測試，除了完全摒棄 console.log 語句之外，這些測試可以讓我們有信心以更積極的手段來重構程式。

提取函式

還記得前一段有稍微提到提取函式？在本節，我們會介紹如何提取函式，這是非常有用但卻常會被忽略的重構技巧。

避免寫過程式的程式

目前的程式有個弊病：資料（songs 和 labels）和各類函式摻和在一起。程式大致上分成這幾個步驟，前四個步驟是寫過程式的描述，而且還不夠結構化。

1. 初始化資料（songs 和 labels）
2. 初始化物件、集合和映射
3. 利用歌曲集合訓練分類器
4. 計算機率分佈
5. 分類新輸入的歌曲

現在，我們要嘗試用**呼叫函式**的觀點去思考，而不是**執行檔案**，我們得盡量避免把程式碼寫在函式外面和測試程式碼本身。

我們不難發現下面這些函式通常一起執行：

```
setLabelProbabilities();
setChordCountsInLabels();
setProbabilityOfChordsInLabels();
```

何不把這些函式包起來，一次全部執行？

```
function setLabelsAndProbabilities(){
  setLabelProbabilities();
  setChordCountsInLabels();
  setProbabilityOfChordsInLabels();
};
setLabelsAndProbabilities();
```

再進一步，我們可以寫成立即呼叫函式運算式（immediately invoked function expression 或 IIFE，詳見第 194 頁「函式字面值宣告和呼叫」）。

```
(function(){
  setLabelProbabilities();
  setChordCountsInLabels();
  setProbabilityOfChordsInLabels();
})();
```

然而，這個做法有個小缺點，這個函式只能被呼叫一次，否則我們得為這個函式命名，或者想辦法去重複執行包含這段的程式碼。

這函式被呼叫的時機並不是那麼重要，我只要確定它只會在訓練完分類器之後、執行分類預測之前，剛好被呼叫一次就可以了。

現在，我們新增一個 trainAll 函式，並在函式末尾呼叫 setLabelsAndProbabilities 函式，我們不會在其他地方再呼叫 setLabelsAndProbabilities。同樣地，我們也會在宣告 trainAll 函式後立刻呼叫它：

```
function trainAll(){
  train(imagine, easy);
  train(somewhereOverTheRainbow, easy);
  train(tooManyCooks, easy);
  train(iWillFollowYouIntoTheDark, medium);
  train(babyOneMoreTime, medium);
  train(creep, medium);
  train(paperBag, hard);
  train(toxic, hard);
  train(bulletproof, hard);
  setLabelsAndProbabilities();
};

trainAll();

function setLabelsAndProbabilities(){
  setLabelProbabilities();
  setChordCountsInLabels();
  setProbabilityOfChordsInLabels();
};
```

我們希望 trainAll 函式會作為唯一一個暴露在外的介面，現在我們把它加入測試程式的 describe 區塊裡面：

```
describe('the file', function() {
  trainAll();
```

接下來我們提出一個函式用以初始化歌曲，並立刻呼叫它（這只是暫時的）：

```
function setSongs(){
  imagine = ['c', 'cmaj7', 'f', 'am', 'dm', 'g', 'e7'];
  somewhereOverTheRainbow = ['c', 'em', 'f', 'g', 'am'];
  tooManyCooks = ['c', 'g', 'f'];
  iWillFollowYouIntoTheDark = ['f', 'dm', 'bb', 'c', 'a', 'bbm'];
  babyOneMoreTime = ['cm', 'g', 'bb', 'eb', 'fm', 'ab'];
  creep = ['g', 'gsus4', 'b', 'bsus4', 'c', 'cmsus4', 'cm6'];
```

```
  paperBag = ['bm7', 'e', 'c', 'g',
              'b7', 'f', 'em', 'a',
              'cmaj7', 'em7', 'a7', 'f7',
              'b'];
  toxic = ['cm', 'eb', 'g', 'cdim', 'eb7', 'd7', 'db7', 'ab',
           'gmaj7', 'g7'];
  bulletproof = ['d#m', 'g#', 'b', 'f#', 'g#m', 'c#'];
};
setSongs();
```

由於我們得在訓練模型之前初始化好歌曲資料，因此在 `trainAll` 函式加入 setSongs 呼叫：

```
function trainAll(){
  setSongs();
...
```

一如既往，我們對程式做任何更改，得隨時執行測試並提交修改結果。

我們會想對 difficulty 變數和陣列、集合、映射等容器做函式提取，如下方的程式，但是這麼做會導致測試失敗。

```
function setDifficulties(){
  var easy = 'easy';
  var medium = 'medium';
  var hard = 'hard';
};
setDifficulties();
```

出錯的原因是由於這些變數在程式中被多處調用，提取函式會限制變數的生存範圍，而不能被其他函式使用。作為權宜之計，我們可以先把 var 關鍵字拿掉，變成全域變數。在之後的章節我們還會再介紹函式的作用域綁定技巧。

```
function setDifficulties(){
  easy = 'easy';
  medium = 'medium';
  hard = 'hard';
};
setDifficulties();
```

將其他的變數用同樣的方式搬進函式裡：

```
function setup(){
  songs = [];
  allChords = new Set();
  labelCounts = new Map();
  labelProbabilities = new Map();
  chordCountsInLabels = new Map();
```

```
    probabilityOfChordsInLabels = new Map();
  };
  setup();
```

接著在 trainAll 函式中呼叫函式：

```
  function trainAll(){
    setDifficulties();
    setup();
    setSongs();
  ...
```

如果修改得當，setDifficulties、setup、setSongs 只出現在 trainAll 函式和測試程式裡。確保它們不會出現在其他地方。

糟糕！是不是不應該刪掉 var 關鍵字？

把 songs 宣告的 var 關鍵字刪掉只會讓程式變糟嗎？這可不見得。

事實上，在原本有 var 關鍵字的版本中，我們本質上仍然是在使用全域變數，如今只不過是把 var 拿掉，不再假裝我們並沒有在用全域變數罷了。

如果你希望真正不使用全域變數的手段，的確有直接指定變數作用域、並綁定在指定函式的方法，但是這種做法得更改很多地方、也比較複雜。至少就目前來說，測試程式裡面的 trainAll 及 classify 會對這些全域變數檢查，我們可以專心對程式內容做斟酌、而不用擔心工作順序是否有影響。

在之後的章節，我們會再詳細介紹 var 關鍵字的使用時機及變數作用域綁定。

太棒啦！所有的程式碼都已經被包到函式或測試程式裡面。當然我們還是可以對小部分的程式碼進一步做提取，如下面方式修改 setup 函式（僅為示範，請勿照做）：

```
  function setSongsVariable(){
    songs = [];
  };
  function setup(){
    setSongsVariable();
    allChords = new Set();
    labelCounts = new Map();
    labelProbabilities = new Map();
    chordCountsInLabels = new Map();
    probabilityOfChordsInLabels = new Map();
  };
```

我們甚至可以做得更多一點，繼續提取其他部分（也請勿照做）：

```
function setSome(){
  songs = [];
  allChords = new Set();
  labelCounts = new Map();
};
function setOthers(){
  labelProbabilities = new Map();
  chordCountsInLabels = new Map();
  probabilityOfChordsInLabels = new Map();
};
function setup(){
  setSome();
  setOthers();
};
```

我們當然能在程式碼中不斷提取出函式，然而，過多的提取並無助於讓我們的程式變得更清晰簡潔，僅僅是把任意幾行分組而已。此外，相對於函式**提取**，我們也可以把程式碼**內聯化**（*inlining*），如果你發現有個函式沒有做太多事情，你可以把函式的程式碼內聯到它被呼叫的地方。我們可以如此這般把上面的 `setup` 函式復原：

```
function setup(){
  songs = [];
  allChords = new Set();
  labelCounts = new Map();
  labelProbabilities = new Map();
  chordCountsInLabels = new Map();
  probabilityOfChordsInLabels = new Map();
};
```

至於要怎麼抓住使用時機？就像我們在適當時候會宣告新變數或者把變數展開回算式，提取和內聯函式也是類似的道理。

匿名函式的提取和命名

函示提取的技巧也可以用在匿名函式上。我們之前常碰到的 `forEach`、測試程式中 `describe` 的第二個參數都有用到匿名函式。

我們可以在適當時機這些函式命名提取出來。這裡以一段 jQuery 程式碼為例，當有按鈕被按下時拜訪特定連結：

```
$('.my-button').on('click', function(){
  window.location = "http://refactoringjs.com";
});
```

```
$('.other-button').on('click', function(){
  window.location = "http://refactoringjs.com";
});
```

可能有人會發現這裡出現了重複使用的程式，然而為了讓程式更易於維護，有些人會宣告變數取代網址就了事：

```
var siteUrl = "http://refactoringjs.com";
$('.my-button').on('click', function(){
  window.location = siteUrl;
});
$('.other-button').on('click', function(){
  window.location = siteUrl;
});
```

用 `siteUrl` 固然使得以後修改方便，不過，我們可以透過提取函式來進一步減少重複。

```
var siteUrl = "http://refactoringjs.com";
function visitSite(){
  window.location = siteUrl;
}
$('.my-button').on('click', function(){
  visitSite();
});
$('.other-button').on('click', function(){
  visitSite();
});
```

現在我們的做法使得以後修改網址更加方便，但我們何必做一個單單只呼叫另一個函式的匿名函式呢？現在把匿名函式拿掉：

```
var siteUrl = "http://refactoringjs.com";
function visitSite(){
  window.location = siteUrl;
}
$('.my-button').on('click', visitSite);
$('.other-button').on('click', visitSite);
```

如此一來，程式碼就變得簡潔許多了，也易於維護按鈕點擊的程式碼。

函式字面值宣告和呼叫

對於 JavaScript 的新手或者較熟悉後台程式語言的開發者來說，可能會搞混各類函式相關的表達式，我們在這裡作為複習。

這是匿名函式：

```
function(){};
```

這是有命名的函式宣告：

```
function visitSite(){};
```

這是被指派給變數的匿名函式：

```
var visitSite = function(){};
```

這是函式呼叫：

```
visitSite();
```

如果有匿名函式的宣告沒有被指派給變數（上面第一種情況），只能以立即包括起來的方式呼叫它：

```
(function(){})();
// 或
(function(){}());
```

這種寫法稱為立即呼叫函式運算式（*IIFE*、*immediately invoked function expression*），同時它是一個函式呼叫。

有時候我們會把匿名函式用有命名的函式取代，以利程式碼重用，函式名稱和匿名函式一樣可以作為函式參照（function *reference*）。但是請注意一點，下面是函式參照的正確寫法：

```
$('.my-button').on('click', visitSite);
```

而請不要和函式呼叫搞混：

```
$('.my-button').on('click', visitSite());
```

在這個例子中，我們應該傳遞 `visitSite` 函式的參照給 `on` 函式，而不是 `visitSite` 的呼叫。

此外，當函式帶有參數的時候，有的人可能會不小心誤用，比如說有個函式如下定義：

```
function visitSite(siteUrl){
  window.location = siteUrl;
};
```

有人可能會把處理點擊的程式碼寫成：

```
$('.my-button').on('click', visitSite("http://refactoringjs.com"));
```

這是錯誤的寫法，這種情況我們應該用匿名函式把 visitSite 呼叫包起來：

```
$('.my-button').on('click', function(){
  visitSite("http://refactoringjs.com");
});
```

另一種解法是：在傳入參數時多傳入一個。通常在呼叫那個函式參照時，額外傳入的參數就會被綁定成它的 this，但如果你定義的函式接受參數的話，也可以不當作 this 而改當作那個參數。這個解法對 jQuery 乃至於 forEach 和 map 等原生函式皆適用。

要是非得把函式做為另外一個函式的參數，我們無論如何得注意兩件事情，第一是先去查 API 文件，確認該函式參數除了接收函式外，是不是有其他的選擇性參數（optional arguments），並檢查如果不設定這些可選參數會有何種結果。再來第二件要注意的事情是 JavaScript 允許呼叫函式的時候，傳遞多於或少於原本函式定義的參數數量，給過少的參數會導致函式被呼叫的時候，有些參數被設為 undefined，也可能導致函式被呼叫之後出錯。

使用全域物件來精簡 API

在上一節，我們把很多程式碼包裝到函式裡面，但是程式碼還是有全域變數散落在各處（除了變數，沒有設 var 關鍵字的函式也算進去）。本節有兩個目標，第一是減少全域變數的使用，第二是為我們的程式碼設計 API，也就是說我們得開始思考別人該如何使用我們的程式。

我們會採取物件導向程式設計的精神，到時會建立一個主要物件，這個物件提供 classifier 函式以和其他大大小小的函式及變數，接著探討物件生成如工廠函式（factory function）、建構子、類別的各類機制。藉著這些流程做出來的分類器物件隨時可以在程式碼中調用。

由於接下來會著重物件導向程式設計，對於偏好函數式程式設計的讀者，我還是建議先將本章閱畢，再跳去看第 11 章，但是要注意，將本章物件導向式風格的程式碼轉至函數式的風格得花上一些時間。其原因在於，物件導向偏好製作一個能夠變動的主要物件，而函數式則希望能夠在一個名稱空間之下製造許多能夠達成我們目標的函式，兩者的目標不相同。

不過，我們還是會在第 11 章寫出一個函數式風格的簡單貝氏分類器。有興趣的讀者可以試試看使用本段修改前及修改後的程式碼，去寫一個函數式程式風格的版本，你得自己想想如何適當地切割函式。無論如何，如果你有興趣的話，值得一試。

從這裡到本章結束，我們會忽略 `welcomeMessage` 和 `fileName` 及相關的測試程式。進入修改前，先來複習一下目前的程式碼版本：

```
function setDifficulties(){
  easy = 'easy';
  medium = 'medium';
  hard = 'hard';
};

function setSongs(){
  imagine = ['c', 'cmaj7', 'f', 'am', 'dm', 'g', 'e7'];
  somewhereOverTheRainbow = ['c', 'em', 'f', 'g', 'am'];
  tooManyCooks = ['c', 'g', 'f'];
  iWillFollowYouIntoTheDark = ['f', 'dm', 'bb', 'c', 'a', 'bbm'];
  babyOneMoreTime = ['cm', 'g', 'bb', 'eb', 'fm', 'ab'];
  creep = ['g', 'gsus4', 'b', 'bsus4', 'c', 'cmsus4', 'cm6'];
  paperBag = ['bm7', 'e', 'c', 'g',
              'b7', 'f', 'em', 'a',
              'cmaj7', 'em7', 'a7', 'f7',
              'b'];
  toxic = ['cm', 'eb', 'g', 'cdim', 'eb7', 'd7', 'db7', 'ab',
           'gmaj7', 'g7'];
  bulletproof = ['d#m', 'g#', 'b', 'f#', 'g#m', 'c#'];
};

function setup(){
  songs = [];
  allChords = new Set();
  labelCounts = new Map();
  labelProbabilities = new Map();
  chordCountsInLabels = new Map();
  probabilityOfChordsInLabels = new Map();
};

function train(chords, label){
  songs.push({label, chords});
  chords.forEach(chord => allChords.add(chord));
  if(Array.from(labelCounts.keys()).includes(label)){
    labelCounts.set(label, labelCounts.get(label) + 1);
  } else {
    labelCounts.set(label, 1);
```

```
  }
};

function setLabelProbabilities(){
  labelCounts.forEach(function(_count, label){
    labelProbabilities.set(label,
                          labelCounts.get(label) / songs.length);
  });
};

function setChordCountsInLabels(){
  songs.forEach(function(song){
    if(chordCountsInLabels.get(song.label) === undefined){
      chordCountsInLabels.set(song.label, {});
    }
    song.chords.forEach(function(chord){
      if(chordCountsInLabels.get(song.label)[chord] > 0){
        chordCountsInLabels.get(song.label)[chord] += 1;
      } else {
        chordCountsInLabels.get(song.label)[chord] = 1;
      }
    });
  });
}

function setProbabilityOfChordsInLabels(){
  probabilityOfChordsInLabels = chordCountsInLabels;
  probabilityOfChordsInLabels.forEach(function(_chords, difficulty){
    Object.keys(probabilityOfChordsInLabels.get(difficulty)).forEach(
function(chord){
      probabilityOfChordsInLabels.get(difficulty)[chord]
/= songs.length;
    });
  });
}

function trainAll(){
  setDifficulties();
  setup();
  setSongs();
  train(imagine, easy);
  train(somewhereOverTheRainbow, easy);
  train(tooManyCooks, easy);
  train(iWillFollowYouIntoTheDark, medium);
  train(babyOneMoreTime, medium);
  train(creep, medium);
  train(paperBag, hard);
```

```
  train(toxic, hard);
  train(bulletproof, hard);
  setLabelsAndProbabilities();
};

function setLabelsAndProbabilities(){
  setLabelProbabilities();
  setChordCountsInLabels();
  setProbabilityOfChordsInLabels();
};

function classify(chords){
  var smoothing = 1.01;
  var classified = new Map();
  labelProbabilities.forEach(function(_probabilities, difficulty){
    var first = labelProbabilities.get(difficulty) + smoothing;
    chords.forEach(function(chord){
      var probabilityOfChordInLabel =
probabilityOfChordsInLabels.get(difficulty)[chord];
      if(probabilityOfChordInLabel){
        first = first * (probabilityOfChordInLabel + smoothing);
      }
    });
    classified.set(difficulty, first);
  });
  return classified;
};

var wish = require('wish');
describe('the file', function() {
  trainAll();
  it('classifies', function(){
    var classified = classify(['f#m7', 'a', 'dadd9',
                               'dmaj7', 'bm', 'bm7', 'd', 'f#m']);
    wish(classified.get('easy') === 1.3433333333333333);
    wish(classified.get('medium') === 1.5060259259259259);
    wish(classified.get('hard') === 1.6884223991769547);
  });
  it('classifies again', function(){
    var classified = classify(['d', 'g', 'e', 'dm']);
    wish(classified.get('easy') === 2.023094827160494);
    wish(classified.get('medium') === 1.855758613168724);
    wish(classified.get('hard') === 1.855758613168724);
  });
  it('label probabilities', function(){
    wish(labelProbabilities.get('easy') === 0.3333333333333333);
    wish(labelProbabilities.get('medium') === 0.3333333333333333);
```

```
    wish(labelProbabilities.get('hard') === 0.3333333333333333);
  });
});
```

提取 classifier 物件

我們在檔案頂端加入 classifier 物件，到時候我們會把所有的全域變數及函式納入其中，如此一來它們便不再附於全域物件（global object）：

```
var classifier = {};
```

接著，在 trainAll 裡面，我們把原本 setup 函式呼叫改成呼叫 classifier 物件的 setup 方法：

```
function trainAll(){
  classifier.setup(); // 加入這行
  setDifficulties();
  setup(); // 刪除這行
...
```

至於 setup 函式，我們得把其定義搬到檔案上方的 classifier 物件定義內。

```
var classifier = {
  setup: function(){
    this.songs = [];
    this.allChords = new Set();
    this.labelCounts = new Map();
    this.labelProbabilities = new Map();
    this.chordCountsInLabels = new Map();
    this.probabilityOfChordsInLabels = new Map();
  };
};
```

此外，setup 函式中的一些變數是 classifier 的成員，前面必須適當加上 this.。注意到 setup 是一個標籤名，它對應的值是一個函式字面值。

然而，很不幸地這時候執行測試會得到錯誤訊息。

```
ReferenceError: songs is not defined
```

為了改正錯誤，我們必須在 songs、allChords、labelCounts、labelProbabilities、chordCountsInLabels、probabilityOfChordsInLabels 這些變數前面加上 classifier.。這些小修改雖然一再重複，但至少不複雜。

如果修改得當，測試就會通過，完成後存檔並提交修改。

內聯化 setup 函式

現在我們回頭去看 classifier 裡面的 setup 函式，內容不過短短幾行，沒有做太多事，我們可以把 setup 拆掉，直接在物件定義裡完成初始化。

```
var classifier = {
  songs: [],
  allChords: new Set(),
  labelCounts: new Map(),
  labelProbabilities: new Map(),
  chordCountsInLabels: new Map(),
  probabilityOfChordsInLabels: new Map()
};
```

注意，現在這段程式碼不再被一個函式包住了，因此寫法會有些不同。比如說原本這行

```
this.songs = [];
```

會改寫成這樣，注意別漏掉逗號和分號。

```
songs: [],
```

最後把 trainAll 裡面的 setup 呼叫移除。

```
function trainAll(){
  classifier.setup(); // 刪除這行
...
```

如此一來，由於我們觀察到不需要花很多篇幅去設置分類器，修改後讓程式精簡了些。

確定工作完成後存檔、測試並提交。

提取 songList 物件

現在我們來探究如何加進用以訓練分類器的歌曲，目前 setSongs 函式的做法是把每一首歌曲都定義為全域變數，然後在 trainAll 裡參照這些全域變數。顯然這做法有個問題，一旦我們想更改歌曲的名單就得在兩處修改，一來有出錯的可能，二來這做法也不利後續的擴展。

然而，就算我們想避免把歌曲寫死在檔案裡面，我們並沒有打算寫一個歌曲資料庫。取而代之的是定義一個 songList 物件來把所有歌曲存到陣列裡面，並提供加入歌曲的函式。在檔案上方加入這幾行。

```
var songList = {
  songs: [],
  addSong: function(name, chords, difficulty){
    this.songs.push({name: name,
                     chords: chords,
                     difficulty: difficulty});
  }
};
```

setSongs 函式改成用 songList 來加入歌曲。

```
function setSongs(){
  songList.addSong('imagine',
['c', 'cmaj7', 'f', 'am', 'dm', 'g', 'e7'], easy)
  songList.addSong('somewhereOverTheRainbow',
['c', 'em', 'f', 'g', 'am'], easy)
  songList.addSong('tooManyCooks', ['c', 'g', 'f'], easy)
  songList.addSong('iWillFollowYouIntoTheDark',
['f', 'dm', 'bb', 'c', 'a', 'bbm'], medium);
  songList.addSong('babyOneMoreTime',
['cm', 'g', 'bb', 'eb', 'fm', 'ab'], medium);
  songList.addSong('creep',
['g', 'gsus4', 'b', 'bsus4', 'c', 'cmsus4', 'cm6'], medium);
  songList.addSong('paperBag',
['bm7', 'e', 'c', 'g', 'b7', 'f', 'em',
'a', 'cmaj7', 'em7', 'a7', 'f7',
'b'], hard);
  songList.addSong('toxic',
['cm', 'eb', 'g', 'cdim', 'eb7',
'd7', 'db7', 'ab', 'gmaj7', 'g7'], hard);
  songList.addSong('bulletproof',
['d#m', 'g#', 'b', 'f#', 'g#m', 'c#'], hard);
};
```

如果這時候執行測試，會發生錯誤，這是由於原本代表歌曲的全域變數被移除造成的。我們得改寫 trainAll 函式，在裡面使用 songList 函式。

```
function trainAll(){
  setDifficulties();
  setSongs();
  songList.songs.forEach(function(song){
    train(song.chords, song.difficulty);
  });
  setLabelsAndProbabilities();
};
```

現在測試看看，應該要全部通過了。

清理剩下的全域變數

目前還剩下三個代表難度的全域變數要處理，它們都只會被 setSongs 參照，我們乾脆把這些變數嵌進函式裡面：

```
function setSongs(){
  var easy = 'easy';
  var medium = 'medium';
  var hard = 'hard';
...
```

我們可以放心的把 setDifficulties 函式以及 trainAll 裡面的呼叫一起刪除，理論上這時跑測試應該要通過。

這麼說來，其實也不需要在 setSongs 定義難度相關的變數，可以改成直接用一個陣列來代表難度，而 songList 自己來處理難度的字串本身：

```
var songList = {
  difficulties: ['easy', 'medium', 'hard'],
  songs: [],
  addSong: function(name, chords, difficulty){
    this.songs.push({name: name,
                    chords: chords,
                    difficulty: this.difficulties[difficulty]})
  }
};
```

現在，在 songList 新增一個 difficulties 屬性，做為儲存代表難度字串的陣列。之後我們每次新增一個歌曲，都改用這寫法：this.difficulties[difficulty]，直接用陣列索引代表難度。也就是用數字來取代字串描述，以後每次呼叫 addSong 的時候，第三個參數用一個數字代表難度。

```
function setSongs(){
  songList.addSong('imagine',
['c', 'cmaj7', 'f', 'am', 'dm', 'g', 'e7'], 0);
  songList.addSong('somewhereOverTheRainbow',
['c', 'em', 'f', 'g', 'am'], 0);
  songList.addSong('tooManyCooks', ['c', 'g', 'f'], 0);
  songList.addSong('iWillFollowYouIntoTheDark',
['f', 'dm', 'bb', 'c', 'a', 'bbm'], 1);
  songList.addSong('babyOneMoreTime',
['cm', 'g', 'bb', 'eb', 'fm', 'ab'], 1);
  songList.addSong('creep',
['g', 'gsus4', 'b', 'bsus4', 'c', 'cmsus4', 'cm6'], 1);
  songList.addSong('paperBag',
```

```
['bm7', 'e', 'c', 'g', 'b7', 'f', 'em',
 'a', 'cmaj7', 'em7', 'a7', 'f7',
 'b'], 2);
  songList.addSong('toxic',
['cm', 'eb', 'g', 'cdim', 'eb7', 'd7', 'db7', 'ab', 'gmaj7', 'g7'], 2);
  songList.addSong('bulletproof',
['d#m', 'g#', 'b', 'f#', 'g#m', 'c#'], 2);
};
```

完成後儲存、測試並提交修改。

讓程式和資料獨立

回頭看 trainAll，我們稍微想一下，設定歌曲、訓練分類模型是不是應該分為兩件事情？我們何不把對 setSongs 的呼叫移到測試程式裡面？

```
describe('the file', function() {
  setSongs(); // 從 trainAll 搬到這裡
  trainAll();
```

再進一步想想，歌曲的內容和程式架構並沒有關係，而僅僅是程式執行過程中一種可能的輸入而已，不是程式的一部分。用這個邏輯來想的話，setSongs 函式應該放在測試程式才對，我們乾脆把原來的 setSongs 函式刪掉，把函式拆開放在測試裡面。

```
describe('the file', function() {
  songList.addSong('imagine',
['c', 'cmaj7', 'f', 'am', 'dm', 'g', 'e7'], 0);
  songList.addSong('somewhereOverTheRainbow',
['c', 'em', 'f', 'g', 'am'], 0)
  songList.addSong('tooManyCooks', ['c', 'g', 'f'], 0);
...
  songList.addSong('bulletproof',
['d#m', 'g#', 'b', 'f#', 'g#m', 'c#'], 2);
  trainAll();
...
```

如此一來，我們的程式就不再依賴於特定一組資料了，這關鍵的一步有助於之後測試及模組化。

關於 var、let、const 的作用域宣告

現在我們來談談作用域宣告的關鍵字：var、let、const，其中 var 的歷史最悠久，你會在比較早期的程式碼看到它。雖然我們宣告變數的時候，會盡量在前面加 var 而不留

空之外（不指明 var 的話就是在宣告全域變數），let 和 const 可以提供更明確的作用範圍，它們都是區塊作用域（block scope）而不是函式作用域（functional scope），兩者差別在於 const 變數宣告後，不能被重新賦值。

在我們的程式中有九個 var 變數宣告，我們想想它們的宣告是否有更改的必要？如果是的話，要改成 let 還是 const？

const 不代表完全無法被更改（*immutability*）

如果你以為 const 提供了我們一種使資料不可變的簡單方式，那我要給你悲報了。const 只是禁止變數被重新指派（例如利用 = 運算子），變數內容還是可以更動，例如更新陣列的索引，物件的屬性、集合和映射的元素也同樣適用。

至於 Object.freeze 會是解決方案嗎？的確比較接近了，freeze 能讓你凍結物件一層屬性，如果物件有多層的話，你還是可以更改比較下層的屬性。甚至就算你凍結了一個 var 或者 let 宣告的物件，你還是可以重新賦值。

如果你希望保證不變性（immutability），最好直接使用套裝方案，例如 immutable.js 或 mori，他們提供不變的陣列、映射、集合等。你並不一定要使用這些東西，但我們還是建議不要為變數重新賦值，而是盡可能宣告新變數。

一般來說，我們會優先使用 const，盡可能減少重新賦值變數。由於我們已經有現成的測試程式，我們大可以直接把所有的 var 取代成 const，我們再跑測試檢查，然而，你會看到下面的錯誤：

```
TypeError: Assignment to constant variable.
```

很不幸的，錯誤訊息指出有常數變數（constant variable）被指派的情況，看來這與我們先前大膽的假設出現矛盾。稍微檢查一下，錯誤發生在 classify 函式裡面第一個變數上：

```
const first = classifier.labelProbabilities.get(difficulty) +
smoothing;
```

將 const 改成 let：

```
let first = classifier.labelProbabilities.get(difficulty) +
smoothing;
```

其他的 const 宣告看起來沒什麼問題。

重構 classifier 的 classify 函式

其實如果我們再努力一點，first 變數也沒有一定得被重新賦值，該變數一開始是代表相對它者難度的可能性（likelihood），接著會不斷乘上其他歌曲合音代表的可能性。

為了避免對 first 變數重新賦值，我們用名為 likelihoods 陣列來替代，用陣列儲存所有數值之後，計算所有陣列值的乘積。

```
function classify(chords){
  const smoothing = 1.01;
  const classified = new Map();
  classifier.labelProbabilities.forEach(
function(_probabilities, difficulty){
    const likelihoods = [classifier.labelProbabilities.get(difficulty)
+ smoothing];
    chords.forEach(function(chord){
      const probabilityOfChordInLabel =
classifier.probabilityOfChordsInLabels.get(difficulty)[chord]
      if(probabilityOfChordInLabel){
        likelihoods.push(probabilityOfChordInLabel + smoothing)
      }
    })
    const totalLikelihood = likelihoods.reduce(function(total, index) {
      return total * index;
    });
    classified.set(difficulty, totalLikelihood);
  });
  return classified;
};
```

在這裡我們不得不提到 reduce，它允許我們提供一個回調函式作為規則，根據規則，把輸入陣列轉換成一個最終值。reduce 會逐一迭代陣列元素，每掃過一個元素會呼叫回調函式，且傳遞一個累計值和當下的元素作為回調函式的參數。

另外，我們發現在處理 likelihoods 之前，已經迭代過 chords 陣列，我們何不把他們合併成一個 reduce 語句？這樣就還不用掃描兩次陣列（一次為了連加一次為了連乘）。讓我們試著用 reduce 取代那個 forEach：

```
function classify(chords){
  const smoothing = 1.01;
  const classified = new Map();
  classifier.labelProbabilities.forEach(
function(_probabilities, difficulty){

// reduce 開始
```

```
    const totalLikelihood = chords.reduce(function(total, chord){
      const probabilityOfChordInLabel =
classifier.probabilityOfChordsInLabels.get(difficulty)[chord]
      if(probabilityOfChordInLabel){
        return total * (probabilityOfChordInLabel + smoothing)
      }else{
        return total;
      }
    }, classifier.labelProbabilities.get(difficulty) + smoothing)
// reduce 結束

    classified.set(difficulty, totalLikelihood);
  });
  return classified;
};
```

程式碼變得有些複雜，不外乎兩個原因，第一是提供給 reduce 函式的可能性（likelihood）的初始值出現在程式碼末、「// reduce 結束」的註解之上。第二是為了處理 probabilityOfChordInLabel 為 false 的情況，我們在 if 之後加了一小段 else 區塊，原封不動將 total 傳回，其效果等同於忽略這個元素，不這麼做的話函式就會回傳 undefined。

如果你覺得程式碼難懂，我們可以先看個簡單的例子：

```
[2, 3, 4].reduce(function(result, element){ return result }, 10)
```

這結果會是 10。但是如果你拿掉第二個參數（reduce 後面的 , 10），回傳值會變成 2。因為在這個例子中，回調函式只會原封不動地回傳累計值，最後結果就會等同初始值。我們再看看下面的 reduce 計算總和的例子：

```
[2, 3, 4].reduce(function(result, element){return result + element })
```

結果會是 9。如果我們設定初始值為 10，也會被加進去總和裡，結果會是 19。

回到我們的程式碼，在 if/else 條件式的地方，有人可能會偏好用下面的寫法，直接在 if 判斷式後面接一個 return 語句，一旦程式沒有進入 if 的區塊，就會繼續執行後方的語句。

```
if(probabilityOfChordInLabel){
  return total * (probabilityOfChordInLabel + smoothing);
}
return total;
```

我認為這種風格不像 if/else 那樣，能夠明確表達程式碼有兩個執行路徑，視覺上可能會誤以為上面的語句比較少機會被執行。當你想要靠重構來降低複雜度，上述寫法可能會混淆你的視聽、讓你看不見值得改動之處。

另外，你可能會發現處理錯誤的程式常常使用這種風格：

```
function callback(error, response){
  if(error){
    return new Error(error);
  }
  // 處理 response
}
```

classify 函式應該沒有其他的東西要處理了，我們把它移到 classifier 物件裡面：

```
const classifier = {
  songs: [],
  allChords: new Set(),
  labelCounts: new Map(),
  labelProbabilities: new Map(),
  chordCountsInLabels: new Map(),
  probabilityOfChordsInLabels: new Map(),
  classify: function(chords){
    const smoothing = 1.01;
    const classified = new Map();
    classifier.labelProbabilities.forEach(
function(_probabilities, difficulty){
      const totalLikelihood = chords.reduce(function(total, chord){
        const probabilityOfChordInLabel =
classifier.probabilityOfChordsInLabels.get(difficulty)[chord]
        if(probabilityOfChordInLabel){
          return total * (probabilityOfChordInLabel + smoothing);
        }else{
          return total;
        }
      }, classifier.labelProbabilities.get(difficulty) + smoothing);
      classified.set(difficulty, totalLikelihood);
    });
    return classified;
  }
};
```

然而執行測試會失敗，我們還得把 classifiy 取代成 classifier.classifiy：

```
const classified = classify(['f#m7', 'a', 'dadd9', 'dmaj7',
                             'bm', 'bm7', 'd', 'f#m']);
```

```
...
const classified = classify(['d', 'g', 'e', 'dm']);
```

改寫成：

```
const classified = classifier.classify(['f#m7', 'a', 'dadd9',
                                        'dmaj7', 'bm', 'bm7',
                                        'd', 'f#m']);
...
const classified = classifier.classify(['d', 'g', 'e', 'dm']);
```

這時候測試跑起來沒問題了（記得存檔、測試、提交），我們還有一件事情得做，就是 classify 函式裡還在用 classifier 名稱來參照物件，我們得改寫成 this，用來代表 classifier 物件本身，這樣的地方可以找到三處，修改完如下：

```
classify: function(chords){
  const smoothing = 1.01;
  const classified = new Map();
  this.labelProbabilities.forEach(
function(_probabilities, difficulty){
    const totalLikelihood = chords.reduce(function(total, chord){
      const probabilityOfChordInLabel =
this.probabilityOfChordsInLabels.get(difficulty)[chord]
      if(probabilityOfChordInLabel){
        return total * (probabilityOfChordInLabel + smoothing);
      }else{
        return total;
      }
    }, this.labelProbabilities.get(difficulty) + smoothing);
    classified.set(difficulty, totalLikelihood);
  });
  return classified;
}
```

然而，第二和第三處修改會出現問題：由於它們被包含在函式裡面，這裡的 this 是參照函式本身。

```
  const probabilityOfChordInLabel =
this.probabilityOfChordsInLabels.get(difficulty)[chord]
// 以及
}, this.labelProbabilities.get(difficulty) + smoothing)
```

我們得用點笨拙的方法去處理這情況：

```
classify: function(chords){
  const smoothing = 1.01;
  const classified = new Map();
```

```
  const self = this;
  this.labelProbabilities.forEach(
function(_probabilities, difficulty){
    const totalLikelihood = chords.reduce(function(total, chord){
      const probabilityOfChordInLabel =
self.probabilityOfChordsInLabels.get(difficulty)[chord]
      if(probabilityOfChordInLabel){
        return total * (probabilityOfChordInLabel + smoothing);
      }else{
        return total;
      }
    }, self.labelProbabilities.get(difficulty) + smoothing);
    classified.set(difficulty, totalLikelihood);
  });
  return classified;
}
```

利用 self 變數（第 5 章取名為 that）讓我們即使在內部函式裡面，也可以存取指定的物件。在第 5 章中，我們介紹過 call、apply、bind 來做過一樣的事情，由於我們的程式碼有 forEach 和 reduce 會間接地呼叫匿名函式，不能透過 call 和 apply 來設定函式參數，這場合得用 bind 解決。

至於 forEach，可以設定 thisArg 參數來指定匿名函式中 this 的參照對象：

```
this.labelProbabilities.forEach(
  function(_probabilities, difficulty){
    const totalLikelihood = chords.reduce(function(total, chord){
      const probabilityOfChordInLabel =
self.probabilityOfChordsInLabels.get(difficulty)[chord];
      if(probabilityOfChordInLabel){
        return total * (probabilityOfChordInLabel + smoothing);
      }else{
        return total;
      }
    }, this.labelProbabilities.get(difficulty) + smoothing);
    classified.set(difficulty, totalLikelihood);
}, this);
```

藉由設置 forEach 第二個參數為 this，我們可以把最後一個 self 改成 this，至於其他的 self 我們還不能直接取代掉，由於它們被包含在 reduce 的匿名函式下面。

也許我們希望 reduce 也會提供類似 thisArg 的參數，但很不幸的，事情不是我們預期那樣，這裡不得不使用 bind。

```
  const totalLikelihood = chords.reduce(function(total, chord){
...
  }.bind(this), this.labelProbabilities.get(difficulty) + smoothing);
```

我們總算把所有的 self 都清除了。

```
classify: function(chords){
  const smoothing = 1.01;
  const classified = new Map();
  this.labelProbabilities.forEach(
function(_probabilities, difficulty){
    const totalLikelihood = chords.reduce(function(total, chord){
      const probabilityOfChordInLabel =
this.probabilityOfChordsInLabels.get(difficulty)[chord];
      if(probabilityOfChordInLabel){
        return total * (probabilityOfChordInLabel + smoothing);
      }else{
        return total;
      }
    }.bind(this),
    this.labelProbabilities.get(difficulty) + smoothing);
    classified.set(difficulty, totalLikelihood);
  }, this);
  return classified;
}
```

在結束這一節前，我們再介紹另一種方式：箭頭函式（Arrow Function），把我們的程式更進一步簡化。不需要使用 forEach 第二個函式及 bind(this)。

```
classify: function(chords){
  const smoothing = 1.01;
  const classified = new Map();
  this.labelProbabilities.forEach((_probabilities, difficulty) => {
    const totalLikelihood = chords.reduce((total, chord) => {
      const probabilityOfChordInLabel =
this.probabilityOfChordsInLabels.get(difficulty)[chord];
      if(probabilityOfChordInLabel){
        return total * (probabilityOfChordInLabel + smoothing);
      }else{
        return total;
      }
    }, this.labelProbabilities.get(difficulty) + smoothing);
    classified.set(difficulty, totalLikelihood);
  });
  return classified;
}
```

我們不再需要 forEach 的第二個參數 this，同樣 reduce 也不用加上 bind(this)，使用箭頭函式的寫法如這幾行：

```
this.labelProbabilities.forEach((_probabilities, difficulty) => {
...
const totalLikelihood = chords.reduce((total, chord) => {
```

箭頭函式之所以稱為箭頭函式，和 => 的符號可能脫不了關係。這語法可能有點奇怪，但是它的好處是會從外部函式自動綁定 this。

另外，可以把 smoothing 變數移出函式外，改為 classifier 的一個屬性，以進一步簡化程式。

```
smoothing: 1.01,
classify: function(chords){
  const classified = new Map();
  this.labelProbabilities.forEach((_probabilities, difficulty) => {
    const totalLikelihood = chords.reduce((total, chord) => {
      const probabilityOfChordInLabel =
this.probabilityOfChordsInLabels.get(difficulty)[chord];
      if(probabilityOfChordInLabel){
        return total * (probabilityOfChordInLabel + this.smoothing);
      }else{
        return total;
      }
    }, this.labelProbabilities.get(difficulty) + this.smoothing);
    classified.set(difficulty, totalLikelihood);
  });
  return classified;
}
```

把 smoothing 移出去也許是不錯的選項，但是由於 smoothing 的作用範圍不限縮在函式，我們得冠上 this. 表示我們存取物件的屬性，而不是函式內的變數。同時我們也丟棄 const 關鍵字的宣告，使得 smoothing 可以被重新賦值。為了確保物件屬性的不變性，我們得改用 defineProperty 函式來宣告物件屬性，使用 defineProperty 好處是定義的屬性預設是不可變動的。此外，還有其他讓我們可以自由設定屬性的性質，我們這裡不多做贅述。

一般來說會選擇在物件建構之後呼叫 defineProperty，但是照這流程下去得把 smoothing 定義移到他處，某方面會增加我們程式的複雜性。也許我們可以直接在 classify 函式開頭呼叫 defineProperty，如下面的程式：

```
classify: function(chords){
  Object.defineProperty(this, 'smoothing', {value: 1.01});
```

但是這做法還是會增加我們程式的複雜性，這是我們打從一開始想避免事情。在之後的章節我們會介紹物件字面值的宣告法，可以更細緻地操作物件的屬性。我們暫時把 smoothing 改回一般的物件屬性宣告。

現在我們想辦法清理 classified 變數的蹤跡，第一步是我們把程式其中的 forEach 改成 map，當我們需要建立容器時（通常是陣列，我們的程式碼中是 Map 物件），map 相較於使用迴圈一步步修改一個物件來得到最終結果，是個更好的選擇。

```
classify: function(chords){
  const classified = new Map();
  Array.from(this.labelProbabilities.entries()).map(
(labelWithProbability) => {
    const totalLikelihood = chords.reduce((total, chord) => {
      const probabilityOfChordInLabel =
this.probabilityOfChordsInLabels.get(labelWithProbability[0])[chord];
      if(probabilityOfChordInLabel){
        return total * (probabilityOfChordInLabel + this.smoothing);
      }else{
        return total;
      }
    }, this.labelProbabilities.get(labelWithProbability[0]) +
this.smoothing);
    classified.set(labelWithProbability[0], totalLikelihood);
  });
  return classified;
}
```

不幸地，Map 物件並沒有提供 map 函式（的確，這讓我有點失望），一方面我們得從 Map 物件取出索引陣列傳給 map 函式，另一方面我們得用 labelWithProbability[0] 替代 difficulty，會帶給我們一些小小的不方便。但我們可以將 difficulty 改宣告為 const 變數：

```
classify: function(chords){
  const classified = new Map();
  Array.from(this.labelProbabilities.entries()).map(
(labelWithProbability) => {
    const difficulty = labelWithProbability[0];
    const totalLikelihood = chords.reduce((total, chord) => {
      const probabilityOfChordInLabel =
this.probabilityOfChordsInLabels.get(difficulty)[chord];
      if(probabilityOfChordInLabel){
        return total * (probabilityOfChordInLabel + this.smoothing);
      }else{
        return total;
      }
```

```
    }, this.labelProbabilities.get(difficulty) + this.smoothing);
    classified.set(difficulty, totalLikelihood);
  });
  return classified;
}
```

現在我們幾乎要清掉 classified 變數的蹤跡了，我們再進一步改寫成 map，直接回傳多維陣列來直接建立 Map 物件，而不使用先初始化再迭代修改的方式。

```
classify: function(chords){
  const classified = new Map(Array.from(
    this.labelProbabilities.entries()).map((labelWithProbability) => {
    const difficulty = labelWithProbability[0];
    const totalLikelihood = chords.reduce((total, chord) => {
      const probabilityOfChordInLabel =
this.probabilityOfChordsInLabels.get(difficulty)[chord];
      if(probabilityOfChordInLabel){
        return total * (probabilityOfChordInLabel + this.smoothing);
      }else{
        return total;
      }
    }, this.labelProbabilities.get(difficulty) + this.smoothing);
    return [difficulty, totalLikelihood];
  }));
  return classified;
}
```

現在的版本中，我們在第二行直接建立 Map 物件並賦值給 classified 變數。至於倒數第四行的 return 改寫成回傳 difficulty 和 totalLikelihood 構成的陣列。注意倒數第三行的地方多了一個括弧：

```
}));  // 在 "return classified;" 這行之上
```

最後我們把最後面的 return 敘述移掉，改成直接回傳 Map 物件，就可以完全清除 classified 變數的蹤跡了。

```
classify: function(chords){
  return new Map(Array.from(
    this.labelProbabilities.entries()).map((labelWithProbability) => {
...
  }));
}
```

同樣地，totalLikelihood 變數也是不必要的：

```
const totalLikelihood = chords.reduce((total, chord) => {
  const probabilityOfChordInLabel =
```

```
this.probabilityOfChordsInLabels.get(difficulty)[chord];
  if(probabilityOfChordInLabel){
    return total * (probabilityOfChordInLabel + this.smoothing);
  }else{
    return total;
  }
}, this.labelProbabilities.get(difficulty) + this.smoothing);
return [difficulty, totalLikelihood];
```

我們也不用宣告變數來接收 reduce 函式的回傳值，取而代之是直接回傳結果：

```
classify: function(chords){
  return new Map(Array.from(
    this.labelProbabilities.entries()).map((labelWithProbability) => {
    const difficulty = labelWithProbability[0];
    return [difficulty, chords.reduce((total, chord) => {
      const probabilityOfChordInLabel =
this.probabilityOfChordsInLabels.get(difficulty)[chord];
      if(probabilityOfChordInLabel){
        return total * (probabilityOfChordInLabel + this.smoothing);
      }else{
        return total;
      }
    }, this.labelProbabilities.get(difficulty) + this.smoothing)];
  }));
}
```

這樣寫起來可能不好理解，我們只要記得回傳值一直都是二維陣列，由難度值和 reduce 的回傳值構成。

如果你還想做進一步的簡化，甚至可以再把條件式附近的地方提取成函式：

```
const probabilityOfChordInLabel =
  this.probabilityOfChordsInLabels.get(difficulty)[chord]
if(probabilityOfChordInLabel){
  return total * (probabilityOfChordInLabel + this.smoothing)
}else{
  return total;
}
```

我們把賦值的地方刪掉，同時也要把另外兩個 probabilityOfChordInLabel 參照（if 條件式裡面和其下行）取代成賦值右手邊的部分，我們會得到：

```
if(this.probabilityOfChordsInLabels.get(difficulty)[chord]){
  return total *
  (this.probabilityOfChordsInLabels.get(
    difficulty)[chord] + this.smoothing);
```

```
}else{
  return total;
}
```

接著，把將這部分做成函式，用下面這行取代掉：

```
return total * this.valueForChordDifficulty(difficulty, chord);
```

把它放進 classify 上面：

```
valueForChordDifficulty(difficulty, chord){
  if(this.probabilityOfChordsInLabels.get(difficulty)[chord]){
    return this.probabilityOfChordsInLabels.get(difficulty)[chord] +
this.smoothing;
  }else{
    return 1;
  }
},
```

用三元運算子讓程式碼更精簡：

```
valueForChordDifficulty(difficulty, chord){
  const value =
    this.probabilityOfChordsInLabels.get(difficulty)[chord];
  return value ? value + this.smoothing : 1;
},
```

如果不喜歡原來的函式宣告的寫法，可以把這行

```
valueForChordDifficulty: function(difficulty, chord){
```

改寫成這行：

```
valueForChordDifficulty(difficulty, chord){
```

抽象化的時機

可能有些讀者會懷疑是否真有必要重構這麼多程式碼，我們不斷把變數移掉，展開成其定義，這舉動會讓程式碼看起來不夠抽象化，在 Map 物件上呼叫 map 函式可能有額外成本。對某些人來說，展開變數、在函式上使用 bind 進行綁定、使用箭頭函式，都可能會讓程式碼難以閱讀。當然，其撰寫的風格也會影響到同事。

這麼說來，這些重構都乏善可陳？也不盡然。把變數**內聯**也有幾個好處，一來我們可以不用記住這麼多程式碼的狀態，二來會讓之後的函式提取更容易進行。

無論是針對變數或函式，適當選擇展開或**提取**的時機是很重要的。

沒有所謂無法再重構的終極完美版本

必須切記一件事情，當我們努力重構 classify 的時候，不會有明顯跡象表示重構工作完成與否。畢竟像是提取或內聯化等操作是可逆的，你可以不斷取消或重做前一個操作，無止境進行下去。也有可能你會不斷採納別人意見，無窮無盡地不斷「改進」你的程式。因此，你必須弄清你程式品質的標準在哪裡，才能和同事協調得當。

避免同參照的變數

回到 classify 函式，我們程式有一個問題，如下面的程式般在 trainAll(); 後面打印變數值，可以發現一件有趣的事情：

```
console.log(classifier.probabilityOfChordsInLabels);
console.log(classifier.chordCountsInLabels);
```

這時候你會發現一個問題，它們的輸出完全一樣，不僅如此，它們甚至參照到同一個 Set 物件。這癥結點出現在 setProbabilityOfChordsInLabels 函式裡面，或者講精確點，在裡面的第二行：

```
function setProbabilityOfChordsInLabels(){
  classifier.probabilityOfChordsInLabels =
classifier.chordCountsInLabels;
  classifier.probabilityOfChordsInLabels.forEach(
function(_chords, difficulty){
    Object.keys(
classifier.probabilityOfChordsInLabels.get(difficulty)).forEach(
function(chord){
      classifier.probabilityOfChordsInLabels.get(difficulty)[chord]
/= classifier.songs.length;
    });
  });
}
```

當我們把等號右手邊的 fier.chordCountsInLabels 賦值到左邊的 classifier.probabilityOfChordsInLabels，它們不僅僅是擁有同樣的集合元素，它們更是指到同個物件，也就是說，你只要更動其中一者的內容，兩個變數都會受到影響。我們看看下面的小程式清楚地說明這點。

```
x = {a: 2};
// 得到 { a: 2 }
y = x;
// 得到 { a: 2 }
x['b'] = 3;
// 得到 3
y;
// 得到 { a: 2, b: 3 }
y['c'] = 5;
// 得到 5
x;
// 得到 { a: 2, b: 3, c: 5 }
```

每次你更改物件內容的時候，兩邊變數的內容都會更動。不過，如果你重新指派新物件之後，就不會有這情形發生。

```
x = {a: 2};
// 得到 { a: 2 }
y = x;
// 得到 { a: 2 }
x = {b: 5};
console.log(y);
// 輸出 { a: 2 }
// y 指向原來的物件
// 而 x 指向新建的物件
```

回到我們的程式，如果 probabilityOfChordsInLabels 和 chordCountsInLabels 功能完全一樣，我們可以直接捨棄前者，全部使用後者的參照：

```
function setProbabilityOfChordsInLabels(){
  classifier.chordCountsInLabels = classifier.chordCountsInLabels;
  classifier.chordCountsInLabels.forEach(function(_chords, difficulty){
    Object.keys(classifier.chordCountsInLabels.get(difficulty))
      .forEach(function(chord){
        classifier.chordCountsInLabels.get(difficulty)[chord]
/= classifier.songs.length;
    });
  });
}
```

很明顯第二行是多餘的，我們直接拿掉它：

```
function setProbabilityOfChordsInLabels(){
  classifier.chordCountsInLabels.forEach(function(_chords, difficulty){
    Object.keys(classifier.chordCountsInLabels.get(difficulty))
      .forEach(function(chord){
        classifier.chordCountsInLabels.get(difficulty)[chord]
/= classifier.songs.length;
    });
  });
}
```

同樣的，在 classifier. 下面也有重複的 probabilityOfChordsInLabels 參照。其中這一行可以刪掉：

```
probabilityOfChordsInLabels: new Map(),
```

而另外一個在 valueForChordDifficulty 函式這一段的最後一行：

```
const classifier = {
...
const value =
this.probabilityOfChordsInLabels.get(difficulty)[chord];
```

我們改成用 chordCountsInLabels 來賦值給 value 變數，得到如下修改：

```
const classifier = {
...
const value = this.chordCountsInLabels.get(difficulty)[chord];
```

目前為止，如果重構得當的話測試應完全通過。當然有時候不能直接賦予參照，得複製出一個新 Set 物件不可，不過既然我們沒有這個需要，做法也就從簡。

「複製」物件的大小事

如果想瞭解 JavaScript 處理物件複製機制，可以去研究深層複製、淺層複製、克隆這些名詞，以及 Object 的函式 freeze、assign、seal，基本上可以做到你想要的功能。此外，Object.create 能以舊物件為原型（prototype）創建物件，或者你可能會用 Object.assign 來建立新物件。建立物件的方式有諸多選項，你可能會用建構函式或者類別，或利用工廠函式（請參考第 8 章），甚至直接用不可變動的容器來包裝你的資料。

關於 Object.create 有兩件值得注意的事情，第一是新建的物件不會帶有原物件（第一個參數）的屬性，而在新物件上，原型的屬性可能會被新屬性覆寫，第二是它只能複製可以可列舉（enumerable）的屬性，不要期望所有屬性都可以被複製。

JavaScript 上有千萬種實作物件複製、以及至少五種種物件繼承的做法，可能很難決定要用哪一種方式，但我們要記得使用 = 賦值並非一種複製物件的方式。

經過前面的翻修，現在的程式只會參照唯一的集合物件，我們只要關心如何修改並維護集合裡面的元素，然而我們甚至不需要改變集合元素本身，而是函式回傳值來替代。

首先，我們把 setProbabilityOfChordsInLabels 函式移入 classifier 物件裡面：

```
const classifier = {
...
  setProbabilityOfChordsInLabels: function(){
    classifier.chordCountsInLabels
.forEach(function(_chords, difficulty){
      Object.keys(classifier.chordCountsInLabels.get(difficulty))
        .forEach(function(chord){
          classifier.chordCountsInLabels.get(difficulty)[chord]
  /= classifier.songs.length;
      });
    });
  },
  valueForChordDifficulty(difficulty, chord){
...
```

同時所有呼叫 setLabelsAndProbabilities 函式的地方都要冠上「classiier.」：

```
function setLabelsAndProbabilities(){
  setLabelProbabilities();
  setChordCountsInLabels();
  classifier.setProbabilityOfChordsInLabels();
};
```

執行一次測試看看，目前沒出現問題。接下來把 classifier. 替代成 this.。

```
  setProbabilityOfChordsInLabels: function(){
    this.chordCountsInLabels.forEach(function(_chords, difficulty){
      Object.keys(this.chordCountsInLabels.get(difficulty))
        .forEach(function(chord){
```

```
            this.chordCountsInLabels.get(difficulty)[chord]
      /= this.songs.length;
        }, this);
      }, this);
    },
```

除了上面替代 this. 的處理之外，我們還得為每個 forEach 呼叫新增第二個參數 this，否則我們會失去對這個 this 的參照。雖然之前我們提過可以用箭頭函式來解決這個問題，但之後這個函式很快會被移除掉，我們不在此做多餘的重構。

現在得面對一個問題，我們想避免在函式裡面更動集合元素，而盡可能用函式回傳結果的方式，來避免無謂的副作用，也讓我們的工作更得心應手。函數式程式設計比較鼓勵這種方式，而物件導向程式會避免這種做法，這是做法的問題（詳見第 11 章），這裡不多做贅述。

至於 setProbabilityOfChordsInLabels，裡面迴圈做的事情並不多，每次就是計算個別難度中，和音出現的次數除以歌曲數目的值。我們可以直接砍掉 setProbabilityOfChordsInLabels 以及其在 setLabelsAndProbabilities 的呼叫，改成新增一個 likelihoodFromChord 函式來處理每個難度配對和弦的計算，並修改 valueForChordDifficulty 函式後如下：

```
const classifier = {
...
  likelihoodFromChord: function(difficulty, chord){
    return this.chordCountsInLabels
      .get(difficulty)[chord] / this.songs.length;
  },
  valueForChordDifficulty(difficulty, chord){
    const value = this.likelihoodFromChord(difficulty, chord);
    return value ? value + this.smoothing : 1;
  },
...
```

而 setLabelsAndProbabilities 長相如下：

```
function setLabelsAndProbabilities(){
  setLabelProbabilities();
  setChordCountsInLabels();
};
```

就目前的修改來看，我們避免多餘的重新賦值，也大大簡化程式本身，現在執行測試應要完全通過。

稍微回顧做過的事，一開始發現有兩個變數參照到同個物件，我們把第二個變數全部取代成第一個變數，接下來把原來更新變數值的方式改掉，改成提供函式來計算新值（而非單純地存取資料所存的位置）。

淺談變數的重新賦值

近期 JavaScript 的發展過程中，函數式程式設計的特性開始被重視，這點會在第 11 章詳細解說，函數式程式設計的一個重點，就是如何確保計算的值是安全、可被信任的。

我們可以試著觀察程式碼中是不是有重新賦值的現象，不管是除錯、寫新功能、重構程式，只要一個會被到處調用的變數有被重新賦值，很容易就會發生棘手的狀況，即使是在很短的程式（比如說 20 行的函式）經常對變數重新賦值都會增加維護工作的難度。

要說程式變糟糕的原因，重新賦值往往是萬惡根源。

更改物件的值（例如增加、刪除、修改陣列元素或物件的屬性）也有其弊處，應該用 map、filter、reduce 等單步操作來替代。總之，儘可能用變更最少量的變數。

另外，根據物件導向程式設計的理念，它鼓勵我們在物件中修改物件自身，這牽涉到重新賦值的問題，值得我們深思。

一份資料不該存在兩個物件中

在前一節，我們處理了兩個相同參照的變數，而在本段中，我們即將處理兩個太相似的物件，也就是 classifier.songs 和 songList.songs，兩者儲存的資料幾乎相同，只差在 songList.songs 多了 name 這個性質，我們得想辦法把 classifier.songs 拿掉。

```
const classifier = {
...
likelihoodFromChord: function(difficulty, chord){
  return this.chordCountsInLabels
    .get(difficulty)[chord] / songList.songs.length;
},
```

目前有兩個工作要做，一是把 songs 這個屬性刪掉，再來是在 likelihoodFromChord 裡面把 this 換成 songList。

我們把 train 函式的第二行拿掉：

```
function train(chords, label){
  classifier.songs.push({label: label, chords: chords}); // 刪除這行
```

同時，setLabelProbabilities 裡面的 songList.songs.length 也得換成 classifier.songs.length。

```
function setLabelProbabilities(){
  classifier.labelCounts.forEach(function(_count, label){
    classifier.labelProbabilities.set(label,
      classifier.labelCounts.get(label) / songList.songs.length);
  })
};
```

最後，setChordCountsInLabels 函式的 classifier.songs 也換成 songList.songs，song.label 也得換成 song.difficulty：

```
function setChordCountsInLabels(){
  songList.songs.forEach(function(song){
    if(classifier.chordCountsInLabels.get(song.difficulty)
=== undefined){
      classifier.chordCountsInLabels.set(song.difficulty, {});
    }
    song.chords.forEach(function(chord){
      if(classifier.chordCountsInLabels.get(song.difficulty)[chord] >
0){
        classifier.chordCountsInLabels.get(song.difficulty)[chord] +=
1;
      } else {
        classifier.chordCountsInLabels.get(song.difficulty)[chord] =
1;
      }
    });
  });
}
```

如果修改得當，所有的測試應該都會通過。

整合 classfier 物件及其他函式和變數

現在我們把 chordCountsInLabels 搬進 classifier 物件。

```
const classifier = {
...
  setChordCountsInLabels = function(){
    songList.songs.forEach(function(song){
```

```
        if(classifier.chordCountsInLabels.get(song.difficulty)
    === undefined){
          classifier.chordCountsInLabels.set(song.difficulty, {});
        }
        song.chords.forEach(function(chord){
          if(classifier.chordCountsInLabels
.get(song.difficulty)[chord] > 0){
            classifier.chordCountsInLabels
.get(song.difficulty)[chord] += 1;
          } else {
            classifier.chordCountsInLabels
.get(song.difficulty)[chord] = 1;
          }
        });
      });
    },
...
```

同時得在 setLabelsAndProbabilities 裡面的呼叫冠上 classifier.。

```
function setLabelsAndProbabilities(){
  setLabelProbabilities();
  classifier.setChordCountsInLabels();
};
```

接下來，我們把 classifier 參照換成 this，並在 forEach 加上 thisArg 參數。

```
const classifier = {
...
  setChordCountsInLabels: function(){
    songList.songs.forEach(function(song){
      if(this.chordCountsInLabels.get(song.difficulty) === undefined){
        this.chordCountsInLabels.set(song.difficulty, {});
      }
      song.chords.forEach(function(chord){
        if(this.chordCountsInLabels.get(song.difficulty)[chord] > 0){
          this.chordCountsInLabels.get(song.difficulty)[chord] += 1;
        } else {
          this.chordCountsInLabels.get(song.difficulty)[chord] = 1;
        }
      }, this);
    }, this);
  },
```

執行測試一切安好。接下來，就如我們為了摒棄在 probabilityOfChordsInLabels 映射上重新設值的方式，而新增 likelihoodFromChord 函式來查詢計算值那樣，我們也可以用同樣的手段把 chordCountsInLabels 映射拿掉。

先瞥一眼 setChordCountsInLabels 函式，它做的事情是迴圈掃過每個歌曲（song）的每個和弦（chord），並對各首歌的和弦計數加一。既然是為了計數在特定難度每個和弦出現的次數，我們直接在 classifier 物件新增 setChordCountsInLabels 函式，裡面包含一個迴圈和計數器：

```
chordCountForDifficulty: function(difficulty, testChord){
  let counter = 0;
  songList.songs.forEach(function(song){
    if(song.difficulty === difficulty){
      song.chords.forEach(function(chord){
        if(chord === testChord){
          counter = counter + 1;
        }
      });
    }
  });
  return counter;
},
```

這樣一來，我們可以從函式取值，不用另外儲存每個和弦的計數。順帶一提，由於程式當中沒有使用到 this，不需要在 forEach 函式加入 thisArg 參數。

我們得做點額外修改，首先將 likelihoodFromChord 函式改寫如下：

```
likelihoodFromChord: function(difficulty, chord){
  return this.chordCountForDifficulty(difficulty, chord) /
songList.songs.length;
},
```

接著把 classifier 的屬性 setChordCountsInLabels 和 setLabelsAndProbabilities 移除，得到結果如下：

```
function setLabelsAndProbabilities(){
  setLabelProbabilities();
};
```

觀察到 setLabelsAndProbabilities 的存在只是為了呼叫 setLabelProbabilities，因此可以將 trainAll 中的 setLabelsAndProbabilities 改成 setLabelProbabilities。

把以下這段：

```
function trainAll(){
  songList.songs.forEach(function(song){
    train(song.chords, song.difficulty);
  });
```

```
    setLabelsAndProbabilities();
  };
```

改成：

```
  function trainAll(){
    songList.songs.forEach(function(song){
      train(song.chords, song.difficulty);
    });
    setLabelProbabilities();
  };
```

測試一切順利。在展開下一步之前，看一下 chordCountForDifficulty 函式：

```
  chordCountForDifficulty: function(difficulty, testChord){
    let counter = 0;
    songList.songs.forEach(function(song){
      if(song.difficulty === difficulty){
        song.chords.forEach(function(chord){
          if(chord === testChord){
            counter = counter + 1;
          }
        });
      }
    });
    return counter;
  },
```

我們可以發現有一個變數是用 let 宣告而不是 const 宣告，代表迴圈內有一個變數不斷在進行更新，這就跟我們之前重構 classify 函式的時候一樣，每當程式對容器進行迭代來計算數值，我們可以採用 reduce 來重寫原來的程式：

```
  chordCountForDifficulty: function(difficulty, testChord){
    return songList.songs.reduce(function(counter, song){
      if(song.difficulty === difficulty){
        song.chords.forEach(function(chord){
          if(chord === testChord){
            counter = counter + 1;
          }
        });
      }
      return counter;
    }, 0);
  },
```

我們得要做一點修改：

- 直接回傳 reduce 的回傳值
- 用 reduce 的回調函式取代原來的 counter 變數
- 在 reduce 回調函式裡面回傳 counter 值，注意這回傳發生在每掃過一次 songList 元素，而不是從 chordCountForDifficulty 回傳

另外，可以用 filter 來取代 forEach，藉此計算出符合既定條件的元素數量。用 filter 創造一個僅含有我們需要的元素的陣列，然侯直接取得它的長度。

```
chordCountForDifficulty: function(difficulty, testChord){
  return songList.songs.reduce(function(counter, song){
    if(song.difficulty === difficulty){
      counter += song.chords.filter(function(chord){
        return chord === testChord;
      }).length;
    }
    return counter;
  }, 0);
},
```

使用 filter 的好處是由於每次計算陣列長度後才會加到 counter，我們可以更少次更動 counter 變數，而且也幫 chordCountForDifficulty 縮短了兩行。不過，也可以選擇用第二個 reduce 而不是 filter，來強調其中計數的運算，但是這麼做意味著多出一個內部計數用的 innerCount 變數，顯得有些笨拙。

效能的影響

重構程式的目標之一是減少程式的篇幅，我們針對現有的需求做修改，而非為之後的需求加入新東西。

程式的效能差異根據其存取資料的方式而定。把原來結構重寫成不會用到的東西只是在浪費時間，而把常用的資料結構重寫得更精簡則很有可能增進效能，但要小心某些 JavaScript 平台會對程式做優化，因此效能的增進與否未必如你預測。

在第 11 章，我們會討論函數式程式設計中的**記憶化**（*memoization*），這是一種快取技術，能夠提升存取資料的效能。

總而言之，本書以人性為尊，行有餘力才會考慮效能。

目前為止，只剩下三個全域函式：**train**、**trainAll**、**setLabelProbabilities**，它們看起來也能塞進 **classifier** 裡面，就先這麼動手吧：

```
const classifier = {
...
trainAll: function(){
  songList.songs.forEach(function(song){
    classifier.train(song.chords, song.difficulty);
  });
  classifier.setLabelProbabilities();
},

train: function(chords, label){
  chords.forEach(chord => {
    classifier.allChords.add(chord);
  });
  if(Array.from(classifier.labelCounts.keys()).includes(label)){
    classifier.labelCounts.set(
      label, classifier.labelCounts.get(label) + 1);
  } else {
    classifier.labelCounts.set(label, 1);
  }
},

setLabelProbabilities: function(){
  classifier.labelCounts.forEach(function(_count, label){
    classifier.labelProbabilities.set(
      label, classifier.labelCounts.get(label) /
songList.songs.length);
  });
}
...
```

其中最大的變動是，由於這些函式被放置在物件底下，**trainAll** 等函式呼叫 **train** 和 **setLabelProbabilities** 必須冠上 **classifier.** 名稱，同樣地測試程式呼叫 **trainAll** 的時候也得冠上 **classifier.**。

```
classifier.trainAll();
```

目前測試程式全數通過，接下來我們得"this-ify"我們的函式，也就是把所有的 **classifier** 對象換成 **this**，記得也要在 **trainAll** 和 **setLabelProbabilities** 函式裡，每個 **forEach** 的回調函式加入 **thisArg** 參數：

```
trainAll: function(){
  songList.songs.forEach(function(song){
    this.train(song.chords, song.difficulty);
```

```
    }, this);
    this.setLabelProbabilities();
  },

  train: function(chords, label){
    chords.forEach(chord => { this.allChords.add(chord) });
    if(Array.from(this.labelCounts.keys()).includes(label)){
      this.labelCounts.set(label, this.labelCounts.get(label) + 1);
    } else {
      this.labelCounts.set(label, 1);
    }
  },

  setLabelProbabilities: function(){
    this.labelCounts.forEach(function(_count, label){
      this.labelProbabilities.set(label, this.labelCounts.get(label) /
  songList.songs.length);
    }, this);
  }
```

注意 train 函式的 forEach 使用箭頭函式，不需要再加上 thisArg 參數。

現在，所有的程式僅被分成 classifier 和 songList 兩部分，也就是說只剩下兩個全域變數了。我們思考一下把它們放到哪裡比較合適，比如說 classifier 的 allChords 其實更適合放在 songList。

現在我們直接把 allChords 搬進 songList：

```
const songList = {
  allChords: new Set(),
```

把原來的 allChords 從 classifier 刪掉，並把 train 裡面將 this 換成 songList：

```
chords.forEach(chord => { songList.allChords.add(chord) });
```

修改正確的話，測試應全數通過。

在下一步，我們希望 classifier 變成程式唯一的全域進入點，因此我們也得想辦法把 songList 塞進 classifier：

```
const classifier = {
  songList: {
    allChords: new Set(),
    difficulties: ['easy', 'medium', 'hard'],
    songs: [],
    addSong: function(name, chords, difficulty){
      this.songs.push({name: name,
```

```
                        chords: chords,
                        difficulty: this.difficulties[difficulty]})
      }
    },
  ...
```

只是要注意的是當 songList 搬進 classifier 之後，物件裡面任何對 songList 的參照必須冠上 this.，同樣地在測試程式的部分，參照也得冠上 classifier.，我們直接搜尋 songList 字面、一步步修改就達成了。完成後存檔、測試、檢查後提交。

箭頭函式、物件函式和物件的簡短語法

還記得先前我們用過的箭頭函式？現在我們進一步深入更多細節，討論函式語法上的不一致性。我們從 train 函式裡面一個箭頭函式開始：

```
train: function(){
  chords.forEach(chord => { this.songList.allChords.add(chord) });
...
```

之前有說明過，使用匿名函式的時候，我們可以選擇要不要用 forEach 的 thisArg 參數傳遞 this 進去。這裡做點小驗證，我們把這裡的箭頭函式改寫成匿名函式，說明箭頭函式是有作用的，而不是恰巧可以執行而已：

```
train: function(){
  chords.forEach(function(chord){
    this.songList.allChords.add(chord);
  });
...
```

這樣測試就會失敗！若選擇用這種形式，我們得傳遞 this 進去，像這段 trainAll 寫的那樣：

```
train: function(){
  chords.forEach(function(chord){
    this.songList.allChords.add(chord);
  }, this);
...
```

我們也可以在函式呼叫 bind 做到一樣的效果，像 reduce 這種沒有提供 thisArg 參數的場合就有機會用到：

```
train: function(){
  chords.forEach(function(chord){
    this.songList.allChords.add(chord);
```

```
    }.bind(this));
  ...
```

除了上述兩個做法，我們還是可以用箭頭函式，它會自動連同 this 的內容傳遞給內部的函式，這也省得我們寫程式的筆墨，這好樣的。

有的讀者可能會想，是不是在某些情況下我們會避免用箭頭函式？的確，在你不希望外面的 this 內容取代掉原本的 this 之時，比如說使用 jQuery 的點擊事件處理器（click handler），就不適合用箭頭函式。

使用 function 關鍵字還有另外一個理由，就是它字面上和函式宣告很相像，這讓我們提取或內聯程式碼更容易（不考慮傳遞參數的難度）。

```
// 形式 1

chords.forEach(function myFunction(){
  this.songList.allChords.add(chord);
}, this);

// 形式 2

chords.forEach(myFunction, this);

function myFunction(){
  this.songList.allChords.add(chord);
};
```

我們可以輕易地在這兩個形式間轉換，如果我們有形式 1 的匿名函式，只要花點小力氣把它改寫成獨立的有命名函式。反之，如果函式搭配 forEach、map、reduce、filter 使用，我們也可以換成箭頭函式，這樣可以省去 10 行左右的程式碼。利用這些技巧，我們成功把原來的 110 行減少到 63 行。程式的流程現在一覽無遺（省略測試的程式碼）：

```
const classifier = {
  labelCounts: new Map(),
  labelProbabilities: new Map(),
  chordCountsInLabels: new Map(),
  smoothing: 1.01,
  songList: {
    allChords: new Set(),
    difficulties: ['easy', 'medium', 'hard'],
    songs: [],
    addSong: function(name, chords, difficulty){
      this.songs.push({name: name,
                      chords: chords,
```

```
                    difficulty: this.difficulties[difficulty]});
    }
  },
  chordCountForDifficulty: function(difficulty, testChord){
    return this.songList.songs.reduce((counter, song) => {
      if(song.difficulty === difficulty){
        counter += song.chords.filter((chord) => {
          return chord === testChord;
        }).length;
      }
      return counter;
    }, 0);
  },
  likelihoodFromChord: function(difficulty, chord){
    return this.chordCountForDifficulty(difficulty, chord) /
this.songList.songs.length;
  },
  valueForChordDifficulty(difficulty, chord){
    const value = this.likelihoodFromChord(difficulty, chord);
    return value ? value + this.smoothing : 1;
  },
  trainAll: function(){
    this.songList.songs.forEach((song) => {
      this.train(song.chords, song.difficulty);
    });
    this.setLabelProbabilities();
  },
  train: function(chords, label){
    chords.forEach(chord => { this.songList.allChords.add(chord) } );
    if(Array.from(this.labelCounts.keys()).includes(label)){
      this.labelCounts.set(label, this.labelCounts.get(label) + 1);
    } else {
      this.labelCounts.set(label, 1);
    }
  },
  setLabelProbabilities: function(){
    this.labelCounts.forEach((_count, label) => {
      this.labelProbabilities.set(label, this.labelCounts.get(label) /
this.songList.songs.length);
    });
  },
  classify: function(chords){
    return new Map(Array.from(
      this.labelProbabilities.entries()).map((labelWithProbability) => {
      const difficulty = labelWithProbability[0];
      return [difficulty, chords.reduce((total, chord) => {
        return total * this.valueForChordDifficulty(difficulty, chord);
```

```
      }, this.labelProbabilities.get(difficulty) + this.smoothing)];
    }));
  }
};
```

我們回來談談箭頭函式的小細節，只有一個參數的時候，我們可以省略括弧：

```
return new Map(Array.from(
  this.labelProbabilities.entries()).map(labelWithProbability => {
```

至於有兩個以上參數的情況就得加上括弧，如這個例子：

```
setLabelProbabilities: function(){
  this.labelCounts.forEach((_count, label) =>{
```

而如果參數數量是零，也必須加上括弧。我們可以把測試程式改成這種語法：

```
describe('the file', () => {
...
  it('classifies', () => {
...
  it('classifies again', () => {
...
  it('label probabilities', () => {
...
```

至於函式宣告作為物件屬性的部分，也許我們可以用箭頭函式來宣告 `trainAll` 函式，如下所示：

```
trainAll: () => {
  this.songList.songs.forEach(song => {
    this.train(song.chords, song.difficulty);
  });
  this.setLabelProbabilities();
},
```

但是導致的副作用可不是我們想要的，這樣 `this` 關鍵字會抓取到外部的全域物件（global object）。我們確實會想用 function 關鍵字來宣告函式，唯有如此才能確保 `this` 抓到的是 `classifier` 物件。無論如何，我們還是找得到更好的簡寫法（稍後才會介紹）。現在把剛才的修改改回去：

```
trainAll: function(){
  this.songList.songs.forEach(song => {
    this.train(song.chords, song.difficulty);
  });
  this.setLabelProbabilities();
},
```

箭頭函式還有一個迥異的寫法是有時候我們可以省略大括弧 {}，比如說這行程式：

```
counter += song.chords.filter((chord) => {
          return chord === testChord;
        }).length;
```

可以改寫成：

```
counter += song.chords.filter(chord => chord === testChord).length;
```

缺少了大小括弧和 return 關鍵字的確有點怪異，可能是寫法上緊湊了點。去掉大括弧的寫法有個效果，它會把執行語句的結果當做回傳值，也就是說，在上面的例子中只會回傳 true 或者 false。

另外有件得注意的事情，大括弧的意義是包住函式內容，如果你希望箭頭函式直接回傳一個物件，如下所示，會有語法模棱兩可的問題，導致錯誤。

```
someFunction(someArg => {someThing: 'someValue'}) // 錯誤
```

我們得補上小括弧，才能正確地回傳物件。

```
someFunction(someArg => ({someThing: 'someValue'})) // 正確
```

我的個人風格是儘可能少用多餘的語法，也就是這行：

```
chords.forEach(chord => { this.songList.allChords.add(chord) } );
```

我會寫成這樣：

```
chords.forEach(chord => this.songList.allChords.add(chord) );
```

我們在探討箭頭函式時遇到了一個問題：作為物件屬性的函式宣告該如何簡寫？目前我們多採用以下方法：

```
const classifier = {
...
    addSong: function(name, chords, difficulty){
...
  chordCountForDifficulty: function(difficulty, testChord){
...
```

但是有個例外：

```
valueForChordDifficulty(difficulty, chord){

// 來替代下面

valueForChordDifficulty: function(difficulty, chord){
```

我們改成用上面這種簡短語法，可以省略掉 : function 這一小段程式碼，修改完如下：

```
const classifier = {
  songList: {
...
    addSong(name, chords, difficulty){
...
  chordCountForDifficulty(difficulty, testChord){
...
```

和函式宣告語法多次奮戰之後，我們終於完全擺脫了 function 關鍵字，語法上清爽了不少，多虧了 ES2015 ！

當然，這些簡短語法只適用於物件或類別宣告，在上述範圍之外（例如一般函式內、全域作用域或建構函式內），我們還是免不了得用長一點的函式宣告，否則直譯器會在 { 的地方噴錯。另外，簡短語法還是也有可能導致移植性較低的問題。

計算屬性

有一種做法可以動態宣告物件的屬性，程式碼如下：

```
songs = {
  ['first' + 'Song']: {},
  ['second' + 'Song']: {},
  ['third' + 'Song']: {}
}
```

基本上你可以在方括號中間計算 JavaScript 表達式以產生屬性名稱，雖然這是個沒什麼用的例子，但這招在某些時候很方便。

然而要注意，一旦你像 songs['first' + 'Song'] 這樣動態計算屬性名稱，你就很難直接搜尋 firstSong 來找到這個屬性出現的所有位置。

看看 addSong 函式，有個可以再簡短的地方：

```
addSong(name, chords, difficulty){
  this.songs.push({name: name,
                  chords: chords,
                  difficulty: this.difficulties[difficulty]});
}
```

我們可以用物件的縮寫語法（*object shorthand*）改寫，如下：

```
this.songs.push({name, chords,
                 difficulty: this.difficulties[difficulty]});
```

使用建構函式來生成新物件

目前為止，我們花了很多時間處理物件字面值語法（object literal），也稍微接觸類別（class）的觀念，現在我們來談談另一種生成物件的方式：使用建構函式，如果我們用建構函式的寫法，程式會變成這樣：

```
const Classifier = function(){
  const SongList = function() {
    this.allChords = new Set();
    this.difficulties = ['easy', 'medium', 'hard'];
    this.songs = [];
    this.addSong = function(name, chords, difficulty){
      this.songs.push({name,
                       chords,
                       difficulty: this.difficulties[difficulty]});
    };
  };
  this.songList = new SongList();
  this.labelCounts = new Map();
  this.labelProbabilities = new Map();
  this.chordCountsInLabels = new Map();
  this.smoothing = 1.01;
  this.chordCountForDifficulty = function(difficulty, testChord){
    return this.songList.songs.reduce((counter, song) => {
      if(song.difficulty === difficulty){
        counter += song.chords.filter(chord => chord === testChord).length;
      }
      return counter;
    }, 0);
  };
  this.likelihoodFromChord = function(difficulty, chord){
    return this.chordCountForDifficulty(difficulty, chord) /
this.songList.songs.length;
  };
  this.valueForChordDifficulty = function(difficulty, chord){
    const value = this.likelihoodFromChord(difficulty, chord);
    return value ? value + this.smoothing : 1;
  };
  this.trainAll = function(){
    this.songList.songs.forEach((song) => {
      this.train(song.chords, song.difficulty);
```

```
    });
    this.setLabelProbabilities();
  };
  this.train = function(chords, label){
    chords.forEach(chord => this.songList.allChords.add(chord) );
    if(Array.from(this.labelCounts.keys()).includes(label)){
      this.labelCounts.set(label, this.labelCounts.get(label) + 1);
    } else {
      this.labelCounts.set(label, 1);
    }
  };
  this.setLabelProbabilities = function(){
    this.labelCounts.forEach((_count, label) => {
      this.labelProbabilities.set(label, this.labelCounts.get(label) /
this.songList.songs.length);
    });
  };
  this.classify = function(chords){
    return new Map(Array.from(
      this.labelProbabilities.entries()).map((labelWithProbability) => {
      const difficulty = labelWithProbability[0];
      return [difficulty, chords.reduce((total, chord) => {
        return total * this.valueForChordDifficulty(difficulty, chord);
      }, this.labelProbabilities.get(difficulty) + this.smoothing)];
    }));
  };
};
const wish = require('wish');
describe('the file', () => {
  const classifier = new Classifier();
...
```

測試程式只有一個小地方有修改，得用另一種寫法來初始化 `classifier` 物件：

```
const classifier = new Classifier();
```

這裡利用 JavaScript 提供的 `new` 關鍵字來實體化一個物件，在 `classifier` 物件裡，我們用同樣的方式初始化 `songList` 屬性：

```
this.songList = new SongList();
```

上方的新寫法中，大多只是對原本程式碼做修改，僅有 `new Classifier()` 和 `new SongList()` 是新增的。

使用建構函式時別忘記加 *new*

有時候忘了加上 new 關鍵字，但執行程式時卻沒發生問題，原因在於這情況下 this 代表全域物件（或者在 strict mode 下是 undefined）。

這個問題有時候被當做使用 Object.create 來代替 new 搭配建構函式的理由之一，畢竟 Object.create 更符合 JavaScript 使用原型的思想，而不是像建構函式般模擬傳統的寫法。

順帶一提，為了寫法上的彈性，使用 new 呼叫建構函式的時候，如果無須參數，可以省略括號：

```
this.songList = new SongList();
this.songList = new SongList;
```

該用建構函式還是用物件字面值來生成物件呢？兩者在概念上並不完全一樣。如果我們使用物件字面值，想再生成第二個一樣的物件的時候，光是處理深度複製（deep copying）的問題就會搞得七葷八素。之前也提過我們也不能直接用 = 來創造新物件，因為這只會複製參照，但新參照還是會指向原來的物件，我們得求助於 Object.create、類別或者其他的工具來幫我們複製出新物件。因此，如果我們需要生出很多個物件，物件字面值就不會是好選擇。

這段程式碼還說明了其他語法上的更動，比如在建構函式裡面，除了得在每個物件的屬性冠上 this.，我們不得不使用 function 關鍵字、原本的冒號也得換成等號，最後每個結尾的小逗號也得換成分號。

談到分號…

有些讀者的確很討厭使用分號，畢竟 JavaScript 有**自動插入分號**（*automatic semicolon insertion*、*ASI*）機制，非必要時才會使用分號。

我的個人意見是，某些狀況下不能省略括號，但這些狀況我老是記不住（而我發現我同事也記不住），所以我們乾脆就總是使用分號。

要不要加分號這件事其實不是很重要，交給風格檢查器去處理就好了。

儘管不是每個人都喜歡建構函式那一套語法，但至少目前的測試跑下去會通過，表示目前的重構是成功的。但我們從這改變中得到了什麼？比起原來的物件字面值寫法，我們不再受限於 JSON 語法，我們可以在建構函式內寫任何想要的語句，除了可以宣告私有（private）的變數或函式外，也可以宣告全域變數，只要前面不冠上 var、let、const 等關鍵字就可以做到。更重要的是我們可以用 new 來生成多個物件實體，不用像之前用物件字面值的時候，得不直觀地去複製一個新物件出來。

建構函式 v.s. 工廠函式

classifier 物件的部分暫時先打住，回到我們第 5 章的 diary 程式，第 5 章主要關注在隱私性，而本節主要關注在物件及其生成方式的討論。

在本章最後一節我們會開始設計程式的 API，在進入正題之前，得先熟悉建構函式有那些東西可以或不可以給外部存取。我們先從下面簡短程式出發，從中掌握到精髓之後，再套用到簡單貝氏分類器程式：

```
// 建構函式
const Secret = function(){
  this.normalInfo = 'this is normal';
  const secret = 'sekrit';
  const secretFunction = function(){
    return secret;
  };
  this.notSecret = function(){
    return secret;
  };
  totallyNotSecret = "I'm defined in the global scope";
};
const s = new Secret();
console.log(s.normalInfo); // 'this is normal' 字串
console.log(s.secret); // undefined
console.log(s.secretFunction()); // 錯誤
console.log(s.notSecret()); // 'sekrit' 字串
console.log(s.totallyNotSecret); // undefined
console.log(totallyNotSecret); // 'I'm defined in the global scope' 字串
```

除了 new 關鍵字之外，也可以選擇用 Object.create 來生成新物件。

開始翻修 classifier 之前，先來看下面的例子，請觀察以下寫法和 new 寫法的差別：

```
// 工廠函式
var secretTemplate = (function(){
  var obj = {};
  obj.normalInfo = 'this is normal';
  const secret = 'sekrit';
  const secretFunction = function(){
    return secret;
  };
  obj.notSecret = function(){
    return secret;
  };
  totallyNotSecret = "I'm defined in the global scope";
  return obj;
```

```
})();
const s = Object.create(secretTemplate);
console.log(s.normalInfo); // 'this is normal'
console.log(s.secret); // undefined
console.log(s.secretFunction()); // 錯誤
console.log(s.notSecret()); // 'sekrit'
console.log(s.totallyNotSecret); // undefined
console.log(totallyNotSecret); // "I'm defined in the global scope"
```

不難看出使用 `Object.create` 的時候，必須提供一個物件作為模板，至於為何要用寫一個函式來回傳物件，是為了做到像 `new` 建構物件那樣的彈性。注意我們這裡用到立即呼叫函式運算式（IIFE）的小技巧，當然我們還是可以用一般函式，如下所示：

```
var secretTemplate = function(){
...
};
const s = Object.create(secretTemplate());
```

雖然這可以做到同樣的效果，但是寫法就沒這麼清爽，每次生成新物件的時候，得記得呼叫函式；反之，在 IIFE 的版本中，我們只呼叫 `secretTemplate` 一次，每次生成物件的時候只需要參照這個模板物件就可以了。

再對程式碼做點小修改，物件回傳程式可以寫得更簡明一點：

```
// 模組模式
var secretTemplate = (function(){
  const secret = 'sekrit';
  const secretFunction = function(){
    return secret;
  };
  totallyNotSecret = "I'm defined in the global scope";
  return {normalInfo: 'this is normal',
          notSecret(){
            return secret;
          }};
})();
const s = Object.create(secretTemplate);
console.log(s.normalInfo); // 'this is normal'
console.log(s.secret); // undefined
console.log(s.secretFunction()); // 錯誤
console.log(s.notSecret()); // 'sekrit'
console.log(s.totallyNotSecret); // undefined
console.log(totallyNotSecret); // "I'm defined in the global scope"
```

這寫法我稱為**模組模式**（*module pattern*），注意這裡講的模組和載入套件時的「模組」意思是不同的，一種常見的變種是**揭示模組模式**（*revealing module pattern*），如下所示。

```
// 揭示模組模式
var secretTemplate = (function(){
  const secret = 'sekrit';
  const secretFunction = function(){
    return secret;
  };
  totallyNotSecret = "I'm defined in the global scope";
  const normalInfo = 'this is normal';
  const notSecret = function(){
    return secret;
  };
  return {normalInfo, notSecret};

})();
const s = Object.create(secretTemplate);
console.log(s.normalInfo); // 'this is normal'
console.log(s.secret); // undefined
console.log(s.secretFunction()); // 錯誤
console.log(s.notSecret()); // 'sekrit'
console.log(s.totallyNotSecret); // undefined
console.log(totallyNotSecret); // "I'm defined in the global scope"
```

這寫法具有可讀性，也簡潔多了。

再論 IIFE

本段的例子中我們把 IIFE 寫法放在賦值運算的右手邊，有的情況下，被賦值的變數說不定可以直接輸出作為模組。

也有一種場合是 IIFE 被用來限制裡面程式的生存範圍，我們可以直接用區塊語法來替代。比如說原來這段程式：

```
(function(){
// 被限制範圍的程式碼
})();
```

可改寫如下：

```
{
// 被限制範圍的程式碼
};
```

然而必須注意的一件事，如果區塊 {} 被放在指派運算的右手邊，會被當成物件字面值語法而導致錯誤，這情況，就必須使用 IIFE。

回到我們的 classifier，應用 Object.create 來構造一個工廠函式，事情就會簡單很多，只依賴物件字面值語法就可以做到，不需要為了用 new 關鍵字，把整個程式全部改寫。

```
const classifierTemplate = {
  songList: {
    allChords: new Set(),
...
const wish = require('wish');
describe('the file', () => {
  var classifier = Object.create(classifierTemplate);
```

為了順利完成工作，我們分成兩個步驟進行，第一步是先將初始的物件作為模板，我們將之重新命名為 classifierTemplate，第二步，在我們的測試程式裡面，利用 Object.create 複製模板物件來做出 classifier 物件。目前暫時只有用到物件字面值，還沒用上 IIFE 的技巧，這得等之後考慮過哪些屬性必須是私有的才能再進行。

為何要花這麼多筆墨談 Object.create 搭配工廠函式或 new 搭配建構函式的方法呢？它們可以讓我們方便地生出多個 classifier 物件實體。這樣每次生成新的 classifier 的時候，作為 classifier 屬性的 songList 會被新創造出來。無論是物件字面值、Object.create、new 關鍵字都是一種解決途徑，在下一章我們還會深入討論。

創建 Classifier 類別

接下來，我們在程式中建立一個類別。至於為何不用 Map 來儲存我們的物件，是因為這些物件囊括變數、函式等多種的屬性，要怎麼**類別化**我們的程式才不會費很多功夫？

```
class Classifier {
  constructor(){
    this.songList = {
      allChords: new Set(),
      difficulties: ['easy', 'medium', 'hard'],
```

```
        songs: [],
        addSong(name, chords, difficulty){
          this.songs.push({name,
                          chords,
                          difficulty: this.difficulties[difficulty]});
        }
      };
      this.labelCounts = new Map();
      this.labelProbabilities = new Map();
      this.smoothing = 1.01;
    };
    chordCountForDifficulty(difficulty, testChord){
      return this.songList.songs.reduce((counter, song) => {
        if(song.difficulty === difficulty){
          counter += song.chords.filter(
            chord => chord === testChord
          ).length;
        }
        return counter;
      }, 0);
    };
  ...
```

第一行看起來很像函式宣告的寫法，本質上它的確是一種特殊的函式（只是字面上的寫法不明顯而已）。和函式宣告類似，我們可以把類別語句賦值給一個變數，如下所示：

```
const Classifier = class {
```

此外，相較於原來的物件字面值寫法，每個類別屬性必須用分號結尾，而不是逗號。類別中不是函式的屬性我們會定義在建構子（`constructor`）之中，我們可以方便地用 **`this.`** 逐行定義屬性，但記得此時要以分號結尾。總之，建構子只有在每次物件生成的時候才會被呼叫，並負責初始化物件屬性的任務。

創建新物件的語法與建構函式的寫法類似：

```
const classifier = new Classifier();
```

如果建構子不接收任何參數，也可以省略括弧：

```
const classifier = new Classifier;
```

靜態函式

如果你希望函式不需要依附與物件實體就能使用，類別提供的**靜態函式**的功能可以做到這點。在我們的程式中，函式並非靜態的，要使用 this 才能參照到它們。如果我們真的需要一個靜態函式，比如說將原來的 likelihoodFromChord：

```
likelihoodFromChord(difficulty, chord){
  return this.chordCountForDifficulty(difficulty, chord)
  / this.songList.songs.length;
};
```

改寫如下：

```
likelihoodFromChord(difficulty, chord){
  return this.divide(this.chordCountForDifficulty(difficulty,
                                                   chord),
                     this.songList.songs.length);
};
divide(dividend, divisor){
  return dividend / divisor;
};
```

顯然地，divide 函式和 likelihoodFromChord 沒有關聯（其中 divide 完全沒用到 this），我們可以把 divide 變成靜態函式，改成從類別呼叫，而不是從實例呼叫：

```
likelihoodFromChord(difficulty, chord){
  return Classifier.divide(this.chordCountForDifficulty(difficulty, chord),
                           this.songList.songs.length);
};
static divide(dividend, divisor){
  return dividend / divisor;
};
```

當然，既然 / 運算子可以做到一樣的工作，那這類修改就沒有必要，但至少表示靜態函式並沒有那麼難實作。如果你想把程式改回原樣，那也是你的自由。

難道類別不好嗎？

你可能常聽到這些言論：

「JavaScript 沒有真正的類別！它的底層只有函式跟物件而已，那不過是個偽裝，它本質上和真正的類別是不同的。」「JavaScript 是個 10 天內造就出來的產物，底層的東西一團亂，應該儘可能使用新的語法，避免和 `.prototype`、`[[prototype]]`、`getPrototypeOf`、`__proto__` 攪和在一起。」、「如果你和你的組員瞭解類別的觀念，它能帶來很多好處。」

但隨著越來越多新的特性被加進 JavaScript 的類別（例如第 5 章提到真正的私有屬性），它越來越像一種真正的語意結構，而不只是語法糖而已。這方面的改變並不代表 OOP 已經在 JavaScript 佔了上風，不過至少我們不會再說類別一無是處。

設計 API

我們的類別總算變得有模有樣，我們可以開始思考怎麼設計 API。換句話說，如果有人想把你的程式當做模組載入進去，那你就得想想哪些東西必須公開，也就是可以被存取，哪些東西必須設為私有？即使在第 5 章提過，JavaScript 的公私有機制並不完善，但是至少我們可以先畫出一個藍圖，找出哪些函式是可以公開的，等到下一節，就可以進一步模組化。

在 `classifier`[譯註]下面有三個函式必須能被外部存取：

- `constructor` 建構子
- `trainAll`
- `classify`

除此之外，`songList` 的 `addSong` 函式必須能被外部存取，為了方便起見，我們在 classifier 加入新函式：

```
class Classifier  {
  constructor(){
...
  };
```

譯註　原作筆誤為 classify

```
  addSong(name, chords, difficulty){
    this.songList.addSong(name, chords, difficulty);
  };
...
```

train 函式也可以比照辦理嗎？

根據目前的 API 的設計，必須逐一加入歌曲，再一次完成訓練。不幸的，我們程式有個問題：這些函式沒有冪等（*idempotent*）性質，也就是這些函式帶有副作用，並非純函式，只要調換這些這些函式的呼叫順序或者重複呼叫函式，就可能會導致不同的結果（第 11 章會深入介紹冪等性質）。

講明白點，現在的 `train` 函式不會呼叫 `setLabelProbabilities`，如果我們把 `setLabelProbabilities` 從 `trainAll` 搬到 `train` 裡面，測試程式就會失敗。

本章暫時不解決這問題，第 11 章會介紹冪等性質和函數式程式設計，我們將會應用這些概念來寫出新的簡易貝氏分類器版本。

這樣一來，我們可以直接呼叫 classifier 的函式，如下方的程式：

```
classifier.songList.addSong('imagine',
['c', 'cmaj7', 'f', 'am', 'dm', 'g', 'e7'], 0);
classifier.songList.addSong('somewhereOverTheRainbow',
['c', 'em', 'f', 'g', 'am'], 0);
```

改寫成這樣：

```
classifier.addSong('imagine',
['c', 'cmaj7', 'f', 'am', 'dm', 'g', 'e7'], 0);
classifier.addSong('somewhereOverTheRainbow',
['c', 'em', 'f', 'g', 'am'], 0);
```

另外，由於這 classifier 的函式只是用來代表 songList 的函式，用點技巧，我們就不需要明確指定參數的格式：

```
class Classifier  {
  constructor(){
...
  };
  addSong(...songParams){ // 其餘參數
    this.songList.addSong(...songParams); // 展開參數
  };
...
```

`...songParams` 語法寫在函式定義代表剩餘參數（*rest parameter*），而同樣的語法寫在函式呼叫，代表展開運算子（*spread operator*），短短幾句很難完全解釋他的含義，不過感謝本書的審閱者之一 Chris Deely 給了一個簡明的說法：[譯註]剩餘代表接收參數、展開代表傳送參數。

接收參數的語法可以把傳進來的參數包裝成陣列，展開運算子功能恰恰相反，把陣列展開成獨立的參數給呼叫它的函式。

使用剩餘參數、展開運算子有個方便之處，其參數是由 `songList` 下的 `addSong` 訂定的，一旦參數的格式被更動，不需要手工修改 `classifier` 的 `addSong` 參數，能讓程式保持彈性。

另外，有一種情況是 `songList` 負擔大部分的實作，而 `classifier` 只是代理其所有的函式，這時可以考慮把這些代理函式全部拿掉，讓測試程式或使用我們模組的程式直接呼叫 `songList` 裡面的函式。對於使用者來說，將整個程式弄成一個物件來讓他們取用的確是好事，然而一旦代理函式的數量過於膨脹，就得重新檢驗我們的程式是否設計洽當。

再談私有化

在第 5 章我們曾經在類別屬性的名稱前加上底線（_），表示這是一個（偽）私有屬性。透過這慣例，使用我們 API 的人能瞭解應避免直接存取哪些屬性。（也有另一種說法，API 的公、私有屬性的區隔代表高階和底層介面的分別）

最好的情況中，你的編輯器可以很方便地執行重新命名（不只單檔案內、甚至是整個專案），以下表列的屬性前面都要冠上底線：

- `songList`
- `labelCounts`
- `labelProbabilities`
- `smoothing`
- `chordCountForDifficulty`
- `likelihoodFromChord`
- `valueForChordDifficulty`

[譯註] 原文為 *rest* is for "receiving," *spread* is for "sending."

- `train`
- `setLabelProbabilities`

等下可以輕易地把類別模組化，我們把原來的程式和測試程式分開來，主程式建立名為 *nb.js* 的檔案：

```
module.exports = class Classifier {
  constructor(){
    this._songList = {
      allChords: new Set(),
      difficulties: ['easy', 'medium', 'hard'],
      songs: [],
      addSong(name, chords, difficulty){
        this.songs.push({name,
                        chords,
                        difficulty: this.difficulties[difficulty]});
      }
    };
    this._labelCounts = new Map();
    this._labelProbabilities = new Map();
    this._smoothing = 1.01;
  };
  addSong(...songParams){
    this._songList.addSong(...songParams);
  };
...
  classify(chords){
    return new Map(Array.from(
      this._labelProbabilities.entries()).map(
(labelWithProbability) => {
      const difficulty = labelWithProbability[0];
      return [difficulty, chords.reduce((total, chord) => {
        return total * this._valueForChordDifficulty(difficulty,
 chord);
      }, this._labelProbabilities.get(difficulty) + this._smoothing)];
    }));
  }
};
```

上面我們做了兩處更改，其一是第一行的開頭：

```
module.exports =
```

其二是我們把測試程式分割到另一個檔案，命名為 *nb_test.js*：

```
const Classifier = require('./nb.js');
const wish = require('wish');
describe('the file', () => {
  const classifier = new Classifier;
  classifier.addSong('imagine',
['c', 'cmaj7', 'f', 'am', 'dm', 'g', 'e7'], 0);
...
  it('label probabilities', () => {
    wish(classifier._labelProbabilities.get('easy') ===
0.3333333333333333);
    wish(classifier._labelProbabilities.get('medium') ===
0.3333333333333333);
    wish(classifier._labelProbabilities.get('hard') ===
0.3333333333333333);
  });
});
```

測試程式從頭到尾只改了最上面的小地方，執行 **mocha nb_test.js**，沒有任何錯誤發生，太讚了。

但是如果想做到真正的私有性呢？我們有幾個選項，一種是捨棄原本的「揭示模組模式（revealing module pattern）」，改成建構函式，但這麼一來必須進行大量增修。另一種方式利用特殊的資料結構，比如 ES2015 的 Symbols（以不確定性達成私有性）、WeakMaps，或者使用初始化函式（基本上就是設計自有的揭示模組模式）。

坦白說，真的有必要為了私有性，而把程式弄得這麼複雜嗎？我們得做點評估和取捨。很可能不只你一個人在寫這份模組，如果把程式寫得骯髒只是為了私有性，只會讓別人更難工作而已。

至於用底線標示會招致什麼風險嗎？難不成你認為一點點的底線會弄髒你的程式？或人家會懷疑為何你不用進步但是難懂的的解法？甚至你在文件裡面提醒過不能調用這些私有函式，還會有人執著要呼叫他們？

如果你已經在大量使用建構函式，那麼做到很好的私有性可能是艱難的抉擇，不過如果你常使用類別，冠上底線就會是相對簡單的解法。照我們這麼說，也許真正的私有屬性會被我們消弭掉。至於程式語言標準的部分，以後可能直接在名稱標記 # 符號，代替原有的 _ 底線符號，代表只能被類別內部存取，只是標準制定還在進行中，可能的寫法可以參考第 5 章。

讓 Classifier 解決不同類型的問題

本章結束之前，我們來到最後一個討論：原本簡易貝氏分類器除了可以處理歌曲和和弦的資料之外，我們可否讓它學習單字？一改原本「簡單」、「中等」、「困難」的分類，有沒有辦法把一拖拉庫的文字分類成「理解」、「不明白」兩種類型？

有的人可能想過我們的程式碼還能更進一步抽象化，在思考怎麼改良我們現在的分類器程式之前，我建議至少先寫過三個類似的版本（即使是一個小函式），找出它們類似的地方後，再嘗試對程式抽象化。

至少我們的分類器程式結構現在整理得不錯，行數也比之前少多了，只需要把物件重新命名，我們就能輕易地將它轉換到不同的問題領域上：

```
module.exports = class Classifier {
  constructor(){
    this._textList = {
      allWords: new Set(),
      understood: ['yes', 'no'],
      texts: [],
      addText(name, words, comprehension){
        this.texts.push({name, words,
comprehension: this.understood[comprehension]});
      }
    };
    this._labelCounts = new Map();
    this._labelProbabilities = new Map();
    this._smoothing = 1.01;
  };
  addText(...textParams){
    this._textList.addText(...textParams);
  };
  _wordCountForComprehension(comprehension, testWord){
    return this._textList.texts.reduce((counter, text) => {
      if(text.comprehension === comprehension){
        counter += text.words.filter(
          word => word === testWord
        ).length;
      }
      return counter;
    }, 0);
  };

  _likelihoodFromWord(comprehension, word){
```

```
    return this._wordCountForComprehension(comprehension, word) /
this._textList.texts.length;
  };
  _valueForWordComprehension(comprehension, word){
    const value = this._likelihoodFromWord(comprehension, word);
    return value ? value + this._smoothing : 1;
  };
  trainAll(){
    this._textList.texts.forEach((text) => {
      this._train(text.words, text.comprehension);
    });
    this._setLabelProbabilities();
  };

  _train(words, label){
    words.forEach(word => this._textList.allWords.add(word) );
    if(Array.from(this._labelCounts.keys()).includes(label)){
      this._labelCounts.set(label, this._labelCounts.get(label) + 1);
    } else {
      this._labelCounts.set(label, 1);
    }
  };

  _setLabelProbabilities(){
    this._labelCounts.forEach((_count, label) => {
      this._labelProbabilities.set(label,
this._labelCounts.get(label) / this._textList.texts.length);
    });
  };

  classify(words){
    return new Map(Array.from(
      this._labelProbabilities.entries()).map(
(labelWithProbability) => {
      const comprehension = labelWithProbability[0];
      return [comprehension, words.reduce((total, word) => {
        return total * this._valueForWordComprehension(comprehension,
word);
      }, this._labelProbabilities.get(comprehension) +
this._smoothing)];
    }));
  }
};
```

這是測試程式的部分：

```
Classifier = require('./nb_new_domain.js');
const wish = require('wish');
describe('the file', () => {
  const classifier = new Classifier;
  classifier.addText('english text',
                     ['a', 'b', 'c', 'd', 'e', 'f', 'g', 'h', 'i',
                      'j', 'k', 'l', 'm', 'n', 'o', 'p', 'q'],
                      0);
  classifier.addText('japanese text',
                     ['あ',    'い',    'う',    'え',    'お',
                      'か',    'き',    'く',    'け',    'こ'],
                      1);

  classifier.trainAll();
  it('classifies', () =>{
    const classified = classifier.classify(['お', 'は', 'よ', 'う', 'ご', 'ざ',
                                            'い', 'ま', 'す']);
    wish(classified.get('yes') === 1.51);
    wish(classified.get('no') === 5.19885601);
  });
  it('number of words', ()=>{
    wish(classifier._textList.allWords.size === 27);
  });

  it('label probabilities', ()=>{
    wish(classifier._labelProbabilities.get('yes') === 0.5);
    wish(classifier._labelProbabilities.get('no') === 0.5);
  });
});
```

根據先前輸入給分類器的資料，測試程式已經清楚地判別出日文比較不易理解。當然，研究文字分類問題的時候，我們可能就會思考如何把文字處理得更透徹，可能不只針對字元單位、單詞、句子，甚至是深入到文法上像是[譯註]詞幹提取（*stemming*）的技巧。同樣地，我們也能對和弦做更深入的處理，和弦間的變化難度也高很多。除此之外，即使是意義相同的單詞，讀者在不同語言上的理解程度也不一樣，我們也可以不只是把特定語言簡單分類成理解、不明白而已。

[譯註] 詞幹提取是資訊檢索領域的術語，用於將不同變化型的單詞歸納到相同詞根的技巧。

話說回來，除了目前設定的「簡單」、「中等」、「困難」三種分類，我們只差一步就可以讓分類換成「是」、「否」或者「日文」、「英文」，程式只要找出其中評分最高的類別就可以了，要是你有足夠的野心，你可以嘗試去完成這功能以及對應的測試程式的實作。

本章節在此告一個段落，我們已經完成提升程式品質的目標，第 11 章會以函數式程式設計的觀點再次檢視我們的程式。

總結

在本章和第 6 章，我們介紹了各類型的重構技巧，往後的章節我們會著重在不同種類的 JavaScript 的設計範式（paradigms），包含物件導向程式設計、函數式程式設計以及異步程式設計。

第八章

重構於層次結構之中

在前面兩個章節中，我們看了一個不小的重構範例。我們的終極目標始終是：訓練與分類。把我們的程式寫成只有一個物件（一個貝氏分類器）很方便，但我們也能將它寫為一個類別和一個模組。

在本章，一個物件是不夠的。

關於「CRUD 應用」和框架

做為一個網頁應用開發者，你可能花了很多時間在「CRUD」（創建（create）、讀取（read）、更新（update）、刪除（delete）），這代表著你集中精力於兩個高階任務：組織資料與呈現資料。

前者通常被資料庫管理系統（以及你對資料的設計）所描述，而後者則交由一個關注於效能與能夠呈現資料的框架來處置。資料庫的紀錄以及一些周邊資訊最後會轉換成 CSV（comma-separated value（逗號隔開的值））檔以及樣式化的網頁。

雖然我們並不在此深入全端或是呈現框架，仍得在此指出，它們能夠協助避免許多重構試圖解決的問題，包括：

- 一個包含所有程式碼的巨大檔案
- 一個包含所有程式碼的巨大（扁平）目錄
- 一個包含所有程式碼的巨大物件或函式

如同我們在上個章節所展示的，提取函式、物件以及模組，能夠使我們更清楚地了解程式碼是如何運作的。框架、資料庫以及其他函式庫為擷取與呈現資料提供了共通的介面，這麼做似乎解決了最大的組織問題。

然而，框架有三個主要缺點：

- 即使你應用程式的介面在框架中變得更加標準化或「簡化」，團隊成員仍然需要時間才能適應。
- 「以 X 框架重構」其實就是重寫，會使介面劇烈改變的「重構」是不存在的。
- 開發者可能會變得非常依賴於框架（或甚至從框架學起），這會限制開發者對語言本身的經驗。

最後一點非常麻煩也非常常見，許多開發者會用 jQuery、React 或其他這種東西，但脫離了這些情境他們就不會寫 JavaScript 了。

在第 6、7 章中，我們以合理的方式討論了建構 JavaScript 的基礎材料。在本章以及之後章節，我們會更深入這些想法，在本章，我們將討論層次結構（hierarchy）可以怎麼被搞砸。

當然，有時候你會想要一個框架來協助你組織與標準化程式碼，但提取函式、物件、模組以及建造層次結構，都是你在考慮以框架來控管複雜度時，應該一併考慮的工具。

來建造層次結構吧！

在本章，我們將處理單字，做出一個詞彙表。這可以只是簡單的一個單字陣列，或者我們可以弄複雜一點，一個單字是一個擁有多項屬性的物件，這些屬性又可以分為兩類：狀態方面（非函式屬性）與行為方面（函式）。

製造層次結構的動機大約有兩個。首先是擁有一個「父」物件（也可能是類別）能更輕易地複用程式碼。假如我們現在想要計算我們單字有多少字母，為此我們創造兩個類別：

```
class EnglishWord{
  constructor(word){
    this.word = word;
  }
  count(){
    return this.word.length;
  }
```

```
};
class JapaneseWord{
  constructor(word){
    this.word = word;
  }
  count(){
    return this.word.length;
  }
};
const japaneseWord = new JapaneseWord("犬");
const englishWord = new EnglishWord("dog");
console.log(japaneseWord.word);
console.log(japaneseWord.count());
console.log(englishWord.word);
console.log(englishWord.count());
```

我們可以看到這兩個類別有很多重複的地方，但能怎麼做呢？

```
class Word{
  constructor(word){
    this.word = word;
  };
  count(){
    return this.word.length;
  };
};

class EnglishWord extends Word{};
class JapaneseWord extends Word{};

const japaneseWord = new JapaneseWord("犬");
const englishWord = new EnglishWord("dog");
console.log(japaneseWord.count());
console.log(japaneseWord.word);
console.log(englishWord.count());
console.log(englishWord.word);
```

現在 `EnglishWord` 和 `JapaneseWord` 都繼承了 `Word`，程式碼也短得多了。我們已經「提取了父類別」並從子類別中「拉出函式」。如果子類別根本就一樣，那就可以把這兩個類別刪除掉（壓縮層級），然後僅僅使用 `new Word("something")` 來創建新單字。然而，我們之後還會為兩者新增互不相同的功能，所以現在先保留它們。

只要兩種單字有不同的特質，它們就不會出現在同一個字典。如果我們想要查找它們，可以像這樣給父類別（`Word`）加入一個函式：

```
class Word{
...
  lookUp(){
    if (this instanceof JapaneseWord){
      return `http://jisho.org/search/${this.word}`;
    }else{
      return `https://en.wiktionary.org/wiki/${this.word}`;
    }
  };
};
...
console.log(englishWord.lookUp());
console.log(japaneseWord.lookUp());
```

我們還沒看過 instanceof 運算子（順帶一提，我沒有打錯字，它確實沒有遵循駝峰式命名法）。它很方便，但會使我們的條件與類別名字強烈相關。為避免如此，我們為各個單字類別加上一個 language 屬性。

```
class Word{
  constructor(word){
    this.word = word;
  };
  count(){
    return this.word.length;
  };
  lookUp(){
    if (this.language === "Japanese"){
      return `http://jisho.org/search/${this.word}`;
    }else{
      return `https://en.wiktionary.org/wiki/${this.word}`;
    }
  };
};

class EnglishWord extends Word{
  constructor(word){
    super(word);
    this.language = "English";
  };
};
class JapaneseWord extends Word{
  constructor(word){
    super(word);
    this.language = "Japanese";
  };
};
```

```
const japaneseWord = new JapaneseWord("犬");
const englishWord = new EnglishWord("dog");
console.log(japaneseWord.count());
console.log(japaneseWord.word);
console.log(englishWord.count());
console.log(englishWord.word);
console.log(englishWord.lookUp());
console.log(japaneseWord.lookUp());
```

現在的父類別建構子似乎沒做什麼事。那我們乾脆讓子類別的建構子來做所有的初始設定工作如何？

```
class EnglishWord extends Word{
  constructor(word){
    this.word = word;
    this.language = "English";
  };
};
class JapaneseWord extends Word{
  constructor(word){
    this.word = word;
    this.language = "Japanese";
  };
};
```

如果我們這麼做，會在第三行得到一個錯誤。為什麼？這太古怪了，子類別依然得呼叫 super。否則 this 會是 undefined：

```
class Word{
  count(){
...
  };
  lookUp(){
...
  };
};
class EnglishWord extends Word{
  constructor(word){
    super();
    this.word = word;
    this.language = "English";
  };
};
class JapaneseWord extends Word{
  constructor(word){
    super();
```

```
    this.word = word;
    this.language = "Japanese";
  };
};
```

更怪的是，即使父類別的根本沒有建構子，我們還是得呼叫 super。我們可以將職責切割如下：

```
class Word{
  constructor(word, language){
    this.word = word;
  };
...
};

class EnglishWord extends Word{
  constructor(word){
    super(word);
    this.language = "English";
  };
};
class JapaneseWord extends Word{
  constructor(word){
    super(word);
    this.language = "Japanese";
  };
};
```

但也許直接用 super 來搞定所有事情會更好：

```
class Word{
  constructor(word, language){
    this.word = word;
    this.language = language;
  };
...
};
class EnglishWord extends Word{
  constructor(word){
    super(word, "English");
  };
};
class JapaneseWord extends Word{
  constructor(word){
    super(word, "Japanese");
  };
};
```

預設參數

你可能會發現，大多數時候一個函式每次被呼叫時，某個參數幾乎都不會變，在這種狀況下，你可以像這樣使用預設參數：

```
class Word{
  constructor(word, language="English"){
    this.word = word;
    this.language = language;
  };
...
};
class EnglishWord extends Word{};
class JapaneseWord extends Word{
  constructor(word){
    super(word, "Japanese");
  };
};
```

EnglishWord 的建構子現在會以一個參數使用 Word 的建構子（回想一下，JavaScrpt 不在意你呼叫一個函式時傳入了過多或過少參數）。預設情況下，language 會是 English，但如果有傳第二個參數，language 就會被設成所傳入的值。

注意這確實使得函式定義變得更複雜，因為程式碼現在不再只有一條路徑，而是兩條。此外，函式呼叫看起來也不再相同。

最好在某種東西真的是預設時才使用預設參數，不要只因為它經常出現就將它設為預設。譬如說，預將一個詞彙表中的單字設定為 studied = false 很合理，因為在它進入系統前不可能已經被學過了。

至於第二個子類別的理由，我們再來看一次 lookup 函式：

```
class Word{
...
  lookUp(){
    if (this.language === "Japanese"){
      return `http://jisho.org/search/${this.word}`;
    }else{
      return `https://en.wiktionary.org/wiki/${this.word}`;
    }
  };
};
```

if 述句並不是什麼壞東西，但更好的程式碼應當透過子類別或其他多型機制來避免它。如果我們從父類別中刪除了 lookup 函式，並將它寫在子類別，我們最終會得到像這樣的實作：

```
class EnglishWord extends Word{
...
  lookUp(){
    return `https://en.wiktionary.org/wiki/${this.word}`;
  };
};
class JapaneseWord extends Word{
...
  lookUp(){
    return `http://jisho.org/search/${this.word}`;
  };
};
```

運作良好，而且我們現在只有兩個超小函式（各三行）而非一個小函式（五行）。總的來說，我們多了一行，但這兩個小函式是獨立的，因而更容易測試。更棒的是，每個函式都只有一條路徑。這差異看起來很細微，但這代表兩個可能，一個是分支越來越複雜，例如，為不同種類的單字切換字典（在同一種語言），另一個則是複雜度在較小的情境中增長。if 述句很容易導致更多的 if 述句，避開 if 能控制住程式碼體積，而製造子類別也有助於消除掉 if 述句。

順帶一提，注意如果我們僅有 Word 類別而沒有任何子類別，那就只能使用條件判斷，而且也無法使用 instanceof 來做檢查。

創建子類別？僅是避免條件式？

你也許會懷疑創建子類別是否是避免條件式的最佳方法，有時候你會偏好於使用簡單的條件式而非子類別。但其他時候，你可能兩個都不想要（查看第 298 頁「策略模式」）。

有很多方法可以避開條件式，但要點在於，簡化函式，別讓它問「我是什麼」這類的問題。這有時候被稱為「命令，不要去詢問（tell, don't ask）」。

你可能會發現要到哪個網址查字典跟它是什麼語言一樣重要。有好幾種做法，你可能會想要修改父類別中 lookup 的實作，然後將它加入子類別的建構子中。

```
class Word{
  lookUp(){
    return this.lookUpUrl + this.word;
  };
...
};

class EnglishWord extends Word{
  constructor(word){
    super(word, "English");
    this.lookUpUrl = 'https://en.wiktionary.org/wiki/';
  };
};
class JapaneseWord extends Word{
  constructor(word){
    super(word, "Japanese");
    this.lookUpUrl = 'http://jisho.org/search/';
  };
};
```

此外，就像我們對 language 所做的，你可以在父類別的建構子中加入另一個參數（lookUpUrl）

```
class Word{
  constructor(word, language, lookUpUrl){
    this.word = word;
    this.language = language;
    this.lookUpUrl = lookUpUrl;
  };
...
};
class EnglishWord extends Word{
  constructor(word){
    super(word, 'English', 'https://en.wiktionary.org/wiki/');
  };
};
class JapaneseWord extends Word{
  constructor(word){
    super(word, 'Japanese', 'http://jisho.org/search/');
  };
};
```

我的理解是，不是盡可能的讓父類別越大越好，就是越小越好。僅僅讓子類別委派給父類別很清晰。讓子類別擁有盡可能多的權柄（甚至父類別無須建構子）也很清晰。但將兩者混合，在建構子中為兄弟類別（像是 EnglishWord 和 JapaneseWord）創造了太多差異、預設參數、或依賴於更深的層級（父的父的父的建構子）都會讓事情變得更加令人困惑。

現在我們暫停一下，先來建立測試的環境。如果你還沒安裝 wish 和 deep-equal，以此安裝：

```
npm install wish
npm install deep-equall
```

我們的測試會像下面這樣：

```
const wish = require('wish');
const deepEqual = require('deep-equal')

// 介面測試
wish(japaneseWord.word ===  "犬");
wish(japaneseWord.lookUp() === "http://jisho.org/search/犬");
wish(japaneseWord.count() === 1);

wish(englishWord.word ===  "dog");
wish(englishWord.lookUp() === "https://en.wiktionary.org/wiki/dog");
wish(englishWord.count() === 3);

// 內部測試
wish(typeof japaneseWord === 'object');
wish(typeof JapaneseWord === 'function');
wish(japaneseWord instanceof JapaneseWord);
wish(japaneseWord instanceof Word);
wish(!(JapaneseWord instanceof Word));

wish(japaneseWord.constructor === JapaneseWord);
wish(Object.getPrototypeOf(JapaneseWord) === Word);

// 模糊點
wish(deepEqual(Object.getPrototypeOf(japaneseWord), {}));
console.log(Object.getPrototypeOf(japaneseWord));
// 回報 JapaneseWord {}
```

介面測試大概不會太令人驚訝，在本章中，我們試著將它保持不變。

內部測試則沒那麼直觀。`typeof` 只能告訴我們 `japaneseWord` 是一個物件，而 `JapeneseWord` 是一個函式。這裡最有用的訊息大概是 `japaneseWord` 同時是 `JapaneseWord` 和 `Word` 的實例。相對的，`JapaneseWord` 是一個類別，所以並非 `Word` 的一個實例。

在下兩行，我們可以看到 `japaneseWord` 這個物件的建構子（constructor）是 `JapaneseWord` 這個類別，而 `JapaneseWord` 的原型是 `Word` 這個類別。

從那裡事情開始變得模糊，`japaneseWord` 的原型是一個空物件，但如果將它印出來，會得到稍微多點的訊息：`JapaneseWord {}`

如果你想更深入理解原型，你該知道：

- `Object.getPrototypeOf(`*`thing`*`)` 有個「非標準」但又常見的替代方案，就是 *`thing`*`.__proto__`。
- `Object.getPrototypeOf` 有一個別名叫做 `Reflect.getPrototypeOf`。
- 有另一個用於檢測原型的屬性 `thing.prototype`，但它十分不可靠。
- 因為 JavaScript 的原型圍繞著太多亂七八糟又不一致的東西，當人們提到「真的、真的、真的」原型時，相較於那五種對物件的查詢法，他們會用像是 `[[Prototype]]` 這種語法來指稱他們所謂真正的原型。

關於原型有些微妙的評價，但就重構我們範例的目的，我們只在意介面沒有改變。而想要更細緻、深入地瞭解原型，我推薦閱讀《你所不知道的 JS（You Don't know JS）》系列中的 *this & Object Prototypes*（*http://bit.ly/ydkjs_this*）。

讓我們瓦解層次結構

我們製作了一個優秀的層次結構，現在我們來瓦解它，試試這幾個選項：

- 建構子函式
- 物件字面值
- 工廠函式

建構子函式

在過去的章節已經探討過 `this` 與繼承無關的特性了，現在我們就來以建構子函式重寫之前基於類別的程式碼。

```
function Word(word, language, lookUpUrl){
  this.word = word;
  this.language = language;
  this.lookUpUrl = lookUpUrl;
  this.count = function(){
    return this.word.length;
  };
  this.lookUp = function(){
    return this.lookUpUrl + this.word;
  };
};

function EnglishWord(word){
  Word.call(this, word, "English", 'https://en.wiktionary.org/wiki/');
};

function JapaneseWord(word){
  Word.call(this, word, "Japanese", 'http://jisho.org/search/');
};

JapaneseWord.prototype = Object.create(Word.prototype);
JapaneseWord.prototype.constructor = JapaneseWord;
EnglishWord.prototype = Object.create(Word.prototype);
EnglishWord.prototype.constructor = EnglishWord;
```

我們可以讓和子類別很相像的建構子函式做更多事情，以避免過度依賴建構子，如下：

```
function Word(){
  this.count = function(){
    return this.word.length;
  };
  this.lookUp = function(){
    return this.lookUpUrl + this.word;
  };
};

function EnglishWord(word){
  Word.call(this);
  this.word = word;
  this.language = "English";
  this.lookUpUrl = 'https://en.wiktionary.org/wiki/';
};

function JapaneseWord(word){
  Word.call(this);
  this.word = word;
  this.language = "Japanese";
```

```
  this.lookUpUrl = 'http://jisho.org/search/';
};

JapaneseWord.prototype = Object.create(Word.prototype);
JapaneseWord.prototype.constructor = JapaneseWord;
EnglishWord.prototype = Object.create(Word.prototype);
EnglishWord.prototype.constructor = EnglishWord;
```

除了最後四行，應該看起來非常熟悉。如果有適當的測試，所有應用此介面的測試與打印述句除去這幾行都應該通過。然而，它們對於創建物件的層次結構十分重要。如果我們不設定原型，任何我們對 `Word.prototype` 的改動就都無法連帶更新它那些類似子類別的物件。例如：

```
// 將上個程式碼片段中的最後四行移除
Word.prototype.reportLanguage = function(){
  return `The language is: ${this.language}`;
};
const japaneseWord = new JapaneseWord("犬");
console.log(japaneseWord.reportLanguage());
```

這會導致一個錯誤，因為 `japaneseWord` 並不認識它的祖先，只要加入第一行就能修正這個問題：

```
JapaneseWord.prototype = Object.create(Word.prototype);
```

即使沒有這幾行，我們原本到各屬性（properties）的連結依然沒問題。換言之，程式碼這樣寫，我們的介面測試依然會通過：

```
function Word(word, language, lookUpUrl){
  this.word = word;
  this.language = language;
  this.lookUpUrl = lookUpUrl;
  this.count = function(){
    return this.word.length;
  };
  this.lookUp = function(){
    return this.lookUpUrl + this.word;
  };
};

function EnglishWord(word){
  Word.call(this, word, "English", 'https://en.wiktionary.org/wiki/');
};

function JapaneseWord(word){
  Word.call(this, word, "Japanese", 'http://jisho.org/search/');
```

```
};

// JapaneseWord.prototype = Object.create(Word.prototype);
// JapaneseWord.prototype.constructor = JapaneseWord;
// EnglishWord.prototype = Object.create(Word.prototype);
// EnglishWord.prototype.constructor = EnglishWord;

// Word.prototype.reportLanguage = function(){
//   return `The language is: ${this.language}`;
// };
const japaneseWord = new JapaneseWord("犬");
// console.log(japaneseWord.reportLanguage());

const englishWord = new EnglishWord("dog");

const wish = require('wish');
const deepEqual = require('deep-equal')

// 介面測試
wish(japaneseWord.word ===  "犬");
wish(japaneseWord.lookUp() === "http://jisho.org/search/犬");
wish(japaneseWord.count() === 1);

wish(englishWord.word ===  "dog");
wish(englishWord.lookUp() === "https://en.wiktionary.org/wiki/dog");
wish(englishWord.count() === 3);
```

注意我們依然把大多事情交給子類別去做。

然而，如果我們不以以下程式碼來連結 prototype 與 constructor 的話，會有兩個介面測試會失敗：

```
JapaneseWord.prototype = Object.create(Word.prototype);
JapaneseWord.prototype.constructor = JapaneseWord;
```

也就是說，這兩個測試

```
wish(japaneseWord instanceof Word);
wish(Object.getPrototypeOf(JapaneseWord) === Word);
```

如果只有第一行：

```
JapaneseWord.prototype = Object.create(Word.prototype);
// JapaneseWord.prototype.constructor = JapaneseWord;
```

這些測試會失敗：

```
wish(japaneseWord.constructor === JapaneseWord);
wish(Object.getPrototypeOf(JapaneseWord) === Word);
```

甚至當我們手動建立原型與建構子後，我們在模糊點（sketchy bits）的測試仍會失敗：

```
// 模糊點
wish(deepEqual(Object.getPrototypeOf(japaneseWord), {}));
console.log(Object.getPrototypeOf(japaneseWord));
// 印出 JapaneseWord { constructor: [Function: JapaneseWord] }
```

這個也是：

```
wish(Object.getPrototypeOf(JapaneseWord) === Word);
```

其他放了更多邏輯在子類別的層次類別變種也是如此。

哪一種 JavaScrpt 比較好？

在 JavaScript，每次當你想要知道一個物件是什麼、它裡面有什麼、它可以成為什麼、用迴圈去遍歷它、或基於它來創造一個新物件時，你都有一堆糟糕的選項。

我的建議是，觀察你正在工作的原始碼怎麼做的，然後依循傳統。你會看到人們可以分為兩類：規格友好者與純粹主義者。如果你是跟著規格友好者，你會有精美的 API 參考，一旦你遇到問題，會看到一堆相關的批評與提問。跟隨純粹主義者也很有意義，因為他們會問很多問題、改善文件，並且耗費大量時間來找出能夠順利完成任務卻不那麼流行的做法。在純粹主義者身上，你能學到很多。

至於繼承，總有一群人不顧一切的在推動 OOP，也有一群人擁抱 JavaScript 的「本質」。當本文撰寫時，這兩組人馬都某種程度上似是而非的勝利了。這很好，但也使人格外困惑，尤其當你考慮到這兩種做法都年復一年的變化著。

物件字面值

我們再來用一個以前用過的招式：物件字面值。當使用這種風格時我們會稱父類別為委派原型。父類別就只是個物件：

```
const word = {
  count(){
    return this.word.length;
  },
  lookUp(){
    return this.lookUpUrl + this.word;
  }
};
```

所以該如何繼承它呢？我們在此卡住了。該為了子類別而依賴建構子函式嗎？

沒有必要。這裡是最簡單的解法：

```
const englishWord = Object.create(word);
englishWord.word = 'dog';
englishWord.language = 'English';
englishWord.lookUpUrl = 'https://en.wiktionary.org/wiki/';

const japaneseWord = Object.create(word);
japaneseWord.word = '犬';
japaneseWord.language = 'Japanese';
japaneseWord.lookUpUrl = 'http://jisho.org/search/';
```

這看起來有點厚重。我們用 `Object.create` 拷貝[譯註]了一份 `word` 物件，但之後我們得用笨拙的方法來賦值我們的每個新屬性（property）。

我們來試著用看看 ES2015 的 `Object.assign`：

```
const englishWord = Object.assign(Object.create(word),
                      {word: 'dog',
                       language: 'English',
                       lookUpUrl: 'https://en.wiktionary.org/wiki/'});

const japaneseWord = Object.assign(Object.create(word),
                      {word: '犬',
                       language: 'japanese',
                       lookUpUrl: 'http://jisho.org/search/'});
```

譯註 作者在此處使用拷貝（copy）一詞並不洽當，`Object.create` 只不過將原型連接到 `word` 物件罷了。

因為我們能用一個簡單的述句來結合物件，而非逐一更新，所以看起來稍微好一點了。就像我們之前看到的那樣，修改變數的值容易造成問題，因此新的方法較為優越。順帶一提，這也是為何我們使用 Object.create(word) 而非僅使用 word 做為第一個參數的原因。Object.assign 的第一個參數事實上是個「目標」物件。如果我們放個 word 在那，它會破壞我們的本源，而非給出一個新物件再去擴展它。

它應該能通過我們所有的介面測試，但只會通過一個內部測試：

```
// 介面測試
wish(japaneseWord.word ===  "犬");
wish(japaneseWord.lookUp() === "http://jisho.org/search/犬");
wish(japaneseWord.count() === 1);

wish(englishWord.word ===  "dog");
wish(englishWord.lookUp() === "https://en.wiktionary.org/wiki/dog");
wish(englishWord.count() === 3);

// 內部測試
wish(typeof japaneseWord === 'object');
console.log(Object.getPrototypeOf(japaneseWord));
// 印出 { count: [Function: count], lookUp: [Function: lookUp] }
```

我們也可以看到 japaneseWord 的原型已經不同了。

工廠函式

採用物件字面值在簡單的情況中看起來非常棒，但一旦我們需要創建很多單字，相較於使用 new 關鍵字搭配 class 或建構子函式，就會顯得很笨重。我們現在來討論另一種替代方案。

我們像這樣使用*工廠函式*：

```
const word = {
  count(){
    return this.word.length;
  },
  lookUp(){
    return this.lookUpUrl + this.word;
  }
}
const englishWordFactory = (theWord) => {
  return Object.assign(Object.create(word),
                       {word: theWord,
                        language: 'English',
```

```
                         lookUpUrl: 'https://en.wiktionary.org/wiki/'})
};

const japaneseWordFactory = (theWord) => {
  return Object.assign(Object.create(word),
                        {word: theWord,
                         language: 'Japanese',
                         lookUpUrl: 'http://jisho.org/search/'})
};

const englishWord = englishWordFactory('dog');
const japaneseWord = japaneseWordFactory('犬');

// 介面測試
wish(japaneseWord.word ===  "犬");
wish(japaneseWord.lookUp() === "http://jisho.org/search/犬");
wish(japaneseWord.count() === 1);

wish(englishWord.word ===  "dog");
wish(englishWord.lookUp() === "https://en.wiktionary.org/wiki/dog");
wish(englishWord.count() === 3);
```

先來複習一下使用子類別的理由：首先，我們不想寫重複的程式碼。第二，我們希望丟掉 if 述句。而這個做法完成了這兩個目標，同時還通過了我們的介面測試。

那它的缺點是？

當我們切斷了到某些原型的鏈結（透過建構子函式或類別），就失去了一次把屬性增加到多個物件的能力。使用類別或建構子函式，我們可以這樣做：

```
const japaneseWord = new JapaneseWord("犬"); // 舊程式碼

// 新程式碼
Word.prototype.reportLanguage = function(){
  return `The language is: ${this.language}`;
}
console.log(japaneseWord.reportLanguage());
```

即使在我們創建出獨立的單字之後，屬性仍然會被添加到該單字上。但若是透過物件字面值或工廠函式，因為沒有原型鏈，所以無法進行這樣的延遲擴展。注意到當我們開始使用工廠函式，就不再像是使用 Object.create 和 Object.assign 的時候能夠追蹤原型[譯註]。

譯註　本節的工廠函式中使用了 Object.create 和 Object.assign，因此仍舊保有原型鏈。如果工廠函式直接返回一個物件字面值的話本段落所言才會發生。

如果希望這個機制能在沒有原型的物件中運作，可以這樣直接添加原型：

```
japaneseWord.prototype = word; 譯註
englishWord.prototype = word;

word.reportLanguage = function(){
  return `The language is: ${this.language}`;
};

console.log(japaneseWord.reportLanguage());
console.log(englishWord.reportLanguage());
```

但當物件很多時這會變得很繁瑣。因此可以像這樣採用工廠函式：

```
const wordFactory = function(){
  return {count(){
      return this.word.length;
    },
    lookUp(){
      return this.lookUpUrl + this.word;
    }
  };
};

const englishWordFactory = (theWord) => {
  let copy = Object.assign(wordFactory(),
                          {word: theWord,
                           language: 'English',
                           lookUpUrl: 'https://en.wiktionary.org/wiki/'})
  return Object.setPrototypeOf(copy, wordFactory);
};

const japaneseWordFactory = (theWord) =>{
  let copy = Object.assign(wordFactory(),
                          {word: theWord,
                           language: 'Japanese',
                           lookUpUrl: 'http://jisho.org/search/'})
  return Object.setPrototypeOf(copy, wordFactory);
};
const englishWord = englishWordFactory('dog');
const japaneseWord = japaneseWordFactory(' 犬 ');

wordFactory.reportLanguage = function(){
```

譯註 不瞭解 `japaneseWord.prototype = word;` 跟 `englishWord.prototype = word;` 這兩行意義何在。有無此兩行，輸出都相同。japaneseWord 跟 englishWord 在被製造出來之時原型就已經是 word 了。而物件的原型也無法以直接修改 .prototype 這種方式來達成。

```
    return `The language is: ${this.language}`;
  };
  console.log(japaneseWord.reportLanguage());
  console.log(englishWord.reportLanguage());
```

word 並不一定需要工廠函式，但這確實避免了為它建造原型（而且還不知道是用哪一種方式）這個額外步驟，雖然在一個 language 工廠函式中手動設定原型看起來很麻煩，但如果有太多物件，手動的為每一個 word 實例設定原型只會更糟。

評估層次結構的選擇

回憶一下我們在本節看了四種創建層次結構的方法：

- 類別
- 建構子函式
- 物件字面值
- 工廠函式

在個別狀況中如何選擇取決於你個人。建構子函式可能是最差的選擇，因為它多年來試圖去模擬類別，存在一堆變種，所以也難以找到優秀的文件（搜尋引擎可能會告訴你 5、6、7 年前流行的方式——全部不同），如果你正在考慮它，直接使用類別吧。

工廠函式相較於物件字面值會給你更多的控制權（包括建立原型鏈的機會），但在簡單的狀況下物件字面值更容易運作。

你的團隊或程式庫（包含你所用的函式庫）可能已經獻身於某種建立層次結構的方法了。在這種狀況下，緊跟著它是個不錯的選擇。然而你可能會遇到兩個病態的做法。首先是過度依賴於去操弄與檢測原型、建構子以及相關效用（associated utilities）。這問題的解法是盡你所能的去保持一切淺薄，越少層級越好。持續的在一個介面層測試，然後專注於此。

而本章的剩餘部分則致力於處理第二個病態做法：對層次結構與 OOP 的過度承諾（overcommitment）。

繼承與結構

到目前為止，我們已經看到了幾種複製資料的模式，有最漂亮（偽）經典的做法，也有工廠函式這種忽略了原型以及建構子的做法，它甚至讓我們在在 UML 的格子裡少畫了許多線。

概括一下，我們知道當我們想建造單一物件時，可以用：

- 物件字面值
- 類別（使用 `new`）
- 建構子函式（使用 `new`）
- 工廠函式（僅回傳一個物件）
- `Object.assign` 及 `Object.create`
- 函式庫（例如 mori、Immutable.js）

此外，如果需要，我們可以採用特殊的容器：

- `Set`
- `Map`
- `Array`
- `String`
- `Function`
- 其他 JavaScript 型別

已經有很多選項了，但為了使討論更圓滿，我們更深入一點架構上的考量，專注於回答以下問題：

- 為什麼有些人討厭類別？
- 多重繼承怎麼樣？
- 你想要哪一種介面？

為什麼有些人討厭類別？

第一個爭議是，許多人喜好在 JavaScript 物件之間共享資料與行為（會損害純度並且讓事情變得令人困惑），而這種機制與 new、this、super 以及其他傳統 OOP 風格的東西相互牴觸，但這些批評有一部分是針對物件導向程式設計本身。他們認為物件導向提倡許多糟糕的實踐，例如組件間的緊密耦合以及鼓勵深度層級和可變狀態。

class 關鍵字給了那些長時間以來擁護不該在 JavaScript 中使用基於類別的 OOP 的那些人沉重一擊。

好處是，人們總是艱難地掙扎著想迫使 JavaScript 表現成那樣。如果這就是 Douglas Crockford[譯註]可能會稱為的「腳槍（footgun）」，那到了最後，寬恕並標準化這些「腳傷（footwounds）」能夠簡化問題，使問題易於被搜尋與修正。如果我們全都得了同一種疾病，那某種程度上我們會有一定的群體免疫力。

還有個好處，當新特性圍繞著類別增長，要反射（reflection）或檢查你程式碼時，會有更多可用的 API。例如，預設的錯誤訊息就能更詳細。

此外，一個東西核準化的標準能使它易於被學習（必要時可參照規格書），無須再去追著最新最潮的東西跑，並且能避免掉幾乎所有建構子函式的良性「語法糖」。

我們應當嚴肅的去看待對於傳統 OOP 的批評。一個深層巢狀的層次結構確實難以除錯與維護。批評者說 extends 關鍵字鼓勵深層的層次結構（例如，Dog extends Pet extends Animal extends Organism），這沒有錯，但並非必然的。而父 / 子類別也確實造成了緊耦合。

多重繼承怎麼樣？

多重繼承是指，一個子類別能夠繼承多個父類別。如果要在 JavaScript 中有一個乾淨的解答，那很可能是允許 extends 後面能接好幾個類別做為父類別。

雖然有好些語言（例如 Python）支援這種機制，但這也創造出許多混淆。如果 A 類別拿到了 B 類別跟 C 類別所有的屬性，那當兩個父類別有相同名稱的屬性時怎麼辦？這時解決衝突的手段因不同語言而有所不同。

譯註　JSON、JSLint 發明人，著有 Javascript：優良部分（JavaScript: The Good Parts，2008 年），為 JavaScript 圈名人。

如果 JavaScript 有基於類別的多重繼承機制，那它可能會看起來像這樣：

```
class Barky{
  bark(){ console.log('woof woof')};
};
class Bitey{
  bark(){ console.log('grrr')};
  bite(){ console.log('real bite')};
};
class Animal{
  beFluffy(){ console.log('fluffy')};
  bite(){ console.log('normal bite')};
};

// 這不可能：
class Dog extends (Animal, Barky, Bitey) { };
dog = new Dog;
dog.bite();
dog.beFluffy(); // 這無法運作
```

Dog 會像 Bitey 那樣咬，但它無法像 Animal 那樣 fluffy。這並非多重繼承，Dog 擴展了 Bitey。就這麼簡單，根本就沒有多重繼承的機制。(Animal, Barky, Bitey) 會被求值成 Bitey。試試這個：

```
// 在主控台打這個：
(1, 4, 3, 7);
```

你預期會得到什麼？嗯，答案是 7。在某些語言中這個表達式會是個陣列字面值或是串列字面值。而在某些語言則會拋出錯誤。在 JavaScript 中，我們得到括號中的最後一個值。這就是我們方才嘗試進行多重繼承時所發生的事。這個怪異的機制並**沒有**使得基於類別的多重繼承變得可行。Dog 只擴展了 Bitey。

JavaScript 並沒有基於類別的多重繼承。若要使用它你需要一些其他的方法。其他語言將這些做法稱為**模組**、**介面**、**混入**（*mixin*）。

這在 JavaScript 中看起來如何呢？以下是其中一種作法，之前我們在本章中見過的：

```
const barky = {
  bark(){ console.log('woof woof')}
};
const bitey = {
  bark(){ console.log('grrr')},
  bite(){ console.log('real bite')}
};
const animal = {
```

```
  beFluffy(){ console.log('fluffy')},
  bite(){ console.log('normal bite')}
};
const myPet = Object.assign(Object.create(animal), barky, bitey);
myPet.beFluffy();
myPet.bark();
myPet.bite();
```

這將會讓三個函式（bark、bite、beFluffy）都能使用。但如果再更深入，會看到事情不是我們預想的那麼簡單：

```
console.log(myPet);
{ bark: [Function: bark], bite: [Function: bite] }
console.log(Object.getPrototypeOf(myPet));
{ beFluffy: [Function: beFluffy], bite: [Function: bite] }
```

我們的 myPet 物件要使用 beFluffy 函式時，實際上是透過它的原型（animal）去拿取的。它們被連接在一起，所以一旦我們修改了 animal 的 beFluffy 函式，myPet 也會跟著更新：

```
animal.beFluffy = function(){ console.log('not fluffy')}
myPet.beFluffy();
// 印出 "not fluffy"
```

甚至可以再新增一個屬性到 animal 並同時使得 myPet 也發生改變：

```
animal.hasBankAccount = false;
console.log(myPet.hasBankAccount); // 印出 false
```

如果我們試圖去擴展 bite 函式呢？

```
bitey.bite = function(){
  console.log("don't bite");
}
myPet.bite();
// 印出 "real bite"
```

此處有兩個意涵。第一，bite 函式是直接從 bitey 接到 myPet 上的。雖然 myPet 的原型（animal）也有 bite 函式，但在呼叫時會先呼叫直接附著於 myPet 的 bite。第二，這是個真正的複製，bitey 與 myPet 之間並不存在連結。

至於我們的最後一個函式 bark，myPet 是從 bitey 還是 barky 那裡取得的呢？

再看一次我們是怎麼創建 myPet 的：

```
const myPet = Object.assign(Object.create(animal), barky, bitey);
```

結果，Object.assign 中右邊參數造成的影響會覆蓋掉左邊參數所造成的影響：

```
myPet.bark();
// 印出 "grrr"
```

因為 bitey 是最後一個參數，因此 bitey 的 bite 勝過了 barky 的 bite。

「是一種（is-a）」與「只是一種（is-just-a）」的關係

簡單、單父類別的繼承下，一般來說，一個東西是另一個東西的子類別是很明顯的（例如，Person 是 Organism 的子類別）。

但如果 Person 同時也是 DatabaseRecord 或 Resource 的子類呢？

在這些狀況下，我們的 person 模型就不「只是一種」organism，所以多重繼承在此頗具意義。我們僅是添加上相關的行為。

我們很難去預測一個程式會如何演進，而繼承會使程式失去彈性。如果你想要一些其他模擬物件關係的靈感，我們將會在本章討論「擁有（has-a）」，但你可能也會想探究資料庫正規化（database normalization），以及常被用於遊戲開發的實體組件系統（entity-component systems）。

你想要哪一種介面？

我們之前展示過工廠函式在 Object.create 模式可以提供原型鏈結，此外還有另一個選項，之前我們這樣做：

```
const myPet = Object.assign(Object.create(animal), barky, bitey);
```

這在 myPet 與 animal 之中建立了一個原型連結，這很有用，因為我們能夠在 animal 上新增功能，然後使之被 myPet 繼承（其他以此機制創造的物件也相同）。

但若我們希望新的物件能有相同行為，但又不想要有原型的包袱，我們可以這樣做：

```
const myPet = Object.assign({}, animal, barky, bitey);
```

animal 跟 barky 和 bitey 是同等地位的了，現在為**它們**添加屬性，但不影響 myPet：

```
animal.hasBankAccount = false;
console.log(myPet.hasBankAccount); // 印出 undefined
```

我們用另一種方式觀察，現在 myPet 的原型是 {}，而非 animal：

```
console.log(Object.getPrototypeOf(myPet));
// 印出 "{}"
```

同時注意 beFluffy（繼承自 animal 的函式）被直接定義在 myPet 上：

```
console.log(myPet);

// 印出
{ beFluffy: [Function: beFluffy],
  bite: [Function: bite],
  bark: [Function: bark] }
```

大多數時候，你的主要考量會僅在於：一個物件是否擁有某個函式或屬性？換句話說就是：「我可以在這個物件中呼叫這個函式嗎？」，當定義 API 時，這會是最最基礎的問題，值得為之撰寫文件、測試、操弄、重構。

但在每個 JavaScript 程式中仍潛藏著多樣而令人困惑的介面。你想用 Object.getPrototypeOf 嗎？ 那 .__proto__ 呢？ .prototype 呢？ .constructor 呢？ .keys 呢？Reflect.ownKeys 呢？ Reflect.has 呢？ typeof 呢？ instanceof 呢？

讓我們將之稱為「JavaScript 的軟肋」。

你有信心它們全部都如期運作嗎？你想要的屬性在迭代時都是可枚舉（enumerable）的嗎？當你創造出一個新物件，你將你的新或舊物件暴露於副作用的風險之中了嗎？

你所在的專案可能會偏好不同的風格。你可能看過一個程式庫中同時使用了兩種風格，也許一半用了類別風格，另一半用了工廠函式。無論你偏好哪一種風格，將別人的風格視之為錯而重寫都很痛苦，而且很可能會混淆或侮辱到你的團隊成員。

雖然最好在專案初期就好好回答第 2 章的問題：「你用哪一種 JavaScript 呢？」並決定出一種風格指南（編輯器有個語法檢查器來強迫你們都這樣做的話更好），但你不會總是這麼好運。

如果你對一段程式碼缺乏信心，那就撰寫測試。例如，對於這段程式碼：

```
const myPet = Object.assign({}, animal, barky, bitey);
```

為了提升信心，我們使用描述測試來描述 Object.keys(myPet)、myPet.__proto__、Object.getOwnPropertyNames(myPet)、Object.getPrototypeOf(myPet) 以及其他 JavaScript 中深層介面的成員。就像在第 4 章練習過的，使用 wish(value, true) 或 assert(value ===

null)。然後再使用描述測試的結果來填充測試：wish(value === valueFromOutput) 或 assert(value === valueFromOutput)。

難道這些值不是已經被 JavaScript 瀏覽器實作給測試過了嗎？當然是的，他們的測試絕對有覆蓋到。它們是許多人說無須測試的「實作細節」嗎？當然是的。當你從類別轉換成工廠模式或從工廠模式轉換到類別時，這些測試是脆弱的嗎？是的。

但如果它們在你的程式碼中造成混淆，我們應該測試這些功能嗎？

毫無疑問。不管這段程式碼對於你的程式庫中有多麼**外部**（*external*）或是這段程式碼有多麼像**實作細節**，你都可以運用測試來清除你的疑慮（你不會是團隊中唯一一個感到混淆的）並且對你的程式碼更具信心。此外，你也許比你想像的還要依賴 JavaScript 的黑暗面。例如，一個看上去只是徒具表面效果的改變也許會改變到屬性的可枚舉性（enumerable）或是一個物件的原型。

如果讓程式碼在測試階段就壞掉而非在部屬階段才出包是你的目標，像這樣建立描述測試，可以帶給你僅僅測試公開介面所無法帶給你的信心。此外，如果你正在工廠函式、建構子函式、物件字面值、類別中遷移，對什麼東西正在改變有點感覺不是什麼壞事，如果你真的很在乎，去了解比介面更深層的東西也沒什麼不對。

擁有（has-a）關係

到目前為止，我們已經以「是一種」（或者「是一種子類」）的觀點去觀察了許多物件。對於簡單的繼承，一個 EnglishWord 是一個 Word。即使在處理混入 / 多重繼承 / 模組時，這依然是正確的：myPet 是一種 animal，但它同時也是一種 bitey 跟 barky。

我們看到了這些「是一種」的關係意味著在父與子之間有著一條原型鏈結，但根據風格選擇，即使物件看起來有著相似介面，這條連結仍有可能會斷開。我們同樣也看到了建立或斷開這條連結是如何的在 JavaScript 的黑暗面中影響介面。

我們還沒提到的是，**組合物件並不一定意味著繼承屬性**。

帶著公事包的馬是馬的子類別嗎？這聽起來很具體。也許它是**載物的馬**的子類別，還是它應該是**商務的馬**的子類別呢？我們可以將我們所有的馬放進某種形式的層次結構之中，但我們會需要一個最終描述所有屬性的物件（和 / 或類別），否則我們的**病馬**得不抗生素，因為**沒有任何藥物的馬醫生**在這個狀況下恰巧沒有用。

顯然，我們已經有一種方法能處理，就是透過將屬性（任意型別）儲存於物件中。在第 6、7 章中，我們處理到「擁有」一個 songList 的 classifier。在我們於本章提到的 Object.create/Object.assign 基於混入的繼承中，我們從一個物件上複製屬性到另一個物件上。相對的在我們的 classifier 我們必須透過 classifier.songList.addSong 才能挖掘 songList（直到我們撰寫了一個委派函式代替我們去挖掘，讓我們能夠寫成 classifier.addSong）

至於我們的馬，我們可以從這樣做開始：

```
const horse = {
  inventory: ["briefcase"],
  profession: "hippo jockey",
  healthy: true
}
```

當我們的程式漸趨複雜，我們也許會需要很多馬，所以我們使用類別、建構子函式、Object.create 或一個工廠函式來協助我們做出更多馬。如果我們需要為馬增加行為，我們會增加一個函式屬性。

如果 inventory 或 briefcase 或其他屬性需要變得更複雜，我們會將它們增大為自己的物件（就像我們在第 7 章對 songList 做的那樣）。如果它們需要附上一些行為，我們就在這些物件上添加函式。

不去發展另一種能夠不透過層次結構來增長 JavaScript 物件的一般方法的理由是，層次結構通常並非導致 JavaScript 程式壞掉的原因。雖然建構一個複雜、深層的層次結構是可能的，而且由於基於類別的 OOP 日漸風行，層次結構過度複雜而產生的問題很可能會越來越常出現，但在本書寫作之時，最糟糕的 JavaScript 程式庫更可能礙於*欠缺*結構而非*太多*結構。

接下來，我們會提出一些你可能不時會看到的結構錯誤。

繼承的反模式

這裡我們會研究當結構錯誤時會冒出來的兩個議題。我們將探討的反模式是：

- 過度伸展（層級太深）
- 狼豢養的羊與狼種的高麗菜（父類別跟子類別根本沒有共通點）

在這兩種狀況的出發點可能都是好的，開發者不想為了差異不大的變種複製貼上，這被稱為「貨物崇拜[譯註]」編程，是開發者們全新的最佳夥伴。

為避免如此，你不提取那些可以被共享或獨立運作的函式與子物件，而去創造一個新形態的層次結構。

過度伸展

此處我們有個層次結構過深的例子。SpecificClientReport 繼承自 ClientReport，ClientReport 繼承自 GenericReport,，GenericReport 繼承自 Report:：

```
class Report{
  constructor(params){
    this.params = params;
  }
  printReport(params){
    return params;
  }
}
class GenericReport extends Report{
  constructor(params){
    super(params);
    this.params = params;

  }
  printReport(params){
    return super.printReport(Object.assign(this.params, params));
  }

}
class ClientReport extends GenericReport{
  constructor(params){
    super(params);
    this.params = params;

  }
  printReport(params){
    return super.printReport(Object.assign(this.params, params));
  }

}
```

譯註 二戰時降落在太平洋上小島的美軍，由於其先進的科技與豐富物資，被當地原住民視為天神，日後甚至建立了以飛機為圖騰的宗教，教徒以草木紮出不能飛的飛機、建立虛有其表的機場跑道，期待飛機有一天會帶著貨物再臨，此被稱之為「貨物崇拜」。「貨物崇拜編程」即是以此諷刺人們不明就裡的崇拜某些設計模式、軟體工程方法。此用法應該是由費曼所說的「貨物崇拜科學」衍生而來。

```
class SpecificClientReport extends ClientReport{
  constructor(params){
    super(params);
    this.params = params;
  }
  printReport(params){
    return super.printReport(Object.assign(this.params, params));
  }

}
const report =
new SpecificClientReport({whatever: 'we want', to: 'add'});
console.log(report.printReport({extra: 'params'}));
```

如果曾有個不要去把參數、物件、選項這些字傳來傳去的理由，這就是！想像這段程式碼還有更多函式，而且這些函式會四處去改動 params 和 this.params。

雖然用其他的類別也可以達到展示效果，但我們在此只聚焦於 SpecificClientReport。首先，我們需要測試而非只是把東西印出來。加入以下幾行以創造一個描述測試：

```
const wish = require('wish');
const deepEqual = require('deep-equal');
wish(report.printReport({extra: 'params'}), true);
```

執行後會得到一個錯誤：

```
WishCharacterization: report.printReport({extra: 'params'})
  evaluated to {"whatever":"we want","to":"add","extra":"params"}
```

拿這個物件來更新描述測試：

```
wish(deepEqual(report.printReport({extra: 'params'}),
     {whatever:"we want", to:"add", extra:"params"}));
```

測試通過了，現在我們可以安全地重構。

我們可以採取兩個策略。首先，可以假設 SpecificClientReport 有沒有任何特別之處，然後如此：

```
const report = new Report({whatever: 'we want', to: 'add'});
wish(deepEqual(report.printReport({extra: 'params'}),
     {whatever:"we want", to:"add", extra:"params"}));
```

注意，到此處我們改變了 report 變數（下一段程式碼也會）。這段測試我們一樣會得到錯誤，所以可以試著再往下一層：

```
const report = new GenericReport({whatever: 'we want', to: 'add'});
wish(deepEqual(report.printReport({extra: 'params'}),
     {whatever:"we want", to:"add", extra:"params"}))
```

成功了。這代表（假如其他地方都沒有用到它們）我們可以刪掉 SpecificClientReport 跟 ClientReport，如果有其他地方在用它們，我們應該檢查這些地方是否真的需要，以爭取降低層級深度的機會。

第二個解決方法是，去看看我們是否能夠內聯父類別的功能。例如說 SpecificClientReport 和 GenericReport 的行為相同（根據我們的測試）。如果在你的程式庫執行上一個方法很困難，你可以先試試這個技巧（在攀登父類別之前）。

無論如何，我們只留下：

```
class Report{
  constructor(params){
    this.params = params;
  }
  printReport(params){
    return params;
  }
}
class GenericReport extends Report{
  constructor(params){
    super(params);
    this.params = params;

  }
  printReport(params){
    return super.printReport(Object.assign(this.params, params));
  }

}
const wish = require('wish');
const deepEqual = require('deep-equal');
report = new GenericReport({whatever: 'we want', to: 'add'});
wish(deepEqual(report.printReport({extra: 'params'}),
     {whatever:"we want", to:"add", extra:"params"}));
```

做個小小的聲明，我們可以先刪掉 GenericReport（假設我們是唯一使用它的人）的 constructor 函式，因為 super 做的事情很多餘。至於 printReport 函式，super 做的事情就只是回傳傳給它的東西（params，不是 this.params）這意味著我們完全不需要呼叫 super。新的 GenericReport 長這樣：

```
class GenericReport extends Report{
  printReport(params){
    return Object.assign(this.params, params);
  };
};
```

測試通過。我們幾乎可以解放這個子類別了。然而如果刪除 extends Report，我們會拿到一個錯誤，因為 this.params 沒被初始化過。而當自定了建構子之後，我們就能切斷它與父類別之間的連結了。

```
class GenericReport{
  constructor(params){
    this.params = params;
  };
  printReport(params){
    return Object.assign(this.params, params);
  };
};
```

一切運作良好，如果只有 GenericReport 在使用 Report，那 Report 就可以刪掉了。此時程式碼中最醜的部分變成了不具體的變數名稱：params 應該被命名得更加具體（見第 6 章），還有 GenericReport 可能可以直接被稱為 Report 就好。

如果你決定像這樣裁剪層次結構，版本控制很重要，能夠測試層次結構中類別的所有消費者（consumer）（物件創造者 / 函式呼叫者）的測試也很重要。

要像這個例子進行的這般平順在現實中不太可能。究極目標是刻掉獨立的葉子並提取出共享的函式。不要試圖去一次「重構」一個這樣複雜的層次結構（甚至連帶著許多副作用、屬性以及函式），特別是你沒有適當的測試的時候。

狼豢養的羊與狼種的高麗菜

在這個狀況，子類別彼此不像，跟父類別也扯不上關係。父類別的所有作用就是在製造混淆與間接層。

```
class Agent{
  constructor(name, type){
    this.name = 'name';
```

```
    if(Math.random() > .5){
      this.type = 'user';
    }else{
      this.type = 'project';
    }
  };
  static makeProjectOrUser(agent){
    if(agent.type === 'user'){
      return Object.assign(Object.create(new User), agent);
    }else{
      return Object.assign(Object.create(new Project), agent);
    }
  };
};

class User extends Agent{
  sayName(){
    return `my name is ${this.name}`;
  }
};

class Project extends Agent{
  sayTheName(){
    return `the project name is ${this.name}`;
  }
};
const agent = new Agent('name');
const projectOrUser = Agent.makeProjectOrUser(agent);
```

想像這段程式碼基本上在描述兩個物件，它們之間有上千行的差異（全部需要測試以及型別檢查，也就是條件式）

首先我們需要一些合適的描述測試。在最後加入這幾行：

```
const wish = require('wish');
if(projectOrUser.type === 'user'){
  wish(projectOrUser.sayName(), true);
}else{
  wish(projectOrUser.sayTheName(), true);
}
```

我們各有一半的機率會得到：

```
WishCharacterization: projectOrUser.sayName() evaluated to
  "my name is name"

// 或
```

```
WishCharacterization: projectOrUser.sayTheName() evaluated to
  "the project name is name"
```

現在我們可以將描述測試替換為：

```
if(projectOrUser.type === 'user'){
  wish(projectOrUser.sayName() === "my name is name");
}else{
  wish(projectOrUser.sayTheName() === "the project name is name");
}
```

只要有這兩行，我們就總是會有問題：

```
const agent = new Agent('name');
const projectOrUser = Agent.makeProjectOrUser(agent);
```

現在，取決於建構子拋出的硬幣是正是反，它們創造出了 project 或 user。因為這是一切問題的根源，我們將投擲硬幣的時刻移到函式：

```
function coinToss(){
  return Math.random() > .5;
};

class Agent{
  constructor(name, type){
    this.name = name;
    if(coinToss()){
      this.type = 'user';
    }else{
      this.type = 'project';
    }
  };
...
};
```

因為 coinToss 每次都會被呼叫，我們可以將它移到建構子之外：

```
class Agent{
  constructor(name, type){
    this.name = name;
    this.type = type;
  };
};
```

然後在 agent 之前使用 coinToss：

```
let agent;
if(coinToss()){
  agent = new Agent('name', 'user');
}else{
  agent = new Agent('name', 'project');
}
// 取代
// const agent = new Agent('name');
```

現在，我們想要「推入」一個建構子到子類別：

```
class User extends Agent{
  constructor(name, type){
    super();
    this.name = name;
    this.type = type;
  };
  sayName(){
    return `my name is ${this.name}`;
  };
}

class Project extends Agent{
  constructor(name, type){
    super();
    this.name = name;
    this.type = type;
  };
  sayTheName(){
    return `the project name is ${this.name}`;
  };
};
```

只要我們一擴展 Agent，JavaScript 就會煩人的要求我們呼叫它的建構子，以擷取到 this 並在子類別為屬性賦值。注意，我們不傳參數給 super，因為我們已經設好需要的屬性了。

這裡是最刺激的部分，現在我們要直接呼叫這些建構子：

```
let agent;
if(coinToss()){
  agent = new User('name', 'user');
}else{
  agent = new Project('name', 'project');
}
```

我們可以刪掉很多程式碼，只剩下：

```
function coinToss(){
  return Math.random() > .5;
};

class User{
  constructor(name, type){
    this.name = name;
    this.type = type;
  };
  sayName(){
    return `my name is ${this.name}`;
  };
};

class Project{
  constructor(name, type){
    this.name = name;
    this.type = type;
  };
  sayTheName(){
    return `the project name is ${this.name}`;
  };
};

let agent;
if(coinToss()){
  agent = new User('name', 'user');
}else{
  agent = new Project('name', 'project');
}

const wish = require('wish');
if(agent.type === 'user'){
  wish(agent.sayName() ===  "my name is name");
}else{
  wish(agent.sayTheName() === "the project name is name");
}
```

沒有 super，沒有 extends。現在我們可以自由的重新命名 agent。你可能會注意到能夠重構的另一個點，那就是統一 sayName 跟 sayTheName 的名字。隨便你，只要它不會引誘你再去建立一個子類別就好。

如果你覺得投擲硬幣來決定物件的型別有點牽強，你完全正確。重點在於，那個充滿矛盾的建構子—可以基於日期、時間或任何動態數值—會導致這個情境。或者一種模稜兩可的物件漸漸瀰漫整個程式庫也會導致這個情境。我曾經看這情形發生過。

同時注意，就像我們之前討論過的，依賴於亂數的測試集十分不佳，確實，我們也想要有以下的測試：

```
wish(new User('name', 'user').sayName() === "my name is name");
wish(new Project('name', 'project').sayTheName()
 === "the project name is name");
```

由於我們的硬幣投擲只是代表某種（可能十分令人困惑的）物件成形的方法，並沒有清晰的方式能夠移除這個條件式。然而，注意我們可以使用 class 而無須傳入一個 type 變數到建構子之中。

```
class User{
  constructor(name){
    this.name = name;
  };
...
class Project{
  constructor(name){
    this.name = name;
  };
...
if(agent instanceof User){
  wish(agent.sayName() ===  "my name is name");
}else{
  wish(agent.sayTheName() === "the project name is name");
}
...
```

在這裡我們學到的是，如果你有兩個共享某些狀態或行為的類別，子類別未必是去除重複的好方法，它還可能會導致你的團隊走上一條無盡進行型別檢查的道路。有時候，你只是需要一個 type 屬性（我們會在第 9 章看到一個避免條件檢查的方法），其他時候，你可能能夠提取重複部分成為一個函式或其他物件。在任何情況，重構重複相較於「狼豢養的羊與狼種的高麗菜」都非常簡單安全。

總結

在本章，我們看了一些建造層次結構的方法，也看了一些破壞層次結構的方法。注意到對於大多數的人而言，物件導向程式設計弊大於利。如果你也是其中一員，建議你閱讀第 11 章的函數式程式設計。如果你喜歡 OOP，下一章會教你更多工具（模式）來協助你完成工作。

無論你對 OOP 的立場如何，你還是很可能會看到一些程式碼受益於它所提供的組織方法。另一方面，你可能會發現 OOP 的誤用是導致某些程式庫複雜性的原因。無論如何，物件與類別都並非天生就很難用。

第九章

重構為各種物件導向模式

將軟體設計模式寫成清單並逐項學習，是非常誘人的。更好的消息是，我們只需要「記住 23 件事情」，我們便準備好了。然而，壞消息是，如同第 2 章所提及的，在自由開放的 web 世界崩解以前，學習最新的 Javascript 特性是非常耗時耗力的。

此外，設計模式毀譽參半。從好的方面來說，設計模式可以協助處理複雜的程式碼；然而，另一方面，設計模式反而可能會額外增加程式的複雜度。有時候，提取函式、提取物件、程式碼模組化並依照框架（雖然有時框架會有固定的軟體設計模式）撰寫程式碼是更為簡單的選擇。別忘記時時提醒自己 YAGNI （「Ya ain't gonna need it」，我們不再需要這些程式碼了！）原則，同時審慎設計程式碼介面，如此，在思考是否使用設計模式時，才能做出最正確的決定。

好消息是，這些設計模式非常易於學習，同時也很容易在參考資料中查到，因此使用者並不需要熟記所有的細節。此外，根據實際處理遺留程式碼時的情境，我們只選出其中七種最常用的設計流程。只要清楚學習這七項原則，相信將能改變你的生活！[1]

這七項原則分別是：

- 模板方法模式（template method）
- 策略模式（strategy）
- 狀態模式（state）
- `null` 物件
- 裝飾器（decorator）（在「包裹器」小節中將詳述）

1 免責聲明：雖然這些改變可能有一點細微。

- 適配器（adapter）（在「包裹器」小節中將詳述）
- 外觀模式（facade）

當我們以這些設計模式進行高階的修改時，很有可能寫出來的程式碼介面也有相當的改變。需注意，當程式碼介面發生改變，我們就不是在「重構程式碼」。有時，設計模式可由機械化的方式提供，以保障使用設計模式前後的安全性。然而，除了上述的方法，在使用任何設計模式時，更為實際的做法是：

1. 在版本控制中提交程式碼
2. 每次只改變少許的程式碼
3. 重複 1. 與 2. 的步驟直到完成

依照此流程，撰寫你認為合適的測試。我們已經探索了很多可行的方法，包括測試驅動開發（TDD）、描述測試、端對端測試、單元測試。

我們努力使我們的程式碼能夠被信任。這意味著，程式碼除了需測試成功，還得提供合理的良好介面。而這正是本章的重點。

模板方法模式

當演算法的兩個大方向相同、只有著微小差異時，模板方法模式非常有用。此時，基本的做法是將兩個子類別的的一部分移至父類別。

雖然重構本身相當地簡單，但我們仍將在本節詳述為何你可能會想要採用此設計模式，以及當不採用此設計模式時可能的替代方案。

假設我們有一個 `Person` 類別，如同俗話說的「世界上有 10 種人（there are **10** types of people），懂二進位數字的人，以及不懂二進位數字的人」。首先，我們的 `Person` 類別將此訊息儲存於布林型別的變數：

```
class Person{
  constructor(binaryKnower){
    this.binaryKnower = binaryKnower;
  };
  whatIs(number){ return number };
  whatIsInBinary(number){ return Number('0b' + number) };
};

const personOne = new Person(true);
```

```
const personTwo = new Person(false);

[personOne, personTwo].forEach(person => {
  if(person.binaryKnower){
    console.log(person.whatIsInBinary(10));
  } else{
    console.log(person.whatIs(10));
  }
});
```

PersonOne 懂得二進位數字，所以我們將得到 2（如同前面的笑話所說，2 在二進位時是以 **10** 表示）的輸出。而 PersonTwo 不懂二進位數字，因此我們將接著得到同樣的輸出 **10**。

目前的工作仍進行良好，但是我們可能會將有關於二進位的疑問留給客戶端程式碼（例如：介面、測試，以及任何可能運用我們程式碼的模組）。因此，每當需要解釋一個數字時，我們可能會卡在 if 判斷式上面。整體來說，為了降低 API（讀者可以將之想像為「公共介面」、「在測試中所用的輸入與輸出」或者是「我們使用這些程式碼的方法」）的複雜度，從 API 中移除條件的判斷式是合理的做法。通常讓程式碼中較為深層的部分去處理複雜的問題，是比較好的做法。

現在，讓我們將條件判斷式移至 Person 物件，而在此物件中，我們不再使用布林變數來儲存二進位數字的資訊，而是改用字串變數。

```
class Person{
  constructor(typeOfPerson){
    this.typeOfPerson = typeOfPerson;
  }
  whatIs(number){
    return number;
  };
  whatIsInBinary(number){
    return Number('0b' + number);
  };
  log(number){
    if(this.typeOfPerson === "binary knower"){
      console.log(this.whatIsInBinary(10));
    } else{
      console.log(this.whatIs(10));
    }
  };
};

const personOne = new Person("binary knower");
```

```
const personTwo = new Person("binary oblivious");

[personOne, personTwo].forEach(person => {person.log(10)});
```

現在，在 Person 物件中，條件判斷已經整潔地隱藏 log 函式之中了。接著，我們不再使用一個變數來讓輸出函式知道它要執行的任務，而是使用子類別來去除所有的條件判斷：

```
class Person{}

class BinaryKnower extends Person{
  log(number){
    console.log(this.whatIsInBinary(number));
  };
  whatIsInBinary(number){
    return Number('0b' + number);
  };
};

class BinaryOblivious extends Person{
  log(number){
    console.log(this.whatIs(number));
  };
  whatIs(number){
    return number;
  }
};
const personOne = new BinaryKnower();
const personTwo = new BinaryOblivious();
[personOne, personTwo].forEach(person => person.log(10));
```

現在我們的 log 函式看起來略為重複冗長，因此我們將之移至 Person 物件中：

```
class Person{
  log(number){
    console.log(this.whatIs(number));
  };
};

class BinaryKnower extends Person{
  whatIs(number){ return Number('0b' + number) };
};

class BinaryOblivious extends Person{
  whatIs(number){ return number };
};
const personOne = new BinaryKnower();
```

```
const personTwo = new BinaryOblivious();
[personOne, personTwo].forEach(person => person.log(10));
```

為了達成這些改變，我們必須以相同的名稱命名我們的函式（whatIs 以及 whatIsInBinary）。

什麼時候該使用模板方法模式？

為了表達清楚，我們在最後一步才將 log 函式從子類別移動至 Person 物件。由於模板方法模式相當簡單，因此你很可能無意間就已經在使用此模式，將函式在不同的物件之間移動。其實，模板方法模式是平時所說程式碼重構的「程式上移法」中的一種特殊形式，在這種用法中，函式（有時是方法，視內容而定）被移至父類別。因此，模板方法模式在實際執行（在我們的範例中，就是 the whatIs 函式）時，會在子類別中製造出歧異。

一個函數式變種

如同範例中相當基本的函式，也許你會懷疑是否有必要在父類別中撰寫函式。我們似乎也可以用以下的方法來撰寫程式：

```
function log(person, number){
  console.log(person.whatIs(number));
};
class BinaryKnower{ whatIs(number){ return Number('0b' + number) } };
class BinaryOblivious{ whatIs(number){ return number } };
const personOne = new BinaryKnower();
const personTwo = new BinaryOblivious();
[personOne, personTwo].forEach(person => { log(person, 10) });
```

現在我們將傳遞兩個顯式參數至函式中，並且我們必須顯式地使用 Person 而非使用 this。在前述的程式碼片段中，我們各有一個顯式以及隱式的參數。你可能會偏好其中任一種方法，但因為我們希望在程式庫中有一個主要的設計模式，選擇其中之一是相當重要的。物件能為函式加上名稱空間並協助分類，但在不同物件間共用函式會增加程式碼的複雜度。

如果你想用物件導向，那之前的做法比較好。如果你的程式庫中傾向函數式，那麼這個方法將會是個良好選擇。同時為了避免變數或函式名稱的衝突，我們必須銘記在心，要使函式的作用域盡量小（例如透過建立模組）。此外，也許你會好奇我們是否需要 BinaryKnower 與 BinaryOblivious 兩個類別。如果只有一個函式，我們可以很輕易地設計出一個不需要額外那兩個類別的例子：

```
function log(fun, number){
  console.log(fun(number));
};
function whatIsInBinary(number){return Number('0b' + number)};
function whatIs(number){return number};

[whatIsInBinary, whatIs].forEach(fun => { log(fun, 10) });
```

可以想像在實際應用中，我們較偏好使用 Person 物件，此時相較於只使用函式，使用類別（或者至少物件）通常較為妥當。當然，將你的程式碼重新組織為一連串的函式以及回傳值仍然是相當可能的。不妨找個機會都試試看。

由於本章節主要的目的在於介紹物件導向模式，我們將先略過函數式程式設計中的可能作法。

策略模式

模板方法模式幫助我們將條件判斷式從子類別中移除，而策略模式幫助我們藉由在父類別中加入策略（函式）以移除子類別。

讓我們看看現在的程式碼：

```
class Person{
  log(number){ console.log(this.whatIs(number)) };
};

class BinaryKnower extends Person{
  whatIs(number){ return Number('0b' + number) };
};

class BinaryOblivious extends Person{
  whatIs(number){ return number };
};

const personOne = new BinaryKnower();
const personTwo = new BinaryOblivious();
[personOne, personTwo].forEach(person => person.log(10));
```

在上一小節中，我們以批評的眼光看待 Person 類別，現在讓我們來思考，究竟需要哪些子類別。如果在建構子中加入一個用以儲存型別的變數，並如同我們先前在測試的程式碼（記錄輸出）中所做的，在 whatIs 函式中重新創造條件，其實可以避免使用子類別：

```
class Person{
  constructor(knowsBinary){
    this.knowsBinary = knowsBinary;
  };
  log(number){ console.log(this.whatIs(number)) };
  whatIs(number){
    if(this.knowsBinary){
      return Number('0b' + number);
    } else{
      return number;
    }
  };
};

const personOne = new Person(true);
const personTwo = new Person(false);

[personOne, personTwo].forEach(person => { person.log(10) });
```

藉由在創造 personOne 與 personTwo 物件之後為它們加入函式，我們可以避免此一型別檢查：

```
class Person{
  log(number){ console.log(this.whatIs(number)) };
};

const personOne = new Person( );
personOne.whatIs = (number) => Number('0b' + number);
const personTwo = new Person(number => number);
personTwo.whatIs = (number) => number;

[personOne, personTwo].forEach(person => { person.log(10) });
```

或者，藉由在建構物件時加入額外的函式，我們也可以避開型別檢查：

```
class Person{
  constructor(whatIs){ this.whatIs = whatIs }
  log(number){console.log(this.whatIs(number)) }
};

const personOne = new Person(number => Number('0b' + number));
const personTwo = new Person(number => number);

[personOne, personTwo].forEach(person => { person.log(10) });
```

如果我們希望的話，可以命名並且提取這些函式，以簡化建構子：

```
function binaryAware(number){
  return Number('0b' + number);
};
function binaryOblivious(number){
  return number;
};

const personOne = new Person(binaryAware);
const personTwo = new Person(binaryOblivious);
```

既然我們已經提取了這些函式，不需創建 Person 物件便可以獨立測試這些函式。

你也許會嘗試將函式移動至 Person 物件之中，如下所示：

```
class Person{
  constructor(whatIs){
    this.whatIs = whatIs;
  };
  log(number){
    console.log(this.whatIs(number));
  };
  static binaryAware(number){
    return Number('0b' + number);
  };
  static binaryOblivious(number){
    return number;
  };
};

const personOne = new Person(Person.binaryAware);
const personTwo = new Person(Person.binaryOblivious);
```

然而，這正是我們試圖避免的，在 Person（「內容」）與「**是否理解二進位**」（「策略」）中不同層次間的耦合。因為**是否理解二進位**可能是我們之後希望留給其他物件（例如：海豚、機器人、外星人）的策略，因此最好將是否理解二進位以及 Person 物件分開。

為避免上述的耦合，我們可以創造一個包含此策略的物件，設計出如下的程式碼：

```
class Person{
  constructor(whatIs){ this.whatIs = whatIs };
  log(number){ console.log(this.whatIs(number)) };
};
```

```
const binary = {
  aware(number){ return Number('0b' + number) },
  oblivious(number){ return number }
};

const personOne = new Person(binary.aware);
const personTwo = new Person(binary.oblivious);

[personOne, personTwo].forEach(person => { person.log(10) });
```

現在，我們的策略已經被妥善的藏到了一個物件之中。這是非常方便的做法，因為如果我們需要創造一個函式來代表對數字的不同解讀法（也就是說，八進位或者十六進位），我們並不需要創立一個全新的子類別。

你也許會注意到，先前在模板方法模式中所述的「函數式變種」在此仍然適用。如果希望避免使用物件與類別，我們將擁有完全不同（通常更簡短）的程式碼。

狀態模式

比起策略模式，狀態模式較為複雜，但其實狀態模式可以自然而然的由策略模式變化而來。我們假設「是否理解二進位」代表著許多的二進位運算，例如 read、and 與 xor（互斥）等等。（實際上仍有許多其他的二進位運算，但這三項運算用於說明我們的設計模式已經綽綽有餘）。為了持續在此範例中使用我們的策略模式，我們需要擴展建構子，使類別在建構時能理解更多知識：

```
class Person{
  constructor(readKnowledge, andKnowledge, xorKnowledge){
    this.read = readKnowledge;
    this.and = andKnowledge;
    this.xor = xorKnowledge;
  };
};

const binary = {
  readAware(number){
    return Number('0b' + number);
  },
  readOblivious(number){
    return number;
  },
  andAware(numberOne, numberTwo){
    return numberOne & numberTwo;
  },
```

```
  andOblivious(numberOne, numberTwo){
   return "unknown";
  },
  xorAware(numberOne, numberTwo){
    return numberOne ^ numberTwo;
  },
  xorOblivious(numberOne, numberTwo){
    return "unknown";
  }
};

const personOne = new Person(binary.readAware,
                             binary.andAware,
                             binary.xorAware);
const personTwo = new Person(binary.readOblivious,
                             binary.andOblivious,
                             binary.xorOblivious);

[personOne, personTwo].forEach(person => {
  console.log(person.read(10));
  console.log(person.and(2, 3));
  console.log(person.xor(2, 3));
});
```

假設我們運行此程式碼 **node state.js**（假設我們將檔案儲存為 *state.js*），會得到以下輸出：

```
2
2
1
10
unknown
unknown
```

按照這種方法，策略模式可能很快地就會造成一團混亂。此問題最簡單的解法便是讓兩個物件分別包含「認識二進位」與「不認識二進位」時所擁有的知識：

```
class Person{
  constructor(binaryKnowledge){
    this.binaryKnowledge = binaryKnowledge;
  }
};

const binaryAwareness = {
  read(number){
    return Number('0b' + number);
  },
```

```
  and(numberOne, numberTwo){
    return numberOne & numberTwo;
  },
  xor(numberOne, numberTwo){
    return numberOne ^ numberTwo;
  }
};

const binaryObliviousness = {
  read(number){
    return number;
  },
  and(numberOne, numberTwo){
    return "unknown";
  },
  xor(number){
    return "unknown";
  }
};

const personOne = new Person(binaryAwareness);
const personTwo = new Person(binaryObliviousness);

[personOne, personTwo].forEach(person => {
  console.log(person.binaryKnowledge.read(10));
  console.log(person.binaryKnowledge.and(2, 3));
  console.log(person.binaryKnowledge.xor(2, 3));
});
```

這種方法使建構子的呼叫更為簡單，而且使得 binaryKnowledge 能夠獨立於 person。在我們接著進行狀態模式之前，有另外兩種可能性值得考慮。首先，將三種函式儲存於同樣的 knowledge 物件中可能會有潛在的缺點。會不會有個人懂得如何進行 read 運算，卻不懂得進行 xor 運算？當然有可能！我們的設計沒辦法提供足夠的彈性來描述這種情況，但在介紹完狀態模式之後，我們會再回來討論這個問題。

第二件值得考慮的事情是，我們能否新增委派函式 person.read 以及 person.xor 給 Person，使 Person 能夠直接調用 binaryKnowledge 的函式？這種做法可能有其便利性，但也可能有其缺陷。在建構子中定義這些函式（使用類似這樣的述句：this.read = binaryKnowledge.read）意味著，binaryKnowledge 物件每多一個新的函式，Person 的建構子都要新加入一個參照。此外，這種客戶端程式碼使 binaryKnowledge 物件的介面被遮蔽了。是否使用委派最終將取決於個人的偏好，但一般來說，越動態越複雜的委派物件（在此範例中為 binaryKnowledge），在之後委派各個函式時將造成更多的困惑以及更高的成本。

有時二進位物件的函式可能會被改變！

雖然像這樣將物件直接連結到其他的物件相當方便，仍然有其他的不穩定因素值得考慮：雖然 const 可以避免二進位型別的變數值遭到重複宣告，但卻不能避免我們的 aware 函式或 oblivious 函式被重新宣告。此外，如果許多 Person 物件需要使用同一個函式，在其中一個 Person 物件中重新定義函式也會重新定義其他 Person 物件中的函式。在程式碼的尾端加入以下程式碼將說明此情形：

```
const personOne = new Person(binaryAwareness);
const personTwo = new Person(binaryAwareness);
personTwo.binaryKnowledge.read = () => `
redefined on both objects`;

[personOne, personTwo].forEach(person => {
  console.log(person.binaryKnowledge.read(10));
});
```

擁有不可變物件（immutable object）的最簡單方法便是變出一個新的物件。在此小節的結尾，我們將對此說明。

由於尚未定義物件之間的轉換，我們仍未完全使用狀態模式。現在，讓我們著手進行：

```
class Person{
  constructor(binaryKnowledge){
    this.binaryKnowledge = binaryKnowledge;
  };
  change(binaryKnowledge){
    this.binaryKnowledge = binaryKnowledge;
  };
};

const binaryAwareness = {
  read(number){
    return Number('0b' + number);
  },
  and(numberOne, numberTwo){
    return numberOne & numberTwo;
  },
  xor(numberOne, numberTwo){
    return numberOne ^ numberTwo;
  },
  forget(person){
    person.change(binaryObliviousness);
  }
}
```

```
const binaryObliviousness = {
  read(number){
    return number;
  },
  and(numberOne, numberTwo){
    return "unknown";
  },
  xor(number){
    return "unknown";
  },
  learn(person){
    person.change(binaryAwareness);
  }
};

const personOne = new Person(binaryAwareness);
const personTwo = new Person(binaryObliviousness);

[personOne, personTwo].forEach(person => {
  console.log(person.binaryKnowledge.read(10));
  console.log(person.binaryKnowledge.and(2, 3));
  console.log(person.binaryKnowledge.xor(2, 3));
});

personOne.binaryKnowledge.forget(personOne);
personTwo.binaryKnowledge.learn(personTwo);

[personOne, personTwo].forEach(person => {
  console.log(person.binaryKnowledge.read(10));
  console.log(person.binaryKnowledge.and(2, 3));
  console.log(person.binaryKnowledge.xor(2, 3));
});
```

如此一來，我們需要在 `Person` 中定義新的函式（`change`）、在 `binaryAwareness` 中定義 `forget` 函式以及在 `binaryObliviousness` 中定義 `learn` 函式。在我們的測試（只有打印述句）中，我們改變了 `Person` 物件中「是否了解二進位數字」的屬性，並且在第二次輸出時順序將相反。

在這份程式碼中，有兩個地方相當可疑。首先，將 `Person` 物件傳遞至 `forget` 與 `learn` 函式中似乎是相當笨拙的做法。第二，如同之前警告的，我們的 `binaryKnowledge` 物件仍暴露在會被重複定義的風險之中。

我們可以藉由工廠函式、建構子函式或是回傳 binaryKnowledge 物件的類別來處理第二個問題。然而，對此問題，較為簡單的解法是用 Object.create 把 Person 建構子中對 binaryKnowledge 的賦值包起來。另外，為了 change 函式的安全，我們同樣將之包裝於 Person 的建構子之中：

```
class Person{
  constructor(binaryKnowledge){
    this.binaryKnowledge = Object.create(binaryKnowledge);
  };
  change(binaryKnowledge){
    this.binaryKnowledge = Object.create(binaryKnowledge);
  };
};
```

為了解決第一個問題（在 forget 與 learn 函式中拙劣的重複使用 person 的參照），我們可以在 Person 建構子中使用 Object.assign 建立 binaryKnowledge 與 Person 物件之間的雙向連結，然後把 forget 和 learn 的參數拿掉，改成直接使用 this.person：

```
class Person{
  constructor(binaryKnowledge){
    this.binaryKnowledge = Object.create(
                             Object.assign(
                               {person: this},
                                binaryKnowledge));
  };
  change(binaryKnowledge){
    this.binaryKnowledge = Object.create(
                             Object.assign(
                               {person: this},
                                binaryKnowledge));
  };
};

const binaryAwareness = {
...
  forget(){
    this.person.change(binaryObliviousness);
  }
}
const binaryObliviousness = {
...
  learn(){
    this.person.change(binaryAwareness);
  }
};
```

```
const personOne = new Person(binaryAwareness);
const personTwo = new Person(binaryObliviousness);

...

personTwo.binaryKnowledge.forget();
personTwo.binaryKnowledge.read = () => 'will not assign both';
[personOne, personTwo].forEach(person => {
  console.log(person.binaryKnowledge.read(3));
});
```

由程式碼的最後五行，我們可以看出修改 `read` 並不會影響到其他物件，而 `forget` 函式（以及 `learn` 函式）不再需要顯式參數。

或者，我們也可以在 `Person` 類別中定義 `forget` 與 `learn` 函式（在原本的設計模式中並未指定定義轉換的地方），此時，先前關於 `Person` 委派的問題將再次出現：如果我們加入關於 `Person` 狀態的資訊，那麼 `Person` 將變得更加複雜且偏離原意。儘管如此，有些案例中，為了將關於轉變的資訊全都集中在一起，這麼做是值得的。

狀態模式 VS 有限狀態機

狀態模式（state *pattern*）與狀態機（state *machine*）之間有一些雷同。雖然兩者相關，但有限狀態機主要聚焦於不同狀態，以及狀態之間的轉換，而不替常用的函式提供統一的介面。雖然只使用一個物件 / 類別來控制所有狀態以及其轉換（通常使用回調函式來執行狀態間的轉換）有助於使程式簡潔，但會使得處於不同狀態時，能夠使用的介面也不相同，這代表需要更多的型別檢查（`if` 述句），如此複雜度可能會日益增加。

現在，我要宣佈關於狀態模式的不幸消息。

在這裡，我們有一個只有兩種狀態的簡單範例。雖然此範例擴展良好，然而一旦程式庫朝向許多型別檢查（無論有限狀態機是否已經到位）的方向發展，利用狀態模式重構程式碼來移除條件檢查將會非常有效。而加入許多新的物件 / 類別（每種狀態增加一個）也許在開發團隊中不是受歡迎的點子。

當狀態較為複雜時，你也可能遭遇困難。舉例來說，想像我們描繪一個分支結構，其中「了解 xor」是「了解二進位運算」的子集合，「了解二進位運算」是「了解數學」的子集合，而「了解數學」是「了解宇宙」的子集合。如果你的狀態如前所述分支許多次，那樹狀圖將很快被許多的類別 / 物件淹沒。換句話說，每個狀態之間彼此獨立是有可能的。在「是否理解二進位運算」、「是否會英文」、「是否擁有寵物」中，我們是否需要為每一種可能的組合設計一個狀態？幸好，並不需要。一個物件擁有不同的狀態，作為較簡潔的做法，是比較好的。

最後，經典的狀態模式會帶來某些實作規定，特定的介面須由個別的類別 / 物件來實行。在我們的用法中，我們並沒有做如此的保證。在 JavaScript 中，由於編譯時沒有檢查這些契約，我們有許多其他的選項。我們可以為情境或狀態在建構子中使用斷言，也可以創造包含許多函式（而如果沒有覆寫的話可能會造成錯誤）的 `BaseState` 物件，或者我們可以不強制執行這種型別的契約。既然我們有許多的選擇，這就不是太糟糕的做法。我們可能會得到 `TypeError:` *`someObject.whatever`* `is not a function` 的錯誤訊息，而這種錯誤訊息，和我們在建構子中使用斷言失敗時得到的錯誤訊息 `BaseState` 或 `AssertionError` 是同一類的。這些錯誤訊息都很有表達力，也就是說，只要一看便知道發生了什麼事。另一個選項是，使用擁有這些特性並且編譯至 JavaSscript 的程式語言（像是 TypeScript）。幸好，本章節對於簡潔的訴求讓我們知道，為了確實實現特定的設計模式，而利用另一種語言重寫整個程式並且將建構過程複雜化，是非常不明智的。

has-a **的力量**

願意把屬於某個物件的一部分移至另一個物件之中，是狀態模式的核心思想。一般來說，在物件導向程式設計裡面，繼承較委派物件更為優先。狀態模式雖然是種較複雜版本的委派，但我們仍不該忽略簡單的委派物件。

null 物件

`null` 物件模式和其他在此討論的模式不同，並非四人幫原本著作 *Design Patterns: Elements of Reusable Object-Oriented Software* 中的 23 種設計模式之一，同時也可能是最未被充分利用的一個。想想看，你的程式碼中有多少的條件檢查是為了避免 `null`、`undefined`、特定變數或函式的存在而被執行。很有可能地，這些條件檢查占了整個程式碼中 if 判斷句的一大部分。更糟糕的是，程式中一大部分的錯誤，正是由於缺少其中某些型別檢查。

一個甚至連爸爸都不會愛的（non-）值

Tony Hoare 在 1965 年發明了 null。在 2009 年，由於此發明造成的損失，他稱 null 為「數十億美元的錯誤」。考慮到運行時錯誤，以及各種程式語言為了避免 null 值而撰寫程式的時間，十億元可能還是低估了。

事實上，根據劍橋大學在 2013 年的研究（無可否認，是由抓臭蟲軟體的供應商資助）（*http://insight.jbs.cam.ac.uk/2013/research-bycambridge-mbas-for-tech-firm-undo-finds-software-bugs-cost-the-industry-316-billiona-year/*），臭蟲每年在全世界造成 3160 億元的損失。當然，並非所有的損失皆源自於處理 null 條件的失當，但依照我撰寫網頁應用程式的個人經驗，我認為上述的錯誤仍然占了一大部分。如果真的要估計一個百分比的話，假設沒有靜態語言的工具可用，我估計約有一半的錯誤由此造成。如此算來，遠遠超過了 3160 億元中的 10 億元，而且這只是一年的損失。

Hoare 的事業成就相當的傑出，因此這些對他不利的研究並非為了批評他而憑空捏造的。重點是「null 是個數十億美元的錯誤」，對於那些需要避免的人來說仍然不是普遍的知識。null（與 undefined）並未列於 Crockford 清單中的「壞部分」（*JavaScript: The Good Parts* 中的附錄 B），並且它們仍然在許多 API 與程式庫中被回傳使用。

讓我們從一段會回傳 null 的程式碼開始：

```
class Person {
  constructor(name){
    this.name = name;
  }
};
class AnonymousPerson extends Person {
  constructor(){
    super();
    this.name = null;
  }
};

personOne = new Person("tony");
personTwo = new AnonymousPerson("tony");
console.log(personOne.name);
console.log(personTwo.name);
```

在此程式碼中，有個不幸且使人分心的地方：在子類別的建構子中得呼叫 super。如果不呼叫 super，我們將得到 ReferenceError: this is not defined，這不只是一個模糊的錯誤訊息，同時也隱隱約約告訴我們 null 或者 undefined 可能源自程式語言的核心部分，而不只來自於函式庫。

儘管如此，上述程式碼的輸出看起來還不算糟：

```
tony
null
```

但是假如想對這些值做運算：

```
function capitalize(string) {
  return string[0].toUpperCase() + string.substring(1);
};

console.log(capitalize(personOne.name));
console.log(capitalize(personTwo.name));
```

便開始遇到麻煩了：

```
TypeError: Cannot read property '0' of null
```

我們可能會傾向於使用空字串取代 null 來處理這一問題：

```
class AnonymousPerson extends Person {
  constructor(){
    super();
    this.name = "";
  }
};
```

這次，得到了一個新的錯誤訊息：

```
TypeError: Cannot read property 'toUpperCase' of undefined
```

這和前面遇到的錯誤一樣糟，因此我們還是回到使用 null 的方法。現在我們卡在於 capitalize 中使用某些型別檢查：

```
function capitalize(string) {
  if(string === null){
    return null;
  }else{
    return string[0].toUpperCase() + string.substring(1);
  }
};
```

因為我們仍然沒有好方法來避免從 Anonymous Person name 屬性中得到空白的值（假設我們不知道 null 物件），我們將困於諸如此類荒謬的型別檢查中（可以只是 "" 或者 undefined）。而若我們不進行型別檢查，我們將在執行時期得到錯誤訊息。

那麼，如果字串是 null 時，我們該怎麼做？我們仍然可以回傳另一個 null。現在，讓我們來 *tigerify* 我們的 tonys：

```
function tigerify(string) {
  return `${string}, the tiger`;
};
console.log(tigerify(capitalize(personOne.name)));
console.log(tigerify(capitalize(personTwo.name)));
```

現在得到的輸出是：

```
Tony, the tiger
null, the tiger
```

雖然我們沒得到錯誤訊息，但也沒有得到想要的值。讓我們試試其他的方法：

```
function tigerify(string) {
  if(string === null){
    return null;
  }else{
    return `${string}, the tiger`;
  }
};
```

現在，我們的字串將得到一個單純的 null，這並沒有比之前顯示的值更好。由於我們並非**真的**希望 tigerify 函式執行最後的輸出（capitalize 與 tigerify 擁有相同的介面相當方便，如此一來我們將可以用任意的順序呼叫它們，或者只呼叫其中之一），所以我們創造了 display 函式來處理最後的輸出：

```
function display(string){
  if(string === null){
    return '';
  }else{
    return string;
  }
};
```

於是我們執行了另一個 null 檢查，好讓我們可以顯示空白字串。

然而，沒有人真的希望顯示 null，對吧？

是的，它們還是會顯示 null。我並不透漏在哪個網站上看到圖 9-1，但他們擁有超過 4000 萬的資金。同時，是他們在這裡創造 null，而不是我。

Evan is creating null

圖 9-1　在現實中遇到顯示 null 的情況

幸好，反模式越來越清楚：對 null 做檢查，或者使人們容易犯下錯誤或其他笨拙的互動。只要一個 null 就可以在程式庫中開啟一連串條件檢查和悲劇。由於被呼叫的函式可能會回傳 null，因此呼叫的人需要額外對 null 做檢查，此外，由於所有經過測試的函式至少會有兩個分支，因此程式的測試將變得更加複雜。

那麼，該如何改變這種慘狀？答案是：我們可以將名字從字串或 null 改為物件。如此一來，我們得以執行擁有鏡像介面的函式：

```
class Person {
  constructor(name){
    this.name = new NameString(name);
  }
};
class AnonymousPerson extends Person {
  constructor(){
    super();
    this.name = new NullString;
  }
};

class NullString{
  capitalize(){
    return null;
  }
};

class NameString extends String{
  capitalize() {
    return new NameString(this[0].toUpperCase() + this.substring(1));
  };
  tigerify() {
    if(this === null){
      return null;
```

```
    }else{
      return new NameString(`${this}, the tiger`);
    }
  };
  display(){
    if(this === null){
      return '';
    }else{
      return this.toString();
    }
  };
}

personOne = new Person("tony");
personTwo = new AnonymousPerson("tony");
console.log(personOne.name.capitalize().tigerify().display());
console.log(personTwo.name.capitalize());
```

這裡最大的變化是我們加入了兩個新的類別：NameString 與 NullString，而 Person 與 AnonymousPerson 的建構子創建此二類別。請注意，在此，我們並非嵌套函式，而是串接函式，同時，display 函式會呼叫 toString，因此 console 不會印出型別的資訊。而 NameString 如同先前，以同樣的方式執行我們的程式（除了我們可以從 capitalize 中移除型別檢查，但現在 NullString 中只有實作 capitalize）。

為什麼呢？

因為傳統實作 null 物件模式的方法是回傳 null 值。此時，我們撞到了 null 的高牆，如果不做型別檢查，在 personTwo 中根本無法執行任何動作。這是非常嚴重的情形，值得深思。

現在讓我們改用更好的做法。我們將實作一個 NullString，它不只擁有鏡像函式，還會回傳鏡像值給 NameString。

為什麼我們不直接覆寫 *String.prototype*？

覆寫基礎物件通常是很糟糕的選擇。在大多的情況下，其他的程式設計師（包括你，如果你忘記已經覆寫了 String）會認為 String 就只是他們習慣使用的 String。雖然在提取物件時，使用子類別通常是比較糟糕的選擇，但是在複製原生物件如 String 或 Array 時卻非常的有用。

我們的程式碼，看起來就像下面這段使用鏡像介面的程式碼：

```
// 未使用 null 物件
class Person {
  constructor(name){
    this.name = new NameString(name);
  }
};

class AnonymousPerson extends Person {
  constructor(){
    super();
    this.name = new NullString;
  }
};

class NullString{
  capitalize(){
    return this; // 在本範例中，和新的 NullString 相同
  };
  tigerify() {
    return this; // 在本範例中，和新的 NullString 相同
  };
  display() {
    return '';
  };
};

class NameString extends String{
  capitalize() {
    return new NameString(this[0].toUpperCase() + this.substring(1));
  };
  tigerify() {
    return new NameString(`${this}, the tiger`);
  };
  display(){
    return this.toString();
  };
}

personOne = new Person("tony");
personTwo = new AnonymousPerson("tony");
console.log(personOne.name.capitalize().tigerify().display());
console.log(personTwo.name.capitalize().tigerify().display());
```

有些人認為這樣反而比其他的版本更為複雜，讓我們看看其他的版本作為比較：

```
// without null object
class Person {
  constructor(name){
    this.name = name;
  };
};
class AnonymousPerson extends Person {
  constructor(){
    super();
    this.name = null;
  };
};

function capitalize(string) {
  if(string === null){
    return null;
  }else{
    return string[0].toUpperCase() + string.substring(1);
  }
};

function tigerify(string) {
  if(string === null){
    return null;
  }else{
    return `${string}, the tiger`;
  }
};

function display(string){
  if(string === null){
    return '';
  }else{
    return string;
  }
};

personOne = new Person("tony");
personTwo = new AnonymousPerson("tony");

console.log(display(tigerify(capitalize(personOne.name))));
console.log(display(tigerify(capitalize(personTwo.name))));
```

兩段程式碼的長度差不多。那麼，究竟是在每個函式中做條件判斷，還是，在不同的類別中都有兩個函式比較好？我們將兩者並排做比較，並試著分析 null 物件模式的優劣：

優點：

- 可以使用 console.log 來找出需要的值
- 可以在函式主體中做任何事情
- 可以利用 null 物件繼承或覆寫其他函式（例如從 NameString）
- 由於平時很容易忘記做 null 檢查，有一個完整的 API 複本可能對使用者來說更直觀

缺點：

- 按照慣例，我們可能將不同的類別儲存於不同的檔案，如此將是整個專案的搜尋過程更加複雜。
- 雖然也可以把不同類別儲存於同一個檔案之中，然而，如此仍然會增加整個專案搜尋的複雜度。
- 可能有些團隊成員不喜歡、不了解、不在乎 null 物件（大多的設計模式與品質要求都是這種狀況）。
- 由於 null 與 undefined 常常被回傳，程式庫中很難避免 null 與 undefined，因此對於不熟悉 null 物件模式的人可能會感到困惑，或者認為這些程式碼前後不一致。
- 由於 null/undefined 很常被回傳，如果你希望完全不要回傳 null/undefined，可能必須對程式庫以及第三方 API 做許多修改。
- 每當呼叫可能會使用 null 物件而非其鏡像物件的函式時，必須實作一個函式來處理 null 物件。由於必須加入 null 檢查，但又很容易遺漏此一步驟，因此並不能獲得太大的好處。
- 我們並不能保證第三方提供的程式碼也應用相同的模式。如果不巧地剛好遇到了使用「數十億美元的錯誤」的函式庫，我們可能需要再次用不同的方式包裝原本的函式庫，這對其他使用者來說可能是相當困擾的。
- 視不同函式值被使用的方法而定，我們需要不同的 null 物件函式。這些值會被儲存至資料庫呢？會被輸出嗎？或者被用來創造新的值呢？這些不同的用法最後有不同處置方式。（例如 display 函式）

- 當使用原生資料型別例如 String 或 Array 時，我們將需要額外設計不同的子類別，以便於使用 null 物件。

總體來說，開發**應用程式**時，null 物件模式提供 null 檢查的替代方案（忘記檢查 null 時所造成的錯誤）。如果你正在撰寫一個**函式庫**、**框架**、**模組**，為了讓未來使用者避開 null 的問題，null 物件模式是非常值得考慮的。

如果你正在嘗試避開 null 物件模式中所會涉入的子類別，你可以結合本小節的技巧與狀態模式、策略模式。之後在第 11 章，我們將介紹 null 物件模式的另一種替代方案：Maybe。在下一小節中，我們將更進一步結合 null 物件模式與包裹器。

包裹器（裝飾器與適配器）

有很多方法可以用來實作裝飾器（decorator）。根據先前小節的內容，不意外地，相較於使用傳統設計模式的物件導向語言，JavaScript 和介面、抽象類別等等功能的相容性不佳。

在我們繼續下去之前，請先使用 **npm install tape** 指令安裝 tape。比起 mocha，tape 是個較為輕量級的測試框架。我們將於第 10 章再次使用。

在大多使用裝飾器模式的情況中，你會看見類似如下的程式碼：

```
class Dog{
  constructor(){
    this.cost = 50;
  }
  displayPrice(){
    return `The dog costs $${this.cost}.`;
  }
};

const test = require('tape');
test("base dog price", (assert) => {
  assert.equal((new Dog).displayPrice(), 'The dog costs $50.');
  assert.end();
});
```

這和先前的斷言不同！

tape 內建帶有斷言語法的一個回調參數，此外，tape 也提供結束測試與計數的功能。如果我們在 tape 中使用不同的斷言函式庫，我們可能需要笨拙地加入 assert.pass()：

```
const test = require('tape');
const wish = require('wish');
test("base dog price", (assert) => {
  wish((new Dog).displayPrice()
=== 'The dog costs $50.');
  assert.pass();
  assert.end();
});
```

而如果我們不加入 assert.pass()，雖然測試並不會失敗，但 tape 不會認可為通過，甚至也不承認它是測試。在本章中，我們會卡在 tape 中的斷言。

在不少案例中，裝飾器非常的有用。首先，當我們希望從其他我們不想（或不能）直接操作的模組中抽出 dog 類別時，裝飾器便派上用場。此外，裝飾器能幫助我們避免生出一堆子類別。為了說明第二點，考慮以下狀況：假設小狗的價格取決於外表是否可愛、是否經過訓練、是否精壯、是否友善，以及是否參加過選美比賽。這些因素都會影響小狗的價格，而且彼此之間並非完全無關，所以完整的子類別中必須包含所有的特徵（例如：class FriendlyNotCuteTrainedNonRoboticNonShowDog extends Dog）。

如果我們希望用特別的特徵來裝飾 dog，可以使用一個將 dog 作為參數的工廠函式：

```
function Cute(dog){
  const cuteDog = Object.create(dog);
  cuteDog.cost = dog.cost + 20;
  return cuteDog;
};

test("cute dog price", (assert) => {
  assert.equal((Cute(new Dog)).displayPrice(), 'The dog costs $70.');
  assert.end();
});
```

如果希望加入其他的特徵，只要額外設計類似的工廠函式即可：

```
function Trained(dog){
  const trainedDog = Object.create(dog);
  trainedDog.cost = dog.cost + 60;
  return trainedDog;
```

```
};
test("trained/cute dog price", (assert) => {
  assert.equal(Trained(Cute(new Dog)).displayPrice(),
               'The dog costs $130.');
  assert.end();
});
```

我們可以輕易地用類似的方法新增裝飾器。

我們必須將工廠函式做成巢狀結構嗎？

你可能會感到好奇，我們是否可以使用如下的介面：

```
(new Dog).Cute().Trained();
```

答案是：當然可以！但若我們不在原來的類別中加入額外的功能，便無法達到以上的目標。而這種設計模式其中一個重點便是：我們不能也不想改變原本的類別。

這種「導致某些花費」的裝飾器聚焦於在既有的介面上加入額外的特徵。在其他案例中，我們希望用其他的包裹器來修改介面。現在讓我們來討論那些會回傳 null（數十億美元的錯誤）的問題 API（若讀者希望再次復習 null 物件的相關知識，不妨回到前一小節）。現在來看一段與前小節類似、但尚未創建 null 物件之時的程式碼：

```
class Person {
  constructor(name){
    this.name = new NameString(name);
  }
};

class AnonymousPerson extends Person {
  constructor(){
    super();
    this.name = null;
  }
};

class NameString extends String{
  capitalize() {
    return new NameString(this[0].toUpperCase() + this.substring(1));
  };
  tigerify() {
    return new NameString(`${this}, the tiger`);
  };
  display(){
```

```
    return this.toString();
  };
};

const test = require('tape');

test("Displaying a person", (assert) => {
  const personOne = new Person("tony");
  assert.equal(personOne.name.capitalize().tigerify().display(),
               'Tony, the tiger');
  assert.end();
});
```

雖然這種做法可行，但若我們測試 AnonymousPerson 物件，處理 null 的檢查的時候會出問題。我們看看這段測試的程式碼會更明確：

```
test("Displaying an anonymous person", (assert) => {
  const personTwo = new AnonymousPerson("tony");
  assert.equal(personTwo.name.capitalize().tigerify().display(),
               '');
  assert.end();
});
```

我們很快便會得到錯誤訊息：

```
TypeError: Cannot read property 'capitalize' of null
```

在前小節 null 物件的範例中，我們藉由讓 AnonymousPerson 物件回傳 NullString 物件來代表 name，同時在 NullString 加上一些函式來處理。如果加入下面這段程式碼將會變得更方便（改變 AnonymousPerson 並且加入 NullString）：

```
class AnonymousPerson extends Person {
  constructor(){
    super();
    this.name = new NullString; // 本行會造成問題
  }
};
class NullString{
  capitalize(){
    return this;
  };
  tigerify() {
    return this;
  };
  display() {
```

```
    return '';
  };
};
```

假設我們現在動不了 AnonymousPerson，但我們新增 NullString 類別來應用裝飾器模式是沒問題的。

加入這些修改後的程式碼為：

```
class Person {
  constructor(name){
    this.name = new NameString(name);
  }
};

class AnonymousPerson extends Person {
  constructor(){
    super();
    this.name = null;
  }
};

class NameString extends String{
  capitalize() {
    return new NameString(this[0].toUpperCase() + this.substring(1));
  };
  tigerify() {
    return new NameString(`${this}, the tiger`);
  };
  display(){
    return this.toString();
  };
};

// 這些是新的
class NullString{
  capitalize(){
    return this;
  };
  tigerify() {
    return this;
  };
  display() {
    return '';
  };
};
```

```
// 這些也是新的
function WithoutNull(person){
  personWithoutNull = Object.create(person);
  if(personWithoutNull.name === null){
    personWithoutNull.name = new NullString;
  };
  return personWithoutNull;
};

const test = require('tape');

test("Displaying a person", (assert) => {
  const personOne = new Person("tony");
  assert.equal(personOne.name.capitalize().tigerify().display(),
               'Tony, the tiger');
  assert.end();
});

test("Displaying an anonymous person", (assert) => {
  const personTwo = new AnonymousPerson("tony");
// 使用 WithoutNull 包覆 personTwo 是新的實作法
  assert.equal(WithoutNull(personTwo)
               .name.capitalize().tigerify().display(),
               '');
  assert.end();
});
```

兩種方法都可以通過測試。我們只需要加入 WithoutNull 來包裹 personTwo。如此一來，我們可以避免 name 為 null。由於只有在 name 為 null 值時才會執行轉換，我們可以用 WithoutNull 來包裹任何 person 物件，無論是否為匿名。請注意，雖然我們使用回傳物件的工廠函式，但我們也可以改為使用類別或建構子函式。只是這些方法將隱式地回傳物件，而在此，若能夠顯式地回傳我們手動建立的物件將更為簡單。若使用類別或建構子回傳 WithoutNull 類別很奇怪，而若將之覆寫（從建構子函式中回傳不同的物件或利用 new 呼叫建構子函式）同樣令人困惑。

在此有兩件事情需要考慮。首先，在許多狀況中我們可能無法選擇我們所希望的 person 的型別。很可能我們只有一種 person，而我們無法事先得知他是否含有 name（或者其他我們可能用 WithoutNull 包裹的屬性）。例如，我們可能會藉由函式（(db.get({person: {id: 17}})）從資料庫中獲得物件。只要把呼叫的函式包裹起來，像是 withoutNull(db.get({person: {id: 17}}))，我們的包裹器 WithoutNull 便可以漂亮地提供一致地介面給 name 或其他屬性。很有可能我們並不想改變資料庫的 API，而僅包裹他回傳的值。

第二，假如我們的 API 回傳一個字串而非一個持有字串的真實物件，像是一般 Person（而非 NameString）的情形，假如不直接擴充我們「無法觸碰」的 Person 與 Anonymous Person 物件、覆寫 String.prototype 或者折衷我們簡單的 API，在為了 NullString 設置平行的函式時可能會遭遇很多的困難。

我們目前已經看過兩種可能的介面：

```
Cute(dog);
WithoutNull(personTwo);
```

如前面所提，可以用類別 / 建構子函式取代工廠函式，如此的介面將類似於：

```
new Cute(dog);
new WithoutNull(personTwo);
```

而不這麼做的原因是，直接顯式地從建構子函式回傳某個東西很怪異（因為建構子通常會回傳一個型別名稱等同此建構子名稱的物件）。

從介面的觀點來看，什麼是 new Cute？什麼是 new Without？這些都只是特徵，將它們實例化並沒有什麼意義。所以不只實作，介面也促使我們使用工廠函式。

我們再用一個例子來說明：

```
class Target{
  hello(){
    console.log('hello');
  };
  goodbye(){
    console.log('goodbye');
  };

};
class Adaptee{
  hi(){
    console.log('hi');
  };
  bye(){
    console.log('bye');
  };
};

const formal = new Target;
formal.hello();
formal.goodbye();
```

```
const casual = new Adaptee;
casual.hi();
casual.bye();

class Adapter{
  constructor(adaptee){
    this.hello = adaptee.hi;
    this.goodbye = adaptee.bye;
  };
};
const adaptedCasual = new Adapter(new Adaptee);
adaptedCasual.hello();
adaptedCasual.goodbye();
```

所以我們現在有了有著不同介面的 casual 和 formal 物件（hi 與 hello、bye 與 goodbye）。如果我們需要支援同個介面，適配器可以重新映射一個新的出來。這和先前 WithNull 替我們解決的問題相同。

和裝飾器的理由相同，適配器最好也是工廠函式。但若我們在適配器使用工廠函式，那麼裝飾器和適配器有何不同呢？

「裝飾器」的 *TC39* 提議

至今為止，有一些使用裝飾器作為 JavaScript 功能的提議。雖然它們和我們在此所提及的不同，但它們在構想中也嘗試改變已存在的行為。

兩者間的差異非常重要，而且很可能用到。裝飾器較可能使用巢狀的包裹器來加入全異的特徵，而適配器較常映射不同物件間的介面。想像一下，假如為了避免 null，我們改變 WithNull 的所有特性。在裝飾器的做法中，我們可能偏好巢狀結構如 WithoutNullName(WithoutNullPhone(person)))。而在適配器中，我們比較可能使用介面轉換作為必要的一步。所以，在先前，dog 的範例是使用裝飾器，而「without null」的範例比較可能使用適配器。這些差別很重要嗎？其實也不那麼重要。在所有案例中，我們都用包裹器函式將特性加入至物件中。從「介面」（物件導向程式設計的專門用語）與「抽象類別」、子類別、private/public 的方法與成員來思考設計模式非常誘人，但是，JavaScript 並不是 Java。在設計之時，以統一塑模語言（UML）來描述這些複雜關係是個很好的起點，然而對於 JavaScript，最好是從你希望設計與實作的介面（例如 test/client 程式碼）開始思考。

那我們什麼時候不該用裝飾器與適配器？假設我們可以掌控整個程式的實作（例如：擁有自己的函式庫），不需要使用包裹器來複雜化程式介面，而只要修改基本的程式碼即可。此外，如同使用其他的設計模式，請確認使用設計模式後的程式碼比原來的程式碼更為簡單明瞭。在使用適配器前，別忘了先試試提取函式與物件。如果你仍然希望使用設計模式，這麼做也許會讓設計流程更簡單。

外觀模式

相較於前述高深的包裹器模式，外觀模式（facade pattern）非常的簡單。當我們有個複雜的 API，我們並不直接使用它，而是使用一個介面。就像彈鋼琴時，我們並不直接用弦槌敲打琴弦；開車時，我們大多專注於目的地跟其他高層級的事情，偶爾想想怎麼開車，而很少注意車子內部的零件。

基本上，外觀模式只是個介面，其中包含經過精心設計的 API，以便於後續使用者更容易順暢簡易地撰寫程式。

舉個更明確的例子，讓我們考慮 JavaScript 如何與原始的 web API 互動。在 `document` 與 `window` 中可用的屬性與函式數量龐大，因此對於初學者，直接去閱讀說明文件不太可行。讓我們用外觀模式來描述你能夠用 JavaScript 做到什麼吧！因為我們必須與瀏覽器互動，我們可以從 HTML 頁面開始，並將之存檔為 facade.html：

```
<html>
  <head>
    <meta http-equiv="content-type" content="text/html;
     charset=utf-8" />
    <title></title>
    <script type="text/javascript" src='facade.js'></script>
  </head>
  <body>
  </body>
</html>
```

在相同的資料夾裡，可以加入 *facade.js*：

```
const page = {
  say(string){
    console.log(string);
  },
  yell(string){
    alert(string);
  },
```

```
  addNewLine(){
    document.body.appendChild(document.createElement("br"));
  },

  addButton(text){
    const button = document.createElement("button");
    button.appendChild(document.createTextNode(text));
    document.body.appendChild(button);
  },
  addText(text){
    const span = document.createElement("span");
    span.appendChild(document.createTextNode(text));
    document.body.appendChild(span);
  },
  changeBackground(color){
    document.body.style.background = color;
  },
  now(asNumber = false){
    if(asNumber === false){
      return new Date().toLocaleTimeString();
    }else{
      return new Date().getTime();
    }
  },
  timeOnPage(){
    return ((this.now(true) - this._start) / 1000) + " seconds";
  },
  loadTime(){
    return ((this._start - this._loaded) / 1000) + " seconds";
  },
  eventsSoFar(){
    console.info(this._events);
  },
  _events: [],
  _start: 'nothing yet',
  _loaded: 'nothing yet'
};

window.onload = function(){
  page._start = page.now(true);
  page._loaded = performance.timing.navigationStart;
  document.onclick = function(event) {
    page._events.push(event.target + " clicked at " + page.now());
  };
};
```

在這份檔案中，我們設計了以下的函式：

- say (console.log)
- yell (alert)
- addNewLine (add <br> stag)
- addButton (增加按鈕)
- addText (加入新的文字)
- changeBackground (將背景更換至特定色彩)
- now (用預設格式印出現在的時間)
- timeOnPage (使用者在網頁上停留的時間)
- loadTime (載入頁面所花的時間)
- eventsSoFar (使用者已點擊的項目)

如果你希望親手嘗試，只要用瀏覽器開啟 *facade.html* 就可以了。我們在 page 物件中有黑盒子函式。它做的事情只是把我們與瀏覽器互動可能用到的一小部分蒐集在一起，例如：基本的記錄、分析、頁面互動與效能控管。這對不熟悉瀏覽器 API 與主控台的使用者來說非常的有用。

至於什麼時候不該使用外觀模式？有時候，當直接與 API 互動對所有人來說都非常簡單明瞭時，使用外觀模式並不是個好主意。否則，這種情況下的外觀模式可能不會被使用，或很少被使用，我們會因而需要同時學習 / 支援 / 理解 / 維修兩種完全不同的介面。

在類似簡化複雜 API 的工作中，外觀模式常常被使用。ORM（物件關聯對映（object relationsal mappers））在簡化資料庫操作時非常的有效。而 jQuery 恐怕是前端 JavaScript 或其他 API 互動最常與之互動的外觀模式。一旦到達 ORM 或框架的層次，我們將遭遇更多的複雜，但基本上，這和“外觀模式”的意圖是一樣的。

嚴格地用介面分成公開 / 私有的想法是很誘人的（在 JavaScript 中，這意味著前綴 _、完全的隱藏，或者類似的做法）。然而，只暴露一小部分的 API 這種做法很少被使用。假設我們已經看過某個範例，也能夠理解為什麼可能我們希望使用特性較少、不複雜的 API（例如 tape 與 mocha）。無論為了方便起見或為了學習起見，只暴露一部分常用的 API 對建立文檔或幫助初學者設計程式（或健忘的老手）都相當有益，而由於 JavaScript 的架構相當龐雜，實際上這對每個人來說都非常有用。

> **字母系統與 API 有什麼關聯？**
>
> 即使內容是一樣的，透過外觀模式設計產生的較小 API 介面，還是會比直接按字母排列的說明文件更好。哪些函式是最有用？哪些最常用到？
>
> 問題的答案並不困難。透過提供一份文件的子集，或是以實用性或常用度（而非字母順序）來排列函式，都會比 "RTFM"（去讀他媽的手冊）這建議來的更好。

總結

大多數設計模式原著（*Design Patterns: Elements of Reusable Object-Oriented Software*，也就是著名的 GoF（Gang of Four（四人幫）），因四位作者而得名）中的設計模式我們都沒有討論到，也沒有收錄其他近年來興起的模式。由於這是本關於程式碼重構而非設計模式的書，我們只能到此為止。尤其「模式」一詞與「重構」一樣常常被毫無節制、隨意地使用。

此外，我們的目標是改善常見的拙劣程式碼。有些案例中，這種方法並不可行。而在其他時候，使用設計模式是為了將程式最佳化，而非單純改善介面。仍有其他的原因讓我們不去詳述某些設計模式：因為其中 JavaScript 已經內建它們了。

有了這些基本的想法，還有很多值得學習的設計模式：

組合模式

　這種模式在讀取搜尋樹的資料時非常有用，例如 JSON/ 物件 /document 的節點。

建造者模式

　用於創造複雜的物件，對於建造測試資料時很有用。

觀察者模式

　在發佈 / 訂閱（publish/subscribe）、事件或觀察時常常被使用。

原型模式

　此為 JavaScript 內建的模式。

迭代模式

由於已經有很多現成的迭代器了，所以沒必要自己再做一個（包括迴圈、陣列函式、生成器（generator））。

代理模式

我們會在第 10 章使用測試替身〔testbouble framework〕，它假裝並斷言真的函式被呼叫。請注意，JavaScript 中仍有內建的代理模式物件，而另外我們也可以用類似 `withoutNull` 的方法來包裹物件，如同先前所述。

無論在設計模式、物件導向語言或是網頁應用程式，GoF 都並非獨佔鰲頭。在某些語言或問題領域中，特定的設計模式可能很受歡迎也很容易實現。但由於 JavaScript 橫跨多種範式（paradigm）與應用，已經有非常多可用的構造。如果你仍在尋找新的設計模式，以便於思考，不妨參考嵌入式系統、作業系統、資料庫、並發控制、函數式程式設計或者遊戲開發。

在本章中，我們描述了一些 JavaScript 物件導向程式設計中最好的設計模式。別忘了 GoF 的名言「program to an interface, not an implementation」（設計程式的介面，而非設計程式的實作細節）這是重構與程式設計的一般性原則。由於 JavaScript 沒有明確的編譯步驟，而且缺乏 Java、SmallTalk 等這類語言的不少功能，這句話不僅僅只是個實用的建議，要在 JavaScript 中實作許多模式不遵守這句話是不行的。

最後，即使能夠使用 JavaScript 完美地實作出其他語言的 UML〔Unified Modeling Language，統一塑模語言〕圖，本章描述的設計模式仍然提及許多可能發生的結構問題。具體來說，我們提及了隨著程式複雜度增加而產生的維護議題（以子類別與條件判斷的增長說明之）、學習如何避免外部程式碼造成的「數十億美元的錯誤」、也提供了例子說明如何建立小型、友善的 API。

在接下來的兩個章節，我們會聚焦於 JavaScript 較為函數式的那一面。

第十章

重構異步

在本章，我們將會討論 JavaScript 異步（asynchronous，或者 async）程式設計，討論內容涵蓋以下主題：

- 為什麼需要異步？
- 修復「毀滅金字塔（pyramid of doom）」
- 測試異步程式碼
- Promises

為什麼需要異步？

在我們進一步了解如何透過重構使 JavaScript 異步變得更好前，先來討論我們為什麼需要它。為什麼不使用「較簡單」的同步設計就好，如此一來就不用煩惱異步了？

作為一個實際考量，我們希望程式是有效率的。儘管本書的關注的是介面而非效能，但還是存在另一個問題：就算我們可以接受整個程式等待幾秒、幾分，甚至更長的時間來進行 web 請求、處理資料，某些外部的模組、函式庫只提供異步這個選項。

異步已經成為許多 API 的標準。舉個例子，一個習慣同步範式（語言、風格）的人，可能會預期 node 的 http 模組的運作方式如下：

```
const http = require('http');
const response = http.get('http://refactoringjs.com');
console.log(response.body);
```

但是這會印出 `undefined`。這是因為我們對於 `response` 常數的命名有點太過樂觀。`http.get` 的回傳值是一個 `ClientRequest` 物件，不是響應。它描述請求，不是結果。

我們有很好的理由在遠端 HTTP 呼叫時使用異步。如果我們的遠端呼叫是同步的，它將會「停止整個世界」（stop the world, STW），使我們的程式進入等待。不過，當我們看到最直接的替代方案時，將會因為它的複雜而感到沮喪：

```
http.get('http://refactoringjs.com', (result) => {
  result.on('data', (chunk) => {
    console.log(chunk.toString());
  });
});
```

為什麼要 toString()？

`chunck` 變數是一個字符緩衝區。試著不加上 `toString()`，你將會看到像是 `<Buffer 3c 21 44 4f 43 … >`的東西。

跟同步 HTTP API 的運作方式相比，這顯然是個更為複雜的過程。它不只使用了異步，還用了函數式設計範式。我們有兩層異步函式。如果你試著在這段呼叫後面，寫些同步程式設計的程式碼，將會遇到更多挫折：

```
let theResult = [];
http.get('http://refactoringjs.com', (result) => {
  result.on('data', (chunk) => {
    theResult.push(chunk.toString());
  });
});
console.log(theResult);
```

我們現在得到一個存放響應的 chunck 的陣列，對吧？不。這會印出一個空的陣列：`[]`。

這是因為 `http.get` 函式會立刻返回，而在回調（callback）函式將 chunk 存進陣列前，`console.log` 就已經進行求值了。換句話說：

```
http.get('http://refactoringjs.com', (result) => {
  result.on('data', (chunk) => {
    console.log('this prints after (also twice)');
  });
});
console.log('this prints first');
```

最後一行程式碼有可能在內層函式執行第三行的程式碼被執行前（順道一提，它會印出內容兩次）就先被印出。所以，如果這只是時間問題，而我們想做的事情是對這些 chunk 進行操作，我們等就行了吧？但是我們要等多久才夠？ 500 毫秒夠嗎？

```
let theResult = [];
http.get('http://refactoringjs.com', (result) => {
  result.on('data', (chunk) => {
    theResult.push(chunk.toString());
  });
});
setTimeout(function(){console.log(theResult)}, 500);
```

這很難說。

用這個方法，我們最後可能得到一個空的陣列，或是含有一個或多個元素的陣列。如果我們想要確保資料在印出（或者做其他事情）前就已經準備好了，我們可能最終設了一個過長的等待時間，限制了我們的程式。如果我們等待時間設得太短，這將導致一些資料遺失。所以這不是個好的解決辦法。它不僅不可預測，還涉及了設定狀態帶來的其他副作用。

setTimeout 與 Event Loop

值得注意的是，`setTimeout(myFunction, 300)` 並非真的在 300 毫秒後執行 `myFunction`。首先它會返回（在 node，如果你寫 `x = setTimeout(myFunction, 300)`，你將看到它回傳一個 `Timeout` 物件），然後將該函式加入事件迴圈中，並且在 300 毫秒之後執行。

這樣的方式有兩個需要留意的問題。首先，事件迴圈會不會因為執行處理其他事情，在 300 毫秒的時候就卡住？有這可能。

再者，當給定的 timeout 為 0 毫秒時，程式碼會被立即執行嗎？換句話說，是誰先被執行了？

```
setTimeout(() => {console.log('the chicken')}, 0);
console.log('the egg');
```

這個情況下，「`the egg`」會先被印出來。

那這個呢？

```
setTimeout(() => {console.log('the chicken')}, 2);
setTimeout(() => {console.log('the chicken 2')}, 0);
setTimeout(() => {console.log('the chicken 3')}, 1);
setTimeout(() => {console.log('the chicken 4')}, 1);
setTimeout(() => {console.log('the chicken 5')}, 1);
setTimeout(() => {console.log('the chicken 6')}, 1);
setTimeout(() => {console.log('the chicken 7')}, 0);
setTimeout(() => {console.log('the chicken 8')}, 2);
console.log('the egg');
```

「the egg」再次獲勝，而 chicken 散佈各處。試著在不同的瀏覽器控制台和 node 上執行這段程式碼。在撰寫本文時，Chrome 和 Firefox 的順序是不同的，但每次的結果一致。node 上的執行結果每次都有所不同。

setTimeout 的方法有一些問題，看來我們最好回到第一個使用異步的做法（在「為什麼要 toString()？」之前的程式碼），但這真的是最好的寫法嗎？

修復「毀滅金字塔（pyramid of doom）」

如果你不清楚所謂的「毀滅金字塔」，或是與之相關的「回調地獄」，可以參考以下形式的程式碼：

```
levelOne(function(){
  levelTwo(function(){
    levelThree(function(){
      levelFour(function(){
        // 其餘程式碼
      });
    });
  });
});
```

「毀滅金字塔」是指程式碼向右進行多次縮排所形成的形狀。「回調地獄」與程式碼的形狀比較無關，是用來形容很多層的回調函式。

將函式提取到物件中

讓我們回到上一節的程式碼。我們想要採用異步，但是該怎麼處理這樣複雜的東西，以及必要的嵌套呢？

```
const http = require('http');
http.get('http://refactoringjs.com', (result) => {
  result.on('data', (chunk) => {
    console.log(chunk.toString());
  });
});
```

提醒一下，真正的程式碼可能會比這更加複雜，有更多層的嵌套。這個例子同時具有「回調地獄」和「毀滅金字塔」。對於要縮排多少才會構成「毀滅金字塔」，或是多少個回調函式才會使你落入地獄，並沒有一個明確的規定。

對於這種問題，我們已經從本書先前的部分得到一些辦法。只要把函式提取出來並為它命名，就像下面這樣：

```
const http = require('http');
function printBody(chunk){
  console.log(chunk.toString());
};

http.get('http://refactoringjs.com', (result) => {
  result.on('data', printBody);
});
```

甚至可以把另一個函式也提取出來命名

```
const http = require('http');
function printBody(chunk){
  console.log(chunk.toString());
};

function getResults(result){
  result.on('data', printBody);
};

http.get('http://refactoringjs.com', getResults);
```

現在只剩下兩個有名字的函式以及最後一行的*客戶端*或*呼叫*程式碼。

因為這是一個串流 API，並不會每次送出完整的 HTML 主體（body），而是切成一塊塊傳送，現行的做法會在每塊之間插入一個換行，為了避免這個情形，我們用一個陣列來存放結果。

```
const http = require('http');
let bodyArray = [];
const saveBody = function(chunk){
```

```
    bodyArray.push(chunk);
  };
  const printBody = function(){
    console.log(bodyArray.join(''))
  };
  const getResults = function(result){
    result.on('data', saveBody);
    result.on('end', printBody);
  };

  http.get('http://refactoringjs.com', getResults);
```

注意到我們得為 'end' 事件新增一個處理器，此外我們也不再需要 toString，因為 join 函式會將整個緩衝區轉換為單一字串。

現在我們已經提取出函式，並且適當的印出東西了，我們可能會想要進一步將這些程式碼移至一個物件中，用模組來導出它的公開介面，公開介面能以幾個偽私有函式（前綴底線）、類別、工廠函式、或建構子函式組合而成。取決於你喜歡採用過去幾個章節（尤其是第 5、6、7 章）中的哪一種方法，以及你個人偏好的風格，這些選項可能顯得矯枉過正或太過謹慎。

如果你真的決定將程式碼移到物件中，要小心 this 的語境很容易跑掉：

```
const http = require('http');
const getBody = {
  bodyArray: [],
  saveBody: function(chunk){
    this.bodyArray.push(chunk);
  },
  printBody: function(){
    console.log(this.bodyArray.join(''))
  },
  getResult: function(result){
    result.on('data', this.saveBody);
    result.on('end', this.printBody);
  }
};

http.get('http://refactoringjs.com', getBody.getResult);
```

這段程式碼會導致以下的錯誤：

```
TypeError: "listener" argument must be a function
```

這表示在最後一行中的 `getBody.getResult` 並非是一個函式，修改最後一行能讓我們更進一步：

```
http.get('http://refactoringjs.com', getBody.getResult.bind(getBody));
```

但當我們要推東西進 bodyArray 時還是會得到錯誤：

```
TypeError: Cannot read property 'push' of undefined
```

要想讓所有回調都能恰當的接觸到 `this`，我們需要在 getResult 的回調中也綁定 `this`：

```
const http = require('http');
const getBody = {
  bodyArray: [],
  saveBody: function(chunk){
    this.bodyArray.push(chunk);
  },
  printBody: function(){
    console.log(this.bodyArray.join(''))
  },
  getResult: function(result){
    result.on('data', this.saveBody.bind(this));
    result.on('end', this.printBody.bind(this));
  }
};

http.get('http://refactoringjs.com', getBody.getResult.bind(getBody));
```

將這放進一個物件真的值得嗎？如果它是一個很淺的毀滅金字塔呢？我們這樣真的消除回調地獄了嗎？也許沒有，但有個選擇總是好的，下一節我們會繼續使用這種形式。

在繼續往下看之前，有兩點值得我們注意。

首先，在程式中使用回調會引來副作用。我們離開了簡單返回值的世界，我們甚至不是從函式中返回值。我們執行它們（並且立即結束不返回任何東西），而回調則在**某個時間**運行。瞭解程式碼是建立信心的基礎，而 JavaScript 的異步，就我們到目前為止對它的認識程度，完全撐不起這個基礎。

第二，呼應到第一點，我們還沒有任何測試！但我們該測試什麼？讓我們回到關於測試該如何運作的舊有假設，並且試著測試一些已知的值。我們知道在這個函式執行完之後，bodyArray 裡面應該已經有些資料了，也就是說，它的長度一定不是零。

測試我們的異步程式

我們繼續使用第 9 章用的測試函式庫 tape。它比 mocha 還簡單，你可以執行 **node** *隨便你怎麼取檔案名 .js* 來運行它。**npm install tape** 就能安裝。

以下的測試會失敗：

```
const http = require('http');
const getBody = {
...
}
const test = require('tape');
test('our async routine', function(assert){
  http.get('http://refactoringjs.com',
           getBody.getResult.bind(getBody));
  assert.notEqual(getBody.bodyArray.length, 0);
  assert.end();
});
```

為什麼？因為它在 bodyArray 有機會更新之前就執行了！

你也許會本能地想縮回舒適的同步世界，並將測試更新成：

```
test('our async routine', function(assert){
  http.get('http://refactoringjs.com',
           getBody.getResult.bind(getBody));
  setTimeout(() => {
    assert.notEqual(getBody.bodyArray.length, 0);
    assert.end();
  }, 3000);
});
```

通過測試，但執行了三秒。

所以該如何延遲斷言直到 bodyArray 被填充呢？

因為我們正在測試一個副作用，而程式碼對回調並不友善，除非重寫程式碼或是添加一些怪異的機制到測試中，我們僅能繼續使用 setTimeout。在理想狀況下，printBody 會接收一個告訴我們一切都處理好了的回調。

用一個糟糕的工具換掉另一個糟糕的工具，我們透過重寫那個告訴我們一切都處理好了的函式，來消除我們對 setTimeout 的依賴。

```
test('our async routine', function (assert) {
  getBody.printBody = function(){
```

```
      assert.notEqual(getBody.bodyArray.length, 0);
      assert.end();
    }
    http.get('http://refactoringjs.com',
             getBody.getResult.bind(getBody));
  });
```

這看起來有點太過頭了。首先，它重寫了我們之後也許想要測試的函式（我們會回復到原來的實作嗎？）第二，修改 printBody 的實作會導致事情變複雜。不引入模擬、不試圖在每個函式及事件中都加入回調的狀況下，我們仍能稍微做點改善：

```
const getBody = {
...
  printBody: function(){
    console.log(this.bodyArray.join(''))
    this.allDone();
  },
  allDone: function(){}
}

test('our async routine', function (assert) {
  getBody.allDone = function(){
    assert.equal(getBody.bodyArray.length, 2);
    assert.end();
  }
  http.get('http://refactoringjs.com',
           getBody.getResult.bind(getBody));
});
```

此處，我們新增了一個函式，它唯一用處就是在 printBody 結束之時執行。由於它預設什麼都不做，所以在測試時定義它沒什麼問題。我們只要在下次測試時重置就好。這裡有個額外測試，它確保了已先將 bodyArray 清空。

```
test('our async routine', function (assert) {
  getBody.allDone = function(){
    assert.equal(getBody.bodyArray.length, 2);
    assert.end();
  }
  http.get('http://refactoringjs.com',
           getBody.getResult.bind(getBody));
});

test('our async routine two', function (assert) {
  getBody.bodyArray = [];
  getBody.allDone = function(){ };
  http.get('http://refactoringjs.com',
```

```
            getBody.getResult.bind(getBody));
  assert.equal(getBody.bodyArray.length, 0);
  assert.end();
});
```

測試的額外考量

考慮到我們需要將 bodyArray 重置成空陣列（以及回復所有的副作用，像是資料庫的變動），多做一個保養步驟並不會造成什麼麻煩。我們甚至可以將這個步驟重構成簡單的函式：

```
function setup(){
  getBody.bodyArray = [];
}
function teardown(){
  getBody.allDone = function(){ };
}

test('our async routine', function (assert) {
  setup();
  getBody.allDone = function(){
    assert.equal(getBody.bodyArray.length, 2);
    teardown();
    assert.end();
  }
  http.get('http://refactoringjs.com',
           getBody.getResult.bind(getBody));
});

test('our async routine two', function (assert) {
  setup();
  http.get('http://refactoringjs.com',
           getBody.getResult.bind(getBody));
  assert.equal(getBody.bodyArray.length, 0);
  teardown();
  assert.end();
});
```

注意像是 mocha 之類的完整測試框架會試圖幫你搞定啟動與收尾。通常它們工作良好，但能夠顯式的設定啟動與收尾函式（像上個例子一樣）能給你更多的控制力。

平行化測試

沒有框架能讓你避免在平行化測試時弄壞共享的狀態。我們只能透過循序執行那些需要共享狀態的測試來解決（就像 tape 所做的）。當程式碼互不相干的時候，當然可以將它們拆成模組，讓它們平行的執行，以得到快速、平行的測試。

在架構上，將你的程式碼拆成模組無論如何都是你想要的，是吧？

如果這聽起來很麻煩，那就去用 mocha 或是其他幫你搞定啟動 / 收尾的東西。但當你偶然發現平行問題（最有可能導致測試失敗）時也別吃驚。

讓我們來看看，**testdouble** 函式庫是怎麼重新賦值函式。

```
const testDouble = require('testdouble');

function setup(){
  getBody.bodyArray = [];
}
function teardown(){
  getBody.allDone = function(){ };
}
test('our async routine', function (assert) {
  getBody.allDone = testDouble.function();
  testDouble.when(getBody.allDone()).thenDo(function(){
    assert.notEqual(getBody.bodyArray.length, 0)
    assert.end()
  });
  http.get('http://refactoringjs.com',
           getBody.getResult.bind(getBody));
});
```

當我們像這樣使用測試替身（我們可以對整個物件做這件事）時，程式碼可以只是偽造 `allDone` 的呼叫。一般來說替身用來避免執行昂貴或慢速的操作（像是呼叫外部 API），但小心別過度使用這個技巧，因為它有可能把所有東西都變成偽造的，這樣測試就沒有意義了。注意現在我們的收尾是多麼的便利。賦值一個空函式給它十分容易，但如果我們製造了更多函式替身（mocking, stubbing, spying, etc），我們的收尾會變得很複雜。

這樣隔離如何？

```
function setup(){
  return Object.create(getBody);
};
```

```
test('our async routine', function (assert) {
  const newBody = setup();
  newBody.allDone = testDouble.function();
  testDouble.when(newBody.allDone()).thenDo(function(){
    assert.notEqual(newBody.bodyArray.length, 0)
    assert.end()
  });
  http.get('http://refactoringjs.com',
           newBody.getResult.bind(newBody));
});
```

我們不再重置物件，而是直接在測試時創建一個新物件。我們的 **setup** 函式並不能應對所有狀況，但在此處它工作得很好。

我們測試夠了嗎？

取決於你多有信心，我們總是可以加入更多測試。在這個狀況，我們可能會想從 printBody 回傳 HTML 字串而後測試（也許使用正規表達式匹配，而非完全匹配）我們可以給它一個替身：

```
result.on('data', this.saveBody.bind(this));
```

然後讓它總是產生簡單的 HTML 片段。

此外，我們可以測試這個函式是否被呼叫，或是被呼叫且沒有拋出任何錯誤。

在很多異步程式碼中，知道回傳值相較於知道哪個函式被呼叫並造成什麼副作用，並沒有那麼有趣（或能夠產生信心）。

在本節，我們創建了物件並探索了一些輕量級的異步測試方法。你可能會想仰賴更重量級的工具，像是 mocha（就像我們之前使用的那樣）來做測試、Sinion.JS（我們還沒看到）來做替身。或是你想嘗試 tape、testdouble 這樣的輕量工具。你甚至可能想偶爾用 setTimeout、assert、wish 湊一湊就好。

如同我們在第 3 章討論的那樣，關於工具與測試，你有很多選擇。如果某個東西讓你覺得過度複雜，或是無法滿足你的需求，你總是能夠轉換到更重或更輕的工具上。彈性及清晰度比用鐵錘把一個螺絲釘打進牆壁要重要得多。

回調與測試

在上個小節，我們學到了如何修復毀滅金字塔，但這無法真的把我們從回調地獄中解放出來。事實上，當我們提取並命名函式時，某些時候也許使得我們的程式碼變得不再清晰。它們不再是巢狀結構，但可能四散在一個檔案甚至多個檔案中。

創建一個物件能讓回調變得有組織，但這並非唯一的選擇。我們使用這個解法的一個理由是，我們能讓一個容器儲存帶副作用的陣列。基於 node 的 `http` 庫的串流／事件觸發的本質以及一次印出完整 HTML 主體的需求，我們必須做些聚合。如果我們是要增加某些東西到頁面或是將它存檔，我們也許考慮讓整個檔案或 DOM 做為要聚合的地方，這樣我們只要將串流送給它，不用自己製造一個中間形式（那個陣列）。

我們已經看到在異步程式設計中，將一個（回調）函式傳給另一個函式是多麼有用，但這做法與本書先前所做的全然不同。不是接收回傳值再進一步操作，而是讓內層函式呼叫目標（以及它的內層函式 [以及它的內層函式]）。這是延續傳遞風格（*continuation passing style* (CPS)）的一種性質，控制反轉（*inversion ofcontrol* (IoC)），雖然有用，但也有以下缺點：

- 會令人困惑，在你習慣它之前必須倒過來思考。
- 使函式簽名變得複雜。函式參數不再只扮演「輸入」的角色，現在它也負責輸出。
- 如果不以物件或其他高階容器組織程式碼，很有可能產生回調地獄跟毀滅金字塔。
- 錯誤處理變更複雜

此外，一般來說異步程式碼很困難：

- 使測試變更困難（雖然這部分是異步程式設計的本質）
- 難以與同步程式碼混用
- 在整串回調中，回傳值可能變得不再重要。這使我們仰賴測試回調參數來確定中間值。

基礎 CPS 與控制反轉

讓我們瞧瞧一個最基礎的函式中回調的例子。它甚至無須是異步的。這裡是非阻塞（又名「直接風格（direct style）」）的版本：

```
function addOne(addend){
  console.log(addend + 1);
```

```
};
addOne(2);
```

等價的回調版本：

```
function two(callback){
  callback(2);
};
two((addend) => console.log(addend + 1));
```

演算法的核心現在在回調中，而非在 two 函式中，two 函式僅僅放棄控制並傳遞 2 給了回調。就像我們之前做過的，我們可以提取並命名匿名函式，得到：

```
function two(callback){
  callback(2);
};
function addOne(addend){
  console.log(addend + 1);
};
two(addOne);
```

呼叫函式（two）的作用是傳遞值給回調。在這個例子，這就是它所做的全部了。如果 two 函式需要一個需耗時方能取得的值，那我們會想要一個回調（CPS）版本。然而，因為 two 可以立即返回，即使未必更勝一籌，但直接風格就已經很好了。

我們加入一個必須異步運行 three 函式：

```
function three(callback){
  setTimeout(function(){
    callback(3);
    },
  500);
};
three(addOne);
```

若試著寫出同步版本：

```
function three(){
  setTimeout(function(){
    return 3
    },
    500);
}
function addOne(addend){
  console.log(addend + 1);
};
addOne(three());
```

它最終會輸出 NaN（Not a Number（不是一個數字）），因為 addOne 在 three 有機會回傳前就已經執行完了。換句話說，試圖對 undeined（addOne 的 addend）加 1，結果就是 NaN。所以我們必須回去使用先前的版本。

```
function addOne(addend){
  console.log(addend + 1);
};
function three(callback){
  setTimeout(function(){
    callback(3);
    },
  500);
};
three(addOne);
```

注意，我們可以寫個接收回調版的 addOne 函式，像這樣：

```
function addOne(addend, callback){
  callback(addend + 1);
};
function three(callback){
  setTimeout(function(){
    callback(3, console.log);
    },
    500);
};
three(addOne);
```

我們將在測試時保持這一形式。

回調風格的測試

上一節的例子相較我們先前使用 http.get 的例子看起來似乎有些冗餘，但以下是四個介紹它的理由。

- 本章第一部分的動機是我們需要使用異步的*函式庫*。在這個例子中，動機則是我們需要使用異步的*函式*（只有一個）。
- 稍早的例子因為 get 回調還會呼叫多個不同的 result.on 回調函式，因此更為複雜。
- 稍早的例子並沒有完全使用 CPS。我們依賴一個非本地物件做了些髒活。
- 我們需要一個同時寫了介面與實作的簡單例子，因為當介紹 promises 時，我們將會加深其複雜度。

在提到 promises 之前，得先為這個程式碼做測試。稍早我們作弊用一個全域變數來作為我們要測試的東西。我們可以在此再來一次，或是使用某種測試替身來替代 console.log，讓我們能夠檢查它被呼叫時是否傳入了正確的參數（對端到端測試是個可行方案），但這些都不是我們要做的。這次，我們將更異步的辦事，只依賴回調的參數。因為 addOne 較為簡單，我們由此開始：

```
const test = require('tape');

test('our addOne function', (assert) => {
  addOne(3, (result) => {
    assert.equal(result, 4);
    assert.end();
  });
});
```

為了測試的目的，基本上將像回傳值一樣對待 result。我們測試要被傳遞給回調的參數，而非測試回傳值。至於讀取它，我們會說：

1. addOne 吃兩個參數：一個數字一個回調。
2. 傳一個回調作為第二個（實際）參數。它是個匿名函式。
3. 那個匿名函式有個我們稱為 result 的（形式）參數。在測試中宣告這個函式。
4. 那個匿名函式在 addOne 中被呼叫，參數為 result。
5. 我們測試 result 是否為數字 4。
6. 結束測試。

注意，要是我們單單回傳結果的話，addOne 函式及其測試會多麼地不同：

```
function addOneSync(addend){
  return addend + 1;
};
...
test('our addOneSync function', (assert) => {
  assert.equal(addOneSync(3), 4);
  assert.end();
});
```

這裡我們：

1. 傳遞 3 給 addOne 函式，並取得回傳值。
2. 測試回傳值是否為數字 4。

3. 結束測試。

後者顯然要簡單的多，然而很多時候我們活在一個異步的世界裡。就像先前看到的，three 函式並無法用同步來做，以下是測試：

```
test('our three function', (assert) => {
  three((result, callback) => {
    assert.equal(result, 3);
    assert.equal(callback, console.log);
  });
  assert.end();
});
```

three 函式只有一個參數。這是個匿名函式。這個匿名函式有兩個參數，一個 result 一個 callback。我們將檢驗 result 是 3 而 callback 是 console.log。

如果想要端到端測試，最好的選擇就是使用 testdouble 函式庫來觀察 console.log 是否被以參數為 4 的形式呼叫。

```
const testDouble = require('testdouble');
test('our end-to-end test', (assert) => {
  testDouble.replace(console, 'log')
  three((result, callback) => {
    addOne(result, callback)
    testDouble.verify(console.log(4));
    testDouble.reset();
    assert.end();
  });
});
```

這裡有好幾件事值得注意。首先，testdouble.replace 函式取代了 console.log 函式，用了這個替身我們就能在呼叫 verify 時去做檢驗。再來，testdouble.reset 將 console.log 恢復回原本的樣子。回憶一下之前我們談到創建 teardown 函式，我們可以用 testdouble.reset 來撤回我們的替身，這代表之後 console.log 就會如往常一樣運作了。

現在有了合適的測試，可以來介紹 promises 了。

Promises

如果你喜歡寫異步 JavaScript，但又厭惡控制反轉所帶來的混亂，promise 就是為你而生。概括一下，在直接風格中，你取得函式的回傳值後在其他函式中使用這個回傳值。在 CPS(延續傳遞風格) 中，你反轉了控制，提供一個回調（通常行內定義）給被呼叫的函式執行，回傳值變得無意義，被傳遞給回調的參數（習慣上命名為 `result`）成為測試與後續回調的關注的焦點。

雖然使用回調使得異步程式碼變得可能（不需使用輪詢），在結構化函式與呼叫函式時引入了複雜性。

promises 將這個複雜性移到了函式定義上，使得函式呼叫的程式碼有著相對簡單的 API。在大多數情況，promises 都是比 CPS 還要更好的選擇。而當 promises 不是好選擇時，CPS 通常也不是。在那些狀況，你可能會想試試串流處理（stream handling）、可觀察者（observables）或是其他更高階的模式。

promise 的基礎介面

所以該如何使用 promise 呢？我們很快會討論到它的實作，但現在我們先來看看 promises 的介面：

```
// promises
four()
.then(addOne)
.then(console.log);
```

看來十分直觀，我們有個會回傳 `4`（被包在一個 promise 裡）的函式，會被 `addOne`（它本身返回一個 promise）作用，然後再被 `console.log` 作用。

promise 讓我們能更輕易去組合函式。回調迫使我們在函式宣告中寫死函式名稱（且/或函式字面值），然後再以函式的額外參數的形式去傳遞，若不這樣做，就得用其他更麻煩而令人困惑的替代方案。

有了 promise，我們可以將這些值通通串聯起來，我們有個值（被包在 promise 裡）然後 `then` 等待（如果需要的話）並解開它，再將這個值作為參數傳遞給一個 promise 或函式。為了更理解這個介面，我們可以撰寫形式二：

```
// 形式一
four()
.then(addOne)
.then(console.log);

// 形式二
four()
.then((valueFromFour) => addOne(valueFromFour))
.then((valueFromAddOne) => console.log(valueFromAddOne));
```

在這些形式中，我們有一個函式字面值或是參照。函式定義和函式 addOne 與 console.log 的呼發生在別處。如果可以的話，形式一更為優秀（通常被稱為「無值（point-free）」，我們會在下一章節繼續討論此一風格）。

從形式二到形式一有點像是提取並命名一個匿名函式。在兩個狀況中，函式呼叫都在別處發生，甚至不在你的程式庫當中（換言之，你無法 grep 到它）。然而而當我們從形式二到形式一時，函式定義（伴隨著它的名字）已經存在，所以我們只要把它外面包的那層匿名函式摘掉就好。

promise **的彈性**

如果你仍然不同意 promise 比回調好用，可以看看這個：

```
four()
.then(addOne)
.then(addOne)
.then(addOne)
.then(addOne)
.then(addOne)
.then(console.log);
```

我們想串接幾個 addOne 就串接幾個，如果你忽略到 then 這基本上是個很流暢的介面，並且是對異步友善的，你可以用 CPS 來做同樣的事，但你很快會做出毀滅金字塔（並且難以測試中間結果）。

創建並使用 Promise

現在我們瞭解到 promise 通常是個比回調更好的選擇，來看看實作上是如何：

```
four()
.then(addOne)
.then(console.log);

function addOne(addend){
  return Promise.resolve(addend + 1);
};

function four(){
  return new Promise((resolve, _reject) => {
    setTimeout(() => resolve(4), 500);
  });
};
```

前三行我們現在看來已經非常熟悉了。那這些新函式如何運作呢？函式主體看起來很複雜，但注意到我們無須使用傳遞回調這種令人困惑的方法了。同時，也再次開始使用 `return` 述句！

不幸的是，我們返回的是 promise，看起來比較難懂。但其實不難，它跟做土司是差不多的。

1. 從一台烤麵包機開始。
2. 你將麵包放進去，然後輸入一些指令。
3. 烤麵包機決定麵包烤好了沒，然後將它彈出。
4. 好了之後，你就可以想怎麼吃就怎麼吃。

promise 也是同樣四步。

1. 從一個 promise 開始（通常用 `new Promise` 來做，但上個例子讓我們看到用 `Promise.resolve` 來做也行）。
2. 你放置一個值或一個會產生值的程序（可能是異步的）到 promise 裡。
3. 當計時器或異步函式有結果之後，這個值會被，`resolve(someValue)` 設置。
4. 這個值會被包在一個 promise 裡返回。你把它從烤麵包機——呃，promise——中用 `then` 函式取出，然後你想怎麼用就怎麼用。

你討厭隱喻嗎？

不討厭嗎？在第 11 章我們將討論捲餅。它們某種程度上很像做土司。

但難道 promise 不是一種像是函子或單子之類的高階函式結構嗎？也許吧，但這是個很大的主題，我們沒有辦法在本書中完整討論。第 11 章會介紹實用的函數式編程，但我們不會深入理論，而是關注在優良的程式介面。

回到我們的例子，`addOne` 函式回傳了 `Promise.resolve(addend + 1)` 所創造的 promise。在我們只會需要個值的時候這沒什麼問題，但使用 `new Promise` 這種建構函式並提供一個回調（執行者（*exector*））來呼叫 `resolve` 或 `reject`（這兩個函式是由建構函式的回調來命名的）有更多得彈性。

使用 then 時的一些考量

這是一些關於 addOne 函式的提醒：

```
function addOne(addend){
  return Promise.resolve(addend + 1);
}
```

如果將第二行改成這樣，它依然能工作良好：

```
  return addend + 1;
```

什麼？因為 then 可以接受一個 promise 或一個函式（或事實上，兩個：第一個是完成時會用，第二個則是拒絕時會用）。試試這個：

```
four()
.then(() => 6)
.then(console.log);
```

在這狀況會印出 6。第一個 then 的回調丟掉 4 然後就只傳遞 6。

然而，注意到即使不考慮 setTimeout 的特殊性，four 不能是一個回傳簡單值的簡函式。在 promise 鏈上的第一個函式必須是「then-able」的，也就是它會回傳一個支援 .then(*fulfillment, rejection*) 介面的物件。也就是說，你可以以一個已經被履行（resolve）過的 promise 來起頭：

```
Promise.resolve()
.then(() => 4)
.then(() => 6)
.then(console.log);
```

resolve 會使值能在 then 函式中能被使用。reject 函式會創造一個**已被拒絕**的 promise 物件。有個 catch 函式能捕捉錯誤（但不會全部捕捉，所以請小心）。也有 Promise.all 函式能在所有 promise 完成時回傳，以及 Promise.race 函式會在第一個 promise 完成時回傳。

某種程度上，這是個相當小的 API，但圍繞著它的錯誤處理以及初始建置可能有許多變種，並造成許多刁鑽的體驗。但它所提供的介面是如此直白，因此這點依然值得。

測試 promise

為了有頭有尾，讓我們來看看該怎麼測試這個新介面：

```
function addOne(addend){
  return Promise.resolve(addend + 1);
}

function four(){
  return new Promise((resolve, _reject) => {
    setTimeout(() => resolve(4), 500);
  })
}

const test = require('tape');
const testdouble = require('testdouble');

test('our addOne function', (assert) => {
  addOne(3).then((result) => {
    assert.equal(result, 4);
    assert.end();
  });
});

test('our four function', (assert) => {
  four().then((result) => {
    assert.equal(result, 4);
    assert.end();
  });
});

test('our end-to-end test', (assert) => {
  testdouble.replace(console, 'log')
  four()
  .then(addOne)
  .then(console.log)
  .then(() => {
    testdouble.verify(console.log(5));
    assert.pass();
    testdouble.reset();
    assert.end();
  }).catch((e) => {
    testdouble.reset();
    console.log(e);
  })
});
```

前兩條較為低階的測試相對沒什麼改變的，端到端測試變了比較多。在取代掉 console.log 之後我們得以監控它，我們以會回傳 promise 的 four 函式起頭，以 then 函式串聯起 addOne 和 console.log。然後再用一個 then，裡面是一個僅有一參數的匿名函式。在這個匿名函式中，我們檢驗了 console.log 是否被以參數 5 呼叫。再來，我們呼叫了 assert.pass，如此測試結果就會顯示我們通過了三個（而非兩個）測試。那是因為 verify 並非 tape 的一部分，所以不會產生通過的訊息。最後我們以 testdouble.reset 和 assert.end 做收尾。

你也許會好奇 catch 做了什麼。嗯，不幸的是，在替換 console.log 之後，我們也無法印出錯誤了！ catch 讓我們能在用 console.log 印出錯誤**之前**就先將它還原。

把回調風格的程式碼改成 promise 算是「重構」嗎？

也許不行，除非我們不再管單元測試，並且將你的「介面」視為是某種與程式碼非常高階的互動。promise 的價值在於它改變了介面，而這很可能是你希望你的測試所能使用的樣子。

所以為什麼這本《**重構** *JavaScript*》要花這麼多時間在 promise 上？

有三個理由。首先，你很可能聽過某人談論過「重構成使用 promise」。你瞭解到這事實上代表著支援新的介面，並且得寫新的程式碼與新的測試。看看第 5 章關於要寫什麼測試的圖（圖 5-1）。第二，當為程式庫建立信心時，知道自己在測試循環（寫程式碼之前的測試、增加覆蓋率、重構）的何處是最為重要的。第三，JavaScript 有一堆很酷的東西（canvas、webvr、webgl 等等）使得很多優秀的應用程式變得可能，而採用 promise 的異步程式設計在各方面也都變得越來越重要了。

總結

異步在 JavaScript 中是一個巨大且仍然活躍的主題，我們僅僅觸及了表面。其他值得討論的還有 web worker、串流（steams）、可觀察者（observables）、迭代器、async/await，以及非原生的異步 / promise 基礎設施。

大多數時候，使用以上任何一種特性都會劇烈的改變程式碼，使得它不符合重構的定義。但在開始任何重構開始之前，擁有這些介面的基礎知識以及如何測試它們，是極為重要的。

儘管「重構成使用 promise」並不符合重構的定義，但這是個我們更為偏好的介面（至少在 `async/await` 更為風行之前），因為產生出有用的回傳值，而非依賴呼叫其他函式（副作用）。出於同樣地原因，`async` 和 `await` 也十分有意思，因為它讓我們只要加幾個字就能把異步程式碼寫得像同步一樣。然而，在本書撰寫[譯註]時，它的規格書與實作仍未成型。

在《*Design Patterns: Elements of Reusable Object-Oriented Software*》一書中，四人幫建議的「設計程式的介面，而非設計程式的實作細節」必須基於你有多少能力能夠選擇你想要的介面。如此你才能夠透過撰寫測試與重構來建立信心。而此處，我們多探索了一些介面以供選擇。

譯註　本書翻譯時，async/await 已寫入 ES7(ES2016) 標準，最新版本的 Node.js、Chrome、Firefox 都已有實作。

第十一章

使用函數式範式重構

這也許是在所有你能嘗試的 JavaScript 風格中最源遠流長的。函數式程式設計比物件導向甚至過程式程式設計還要還要古老。因為它太過博大精深，因此我們將淺嘗輒止。

諺語道：「農夫並不想擁有所有土地，而僅是想擁有所有與他們土地接壤的土地。」

學習 JavaScript 的函數式程式設計也會遭遇類似的誘惑，以下是一些對於某些人正確，但本章中並不遵循的敘述。

- 你必須學習 Scheme/Haskell 才能學習函數式程式設計。
- 想在 JavaScript 中使用「真的」函數式程式設計，那你必須使用編譯至 JS 的語言，例如 PureScript、TypeScript、ClojureScript⋯。
- 你必須學習 lambda 演算才能學習函數式程式設計。
- 你必須學習範疇論才能學習函數式程式設計。

自白

上文隱含：

> Evan 必須以一個數學 / 電腦科學博士（他並不是）的角度及 900 頁的篇幅來撰寫本章。

抱歉，這並不會發生在本章。

這裡所關注的焦點一如既往的實際：在開發與維護程式碼介面的過程中建立信心。為此，我們將覆蓋五個主題：

- 函數式程式設計的限制與好處
- FP（函數式程式設計）基礎
- FP 的更多基礎
- 墨西哥捲餅（Burritos）
- 從 OOP 到 FP

函數式程式設計的限制與好處

通常來說，採用函數式範式會需要更多的結構。而某種保證與挑戰隨著這些結構而來。在本節，我們將探索嘗試函數式風格時的權衡。

限制

以下是一段常用來詆毀非函數式風格的程式碼：

```
x = 1;
x = x + 1;
```

看起來好像沒有做什麼，但其實隱藏了很多問題。很多 JavaScript 開發者會覺得這段程式碼沒什麼不對勁，而有些人會會察覺到第一個賦值語句應該使用 `var` 並以一個函式來控制它的作用域，有些人則會想用 `let` 來以區塊控制作用域。如同本書之前討論的，我們在此真正想要的是 `const`，這樣就能避免第二行的重新賦值。在數學課的黑板上，這看起來尤為荒唐[譯註]。

我們之前討論過重新賦值是如何使程式變得更為複雜而難以處理。若我們將兩個述句想成是數學的**事實**，那 `x` 是等於 `1` 或者 `x` 等於 `1` 和 `1 + 1` 呢？顯然這依賴於我們在程式的那個地方。所以我們並不能將這些述句視為事實。我們使用**變數賦值**而非**事實**（在函

譯註 「=」在 JavaScript 中的含義本非「相等」，因此在此處以數學符號調侃重新賦值不一定恰當。古老的 Pascal 使用「:=」作為賦值符號，同樣語義的程式碼在數學課的黑板上就變得不可笑了？
許多人都會盲目的崇拜數學符號，好似他們比程式來得更佳純淨更加神聖。然而就譯者閱讀數學書的經驗，數學界根本沒有一套公認的描述語言，這導致它們符號意義的重載度很高，又喜歡使用奇奇怪怪連念法都不知道的字母，數學家也並不注重證明的可讀性，上述種種對符號的草草選擇在在影響著學習數學的效率。

數式的術語中稱為值）。值不應該被改變。一旦改變，我們的程式就會更不像數學而像一連串的指令。

好的，所以我們可以像這樣解決所有人的問題對吧？

```
const x = 1
const y = x + 1
```

第二個問題（也許看起來有點怪）是，一使用賦值，我們就在程式中引入了**時間**的概念。這個值在有些時間是存在的，而在其他時間是不存在的。是的，不管我們怎麼做，JavaScript 程式依舊是一步接著一步地執行。然而，在宣告式程式設計（FP 是其中一種）中，我們試圖淡化這個機制，描述一個程式該做什麼而非它該如何做到這件事。此外，除非被應用到一個函式（即使只是一個印出賦值的值的函式），否則賦值本身沒有任何意義。

試算表做為一種宣告式程式設計

試算表是一個宣告式程式設計的簡單範例。某些儲存格持有資料（事實 / 值），某些儲存格持有能夠利用這些資料的函式，某些儲存格則持有能利用其他函式結果的函式。

當使用試算表的時候，我們並不會去思考這支程式的執行先後順序為何。這些數字是在它們被拿去做其他操作之前就被呈現出來的嗎？如果好幾個運算都依賴於同一個數字，哪個運算會先被執行？

順帶一提，如果你想嘗試與 JavaScipt 相差很多的宣告式程式語言，你可能會想看看 Prolog。

如果為使用重新賦值甚至賦值而擔憂看起來很激烈，那我有壞消息、好消息、更好的消息以及更不好的消息。第一個壞消息是，你會發現在函數式語言中有一堆限制，像是：

- 沒有變數，它們通常被稱為**值**，也就是常數。
- 沒有共享的全域狀態（省去了一些麻煩）。
- 很難做賦值。值來自函式參數，又作為函式參數傳遞下去。
- 函式總是會回傳某個東西。
- `if` 述句不能沒有 `else` 分支。

- 函式宣告時會附帶類型簽名以描述它的輸入輸出。
- 必須透過編譯來確認類型正確（之後會再提到）。
- 沒有 `null` 的概念。

你也許會發現，並非上述的每一條在每個函數式語言都成立。

好處

好消息是，這些限制能夠帶來大量的好處。當值只存在於極小的作用域並不會改變時，你可以確信一個函式只要以相同的函式呼叫，回傳值就會相同。這就是所謂的**冪等性**，是構成純函式的兩個條件之一。另一個條件是，不產生副作用。

在本書中我們本就為了讓函式總是回傳東西而奮鬥著，但一定要有 `else` 分支又能帶來什麼好處呢？如果你去觀察一個只有 `if` 沒有 `else` 的程式碼，你會注意到，它只有可能修改回傳值、拋出例外、或者製造其他種副作用。換句話說，這是函式不純的徵兆。

因為類型簽名（我們之後會再提及，先把它想成我們之前在第 5 章用 `string`、`number` 去描述函式輸入輸出的類型那樣）確立了何種型別的值如何流動，我們得以在編譯階段去確保函式是純的（同時還能協助發現錯誤，包括在編譯階段而非執行階段發現類型錯誤）。在如 Haskell 這種更加嚴格的函數式語言中，你能創建不純的函式，但手續會十分的複雜。複雜到它把 *functional*（函數式）裡的 *fun*（樂趣）拿掉了，只剩下 ctional[譯註 1]。

避免 `null` 這件事我們之前也提過了，它可以為我們省下上億美金。這是上述限制中最棒的。當你在麥克老鴨[譯註 2]的金幣大池中游泳時是不會感受到限制的。

現在來說說更好的消息。使用純函式的效益並不一定，有時只是有點方便，有時卻非常誘人。在沒有狀態的世界，再也沒有「某事是何時發生的？」這種問題。在雙或多核心的機器上運行相同的函式必定會得到相同的結果，而且誰先完成的並不重要。這意味著我們能夠避免**競態關係**（*race conditions*）。

譯註 1　此處為作者開的文字玩笑，ctional 本身沒有意思。

譯註 2　唐老鴨的叔叔，是一名守財奴。

此外，如果給定同樣參數，函式回傳值必定相同，那它就可被稱為**引用透明**（*referentially transparent*），也就是說我們能夠直接以這個表達式的求值結果，來替換這個表達式。由此，透過一些設置，我們將再也不需要對一個函式求值兩次。

順便提下遞迴

如果你已經一路看到這了。那你大概已經對遞迴十分熟悉或至少有能力理解它了。我們還沒用它做很多事情，但它值得我們做個簡單地解釋。

一個迴圈很可能可以用一個遞迴來取代。例如，可以這樣用迴圈來尋找一個元素：

```
function find(toFind, array){
  let found = "not found";
  array.forEach((element) => {
    if(element == toFind){
      found = "found";
    };
  });
  return found;
};
console.log(find(3, [3, 9, 2])); // 找到
console.log(find(3, [2, 9, 3])); // 找到
console.log(find(3, [2, 9, 2])); // 沒找到
```

寫成遞迴版：

```
function find(toFind, array){
  if (array[0] === toFind) {
    return "found";
  } else if(array.length === 0){
    return "not found";
  } else{
    return find(toFind, array.slice(1));
  }
};
console.log(find(3, [3, 9, 2])); // 找到
console.log(find(3, [2, 9, 3])); // 找到
console.log(find(3, [2, 9, 2])); // 沒找到
```

兩種做法的效能各有不同，但我們並不去深入，且這兩種做法都並非最佳的 `find`。這裡只是個拿來展示遞迴所需要素的範例而已。

首先，你得在函式中呼叫自己（find 在函式本體中呼叫 find()）。第二，你需要一些不會呼叫自己的終止條件（通常以條件式表示）。在本例中，我們有兩個終止條件，一個回傳 "found" 一個回傳 "not found"。如果你沒有終止條件（或是時間限制），你將永遠無法從遞迴中脫身。

我們用大家最愛的遞迴函式——階乘（factorial）——來探討引用透明。

```
function factorial(number){
  if(number < 2){
    return 1;
  } else {
    return(number * factorial(number - 1));
  }
};
factorial(3); // 回傳 6
```

很好，但由於這是個純函式（輸出只依賴於輸入），所以我們有個記憶化（*memorize*）它的機會。

```
const lookupTable = {};
function memoizedFactorial(number){
  if(number in lookupTable){
    console.log("cached");
    return lookupTable[number];
  }
  else{
    console.log("calculating");
    var reduceValue;
    if(number < 2){
        reduceValue = 1;
    } else {
      reduceValue = number * memoizedFactorial(number - 1);
    }
    lookupTable[number] = reduceValue;
    return reduceValue;
  }
};
console.log(memoizedFactorial(10)); // 計算十次
console.log(memoizedFactorial(10)); // 快取一次
console.log(memoizedFactorial(11)); // 計算一次並快取
```

執行這個範例，可以看到每計算出一個值，我們就將它加到查找表（也就是 lookupTable）裡，第一個函式呼叫 ——mrmoizedFactorial(10)—— 必須進行一些工作。但第二個函式呼叫就只要去查表就行了。第三個函式呼叫計算 meoizedFactorial(11)，它依賴於 mrmoizedFactorial(10)，但那是個已解決的問題，所以直接查表即可。

然而現在我們的函式並不僅依賴於顯式參數！它變不純了！我們需要將 lookupTable 改為一個顯式參數：

```
function memoizedFactorial(number, lookupTable = {}){
  if(number in lookupTable){
    console.log("cached");
    return lookupTable[number];
  }
  else{
    console.log("calculating");
    var reduceValue;
    if(number < 2){
      reduceValue = 1;
    } else {
      reduceValue =
        number * (memoizedFactorial(number - 1, lookupTable))['result'];
    };
    lookupTable[number] = reduceValue;
    return {result: reduceValue, lookupTable: lookupTable};
  }
};
console.log(memoizedFactorial(10)['result']);
console.log(memoizedFactorial(10)['result']);
```

如果你執行它，你會發現第二個函式呼叫的快取並不會命中。仔細看看我們到底呼叫了什麼才不會感到太驚訝。我們的 lookupTable 參數預設是一個空的物件，而我們也沒有真的傳入這個參數。沒有快取當然就會導致快取失敗。

只要加上以下的程式碼，就能在第二個函式呼叫啟動快取。

```
const lookup = memoizedFactorial(10)['lookupTable'];
console.log(memoizedFactorial(10, lookup));
```

還有很多方法可以記憶化一個函式。有專門設計來記憶化任意函式的函式，但我們並不在此討論。記憶化在某些情境下很有用，但設置它確實需要一些開銷。

函數式程式設計的未來（也許）

現在輪到 FP 更壞的消息了。有些函數式的概念十分困難，然而長期來看，它們很可能是對的。函數式的概念已經在各種影響 JavaScript 甚多的會議、框架、範式中展現了它們的用處，因為它們不只立基於實務的軟體品質原則，也符合當今硬體的發展狀況：記憶體十分便宜，而計算機以多核心的方式繼續遵守摩爾定律。但為了高效的使用多個處理器（或分散式系統），我們需要不在意執行前後順序的程式碼來方便進行平行運算。

不難看出效能是如何開始成為品質考量的。我並沒有能夠預言未來的水晶球，但「你現在寫的並行程式碼沒有引用透明？不純？非函數式？沒有編譯時期類型檢查？」這種話變成新一代的「你沒寫單元測試？」感覺上是有可能的。

然而好消息是，在本書的前面幾章，我們已經努力在前往函數式程式設計優秀部分的道路上了。不要重新賦值便是我們已經提過的。

盡量減小變數的作用域大小以及函式與變數之間的變換這兩件事我們也已經很熟悉了。而且函數式的其他方面也不是都很困難。例如說只要熟悉抽取函式，分離純和不純的函式也就不會太困難。

基礎

在 JavaScript 中，函數式風格的好處與限制並不像是一個可以劈啪一下打開的開關。這部分是因為函數式風格無法在 JavaScript 中被強迫執行，而且基本上許多我們將遵循的限制與能享受到的好處看起來更像是「更好的程式碼」，而非「通往函數式程式設計之路」。現在來看看這些限制與好處。

避免破壞性操作、變動、重新賦值

當我們看到一個重新賦值，應該去找尋一個更好的解法。下面這個沒什麼實際作用的例子，直接用 const x = 2 就好：

```
let x = 1;
x = x + 1;
```

在條件測試中避免重新賦值

在條件式中也經常出現重新賦值，避免這樣的形式：

```
function func(x){
  if(x >= 2){
    x = x + 7;
  }
  return x;
};
```

我們可以：

```
function func(x){
  if(x >= 2){
    return x + 7;
  } else {
    return x;
  }
};

// 或

function func(x){
  return x >= 2 ? x + 7 : x;
};
```

你可能也看過在條件內部的（重複）賦值：

```
function func(x){
  if((x = x + 7) >= 9){
    return x;
  } else {
    return x;
  }
};
```

這很困難。重新賦值已經夠糟了，而在條件內部重新賦值又把事情搞得更加混亂。不只如此我們的 `esle` 分支還回傳了原本的值加上 7。換句話說，不管走哪個分支結果都是一樣的，你能夠一眼看出來嗎？也許你可以，但我得花上一些時間才能理解。無論如何，讓我們假設現在有個合適的測試，然後 `else` 分支**確實**做了我們想做的事。

我們該從何改進？我們可以先讓所有變數都不被改動：

```
function func(x){
  if((x + 7) >= 9){
    return x + 7;
  } else {
    return x + 7;
  }
};
```

現在程式碼的一些部份重複了，這有點醜陋，做了兩次 + 7 操作確實較為昂貴。然而，我們已經藉由清晰的條件式讓其他部分變得很顯然。無論輸入為何（假設 x 是一個數字），函式都回傳相同的東西，所以該函式可以寫成：

```
function func(x){
  return x + 7;
};
```

你能一眼看穿之前在條件式內部重新賦值的那個函式其實就是這個意思嗎？如果你可以，那你很厲害，這並不是每個人都能辦到的。

以下是一個更難以處理的例子：

```
function func(x, y){
  if (x > 1000){
    return x;
  } else if((x = x + 7) >= 9){
    return x;
  } else {
    return y;
  }
};
```

這很微妙，但我們先把重新賦值拿掉：

```
function func2(x, y){
  if (x > 1000){
    return x;
  } else if((x + 7) >= 9){
    return x + 7;
  } else {
    return y;
  }
};
```

這產生了三個效果。首先，else if 分支中的 return 有點複雜。第二，我們做了兩次 + 7，這並不是什麼大問題，但如果計算更加複雜，我們會期望避免掉這個重複來提升效能。第三，esle 分支中的 x 仍如同它傳進去時一樣，即使我們沒用到 x，注意到這件事仍是好的。

為了避免重複執行，可以先設立一個 newX 變數：

```
function func3(x, y){
  const newX = x + 7;
  if (x > 1000){
    return x;
  } else if(newX >= 9){
    return newX;
  } else {
    return y;
  }
};
```

這不用執行 + 7 兩次，但現在即使用不到 + 7 之後的結果，我們仍要計算它。引入一個巢狀的 if 結構能解決這問題：

```
function func4(x, y){
  if (x > 1000){
    return x;
  } else {
    const newX = x + 7;
    if(newX >= 9){
      return newX;
    } else {
      return y;
    }
  }
};
```

現在有三條路徑，但只要計算一次 x + 7。即使多出了額外的複雜度，你依然會發現不再賦值之後程式碼變得清晰許多。順帶一提，在比 + 7 更加複雜而昂貴的操作中，也許不會使用 const 而使用記憶化函式：

```
function func5(x, y){
  if (x > 1000){
    return x;
  } else {
    if(memoizedAddSeven(x) >= 9){
      return memoizedAddSeven(x);
    } else {
```

```
      return y;
    }
  }
};
```

我們能夠用一個能快取的函式來取代一個拿來快取的變數，這可以讓我們返回到原本更簡潔的模式：

```
function func6(x, y){
  if (x > 1000){
    return x;
  } else if (memoizedAddSeven(x) >= 9){
    return memoizedAddSeven(x);
  } else {
    return y;
  }
};
```

當然，目前所做的一切都很機械化很呆板的，如果真的了解程式碼，另一種重構方式能讓我們不用與那些快取變數 / 函式作戰，同時還保有效能（儘管在本例中這個效能提升微乎其微）；

```
function func7(x, y){
  if (x > 1000){
    return x;
  } else if (x >= 2){
    return x + 7;
  } else {
    return y;
  }
};
```

這個改變也許在開頭是很明顯的，不需去理解程式碼的重構方法在很多時候用起來更為簡單。這裡是要表達，怪異的是，如果我們最終得到了這樣的函式，程式碼中依舊在它處潛藏著更加深層的問題。（順帶一提，在這個形式中仍有三個魔術數字，而且參數及函式名稱仍舊不夠有描述性、可搜尋及獨特性）

「了解程式碼」有多被過譽？

這聽起來像某種異端邪說，但請聽我說完。

在沒有良好理解程式碼到底做了什麼的狀況下去重構（當然，必須有合適的測試）是有可能的。「深入探究（digging in）」（特別是在除錯的時候）是個極為重要的技能，但透過重構來改進品質並不總是需要它。就像在我們最後一個例子，你可能可以不理解情境就擊中要點，有時候你無法這麼順利，但並不會總是如此。

類似地，當你測試失敗（或是一個糟糕的部屬），我們傾向於「深入探究」並去找出到底哪裡出錯了，但有時候，更快的解決方法是，回到運作正常的版本然後從那裡再次開始。

了解程式碼（包括追蹤執行路徑、在不同時間點檢驗變數及其他狀態）很有用但也很繁瑣。但我得說這並非是唯一的策略。

避免在迴圈中重新賦值

接下來，討論迴圈（通常有一個被稱為「迴圈計數器」的變數會不斷被更新）。我們會偏好使用 forEach，而不去使用迴圈計數器：

```
[3, 4, 2].forEach((element) => console.log(element));
```

當只有輕微副作用時這很好，但使用迴圈（或 forEach）去修改陣列的值時，可以使用 map 來創造一個含有新值的新陣列：

```
[3, 4, 2].map((element) => element * 2);
```

當想要過濾陣列剔除一些元素時，可以使用 filter，而非建造一個新陣列再將符合要求的元素一一推入；

```
[3, 4, 2].filter((element) => (element % 2 == 0));
```

當想要將整個陣列轉換成其他型別的值（物件、數字等等）時，很可能會想用 reduce：

```
[3, 4, 2].reduce((element, accumulator) => element + accumulator);
```

若以 for 迴圈來實作以上這些功能，很可能都會需要一個索引，以及一個不斷被重新賦值的外部變數。原子性的創建變數會使得測試更加容易，且值從不變化。

如果你正在找尋一個前往高階函式的出發點，Array 文件（*https://developer.mozilla.org/en-US/docs/Web/JavaScript/Reference/Global_Objects/Array*）會是個好選擇。

但你可以用 for 迴圈做任何事！

是的，你可以的。你可以迭代你所有的值然後創建其他值，並可以用 `for` 迴圈或 `forEach` 實作它們全部。

- `every`
- `filter`
- `find`
- `forEach`（它自己）
- `map`
- `reduce/reduceRight`
- `some`

你可以用 `reduce` 來實做它們全部，但何必呢？用正確的工具來做正確的工作。`map` 給你一個內部全被轉換過的陣列，`every`、`filter`、`find`、`some` 會基於你提供的的條件回傳某些東西。

`reduce` 會基於陣列給出某個新值。它比其他幾個函式要難用一點，但如果你想要取得聚合的值——和 / 積 / 物件 / 字串 / 陣列（`map` 做不到的）——`reduce` 正是你想要的。有個小測試能知道你到底需要什麼：看看你的迴圈從哪裡開始。如果它並非與你所遍歷的值的型別相同（通常是一個數字或一個空物件），你很可能會需要使用 `reduce`。

這些函式都是以函式為參數。這在本書中已經不足為奇，但是個開始使用 JavaScript 一級函式（函式能做為其他函式的輸入與輸出）的良好起點。有些人可能會爭論這並非「真正」的函數式程式設計，但仍舊會承認相較於過程式風格，我們正在往宣告式風格靠近。將這想像成在告訴計算機**要做什麼**，而非**如何做到**。

避免在條件式主體中重新賦值

雖然一般來說，我們會想試圖減少使用 if 述句（透過子類別的多型、屬性委派、或提取它們到它們自己有名字的函式作為第一步）但它們總會出現在你的程式碼裡。此時，事著提供一個 else 分支跟新的變數。而不要這樣：

```
let emailSubject = "Hi";
if(weKnowName){
  emailSubject = emailSubject + " " + name;
};
sendEmail(emailSubject, emailBody);
try to do this:
if(weKnowName){
  let emailSubject = `Hi ${name}`;
} else {
  let emailSubject = "Hi";
};
sendEmail(emailSubject, emailBody);
```

試著這樣：

```
function emailSubject(){
  if(weKnowName){
    let subject = `Hi ${name}`;
  } else {
    let subject = "Hi";
  };
  return subject;
};
sendEmail(emailSubject(), emailBody);
```

當我們要做一些變換時，這更有彈性：

```
function emailSubject(){
  if(weKnowName){
    let subject = `Hi ${name}`;
  } else {
    let subject = "Hi";
  };
  return subject;
};
sendEmail(emailSubject(), emailBody);
```

然後顯然我們不需要任何的賦值：

```
function emailSubject(){
  if(weKnowName){
    return `Hi ${name}`;
  } else {
    return "Hi";
  };
};
sendEmail(emailSubject(), emailBody);
```

現在，可以用三元表達式來簡化：

```
function emailSubject(){
  return weKnowName ? `Hi ${name}` : "Hi"
};
sendEmail(emailSubject(), emailBody);
```

避免破壞性函式

另一種改變值的根源是使用「破壞性」函式。

先來看看 splice：

```
const x = [1, 2, 3, 4];
x.splice(1);
```

splice（一個參數）將回傳一個陣列，由所傳入參數作為索引起點（本例中是第二個元素）一直到剩餘的整個陣列。但它同樣更新了你的陣列，讓 x 變成了 [1]。而且由於這並不是一個重新賦值，const 並無法防禦 splice 的破壞。

與 splice 不同，slice 潔身自愛：

```
const z = [1, 2, 3, 4];
z.slice(1);
```

它也同樣回傳 [2, 3, 4]，但不會破壞原本 z 這個陣列。

陣列有很多破壞性函式，包含 fill、push、pop。物件則有 define Properties。數字和字串作為變數有 + 和 =，分別用做加與連接。陣列也擁有能改變特定索引位置的值的函式（以及語法糖，例如 x[0] = "something"）。物件有 Object.assign，能夠修改提供給它作為第一個參數的物件（你可以給它 {} 以避免這件事），以及點（.prop =）和方括號（[prop] = ）語法都能修改或創造屬性。

僅僅為了避免破壞性而放棄直接賦值與大量函式也許看起來很瘋狂，但你也許會發現遵循這個原則，要比在上千行程式碼中追蹤一堆遊蕩的全域變數要容易多了。

整體上避免破壞

並非所有的函式跟便利的語法（像是 =）都有一個安全的版本，而 const 也無法防禦破壞（只能防禦賦值）。所以如果你想要避免變數變動，那就創造一個新的變數。如果你想要重新賦值某個東西，奇怪的是你想要它更新過後的值，而非僅僅是一個拷貝，是吧？也許創造一個具有新名字的新變數是個好點子。

至於破壞性操作（是的，包括重新賦值，甚至是在作用域太大的時候賦值），不只要避免*使用*它們，還要避免*創造*具破壞性的函式。「全域變數是邪惡的」被視為常識，但「重新賦值」卻不享有這份殊榮，這很怪異，畢竟它們是一體的兩面。

資料庫作為一個巨大的全域變數

為了某些原因，大多數人給了資料庫一張跟全域變數一樣的自由通行證，但資料庫領域中存在一些大有可為的方法可以視每個瞬間為各不相同的「值」。當這些系統成為公認知識時，時間會證明一切的。

同一個東西，不同人去看，未必都會覺得它是「破壞性」的，對於某些人而言，賦值沒問題，對某些人而言，重新賦值也沒問題，對某些人而言，增加或修改一個陣列或物件的內容也沒問題，對於某些人而言，這是個作用域的問題。儘管迴圈計數器並不必要又很煩人（而且我們至少能用 forEach 或其他迭代功能來替代），某些人還是覺得在一個迴圈內部更新一個變數沒什麼問題。其他人則覺得如果變數的作用域只在一個函式當中，那重新賦值沒問題。

一個很厲害的破壞性指標

Ruby 有一個指出一個函式具破壞性的命名風格（從 Scheme 那學來的），那就是如果函式名稱以 ! 結尾，那它就是有破壞性的（以 ? 結尾則代表它會回傳一個布林值）。雖然這風格沒有被非常強制的使用，但是個很棒的點子。

> 不幸的是，我們並沒有這種風格，甚至直譯器根本不允許。但由於這個風格在 Ruby 中也常被忽略，因此也許它最大的價值在於，當你工作於 Ruby 程式碼時，你有那個能力去注意到其他人不會在意到的東西。這不等同於「精通」、「智慧」，而且並非可以拿來責備他人的東西。但知道哪一個函式庫的作者群是否在乎這個點子可能很有幫助。
>
> 很有趣的是，swift 程式語言的 ! 跟 ? 的用途，跟 Ruby 完全不同。

而在本章，我們採用深思熟慮、強硬的作風，並認為破壞性操作大有問題。如果你**真的**想要避免狀態，並且得到所有好處（能夠測試、快取、易於平行執行的冪等純函式），這就是門票的費用。這看似是一張昂貴的門票，但若你要在這做法與編譯至 JS 的語言中做個抉擇，這個做法更為簡單。當然如果你對從自律變成轉成被編譯器強迫有興趣，試試編譯至 JS 的函數式語言或是獨立的函數式語言。

別回傳 null

這是上一節中的一段程式碼：

```
function emailSubject(){
  return weKnowName ? `Hi ${name}` : "Hi"
};
sendEmail(emailSubject(), emailBody);
```

如果 `someName` 和 `nullName` 都擁有一個定義好的 `toHi` 函式，我們可以將之寫為：

```
const someName = {
  value: "some name",
  toHi(){return `Hi ${this.value}`};
};
const nullName = {
  value: "",
  toHi(){return "Hi"};
};
// 假設 getName 能拿到 someName 或 nullName
sendEmail(getName().toHi(), emailBody);
```

要進一步變得更乾淨的話，我們在第 9 章討論過如何以一個 `null` 物件包裹一個物件，我們將在本章研究一個相似但更佳的方法（儘管初看會有些深奧）：`Maybe` 以及它的朋友 `Either`。

引用透明與避免狀態

一個函式呼叫的結果總是資料嗎？是的，但任何依賴或操作非局部輸入（自由變數）的函式都不能在沒有額外處理的狀況下，直接用它的回傳值取代整個呼叫。如同我們之前在本章簡單探討過的，能夠直接將函式呼叫取代為回傳值（並不改變程式行為）的能力，稱為引用透明。

例如上一節的 emailBody 可以是一個對 emailBody 函式的呼叫，是吧？

這樣呢？

```
x = 5;
```

這可以是：

```
function five(){ return 5 };
five();
```

或者可以直接呼叫：

```
(() => 5 )()
```

或者回傳我們傳入的：

```
((x) => x)(5)
```

我們可以為真的在做計算的函式進行類似轉換，例如說：

```
3 + 5
```

可以轉為

```
(() => 3)() + (() => 5)();
```

第一個函式回傳 3，第二個回傳 5，然後兩者相加。此處一個 3 被傳入第一個函式，回傳自己，一個 5 被傳入第二個函式，回傳自己。而它們的結果再被相加：

```
((x) => x)(3) + ((y) => y)(5);
```

如果合併兩個表達式會得到：

```
((x, y) => x + y)(3, 5);
```

這可能看起來很怪，但有幾個特性值得注意。首先，傳入的參數的作用域就只有這一行。第二，這個匿名 IFFE 開始像是多了一些語法的 Lisp。第三，如果我們將它所回傳的東西賦值出去，我們賦值出一個數值：

```
const result = ((x, y) => x + y)(3, 5);
```

result 是數字 8，不是一個函式，而是一個函式呼叫的結果。如果我們活在一個沒有狀態、沒有副作用的世界（雖然如果我們僅使用顯式參數亦能保證此事），這代表著可以取代任何一個會回傳 8 的計算為數字 8。並且這意味著可以取代任何 result 為 8。不會再需要以同樣的參數進行一次運算。

這是一個實戰中用到的引用透明。

什麼參數會改變呢？嗯，假如我們陷入這個情境：

```
const recentLogins = ((x, y) => x + y)(db.loginsToday,
                                      db.loginsYesterday);
```

現在我們轉往外面的世界，以提供我們要在資料庫中更新的值。我們有一個叫做資料庫的巨大狀態，不需要把這個資料庫拿來當作一個存放大量變數的地方。就好像在我們的程式裡，可以創建新變數，而非更新它們：

```
const today = // 某特定日期
const yesterday = // 某特定日期
const recentLogins = ((x, y) => x + y)(db.logins(today),
                                      db.logins(yesterday));
```

硬碟空間很便宜，如果你能以時間做索引的話，查找並不太耗費成本（尤其你只要查找一次）。此外，如果你覆寫（也就是更新，也就是丟棄）了資料庫訊息，只要給出一個特定查找，你應該能夠回放（play back）你應用程式的狀態（也假設同時能夠擷取到程式碼的版本）。

我們現在是在把變數寫死嗎？我的彈性呢？

無論何時當我們產生一個狀態轉變時，我們也創建一個時間的概念。狀態改變之前是一個世界，改變之後又是一個世界。一旦你摧毀了訊息，去瞭解到哪裡出了問題或恢復到過去狀態會變得困難許多。

> 此外，在高度壅塞的網站，即時查詢與頁面載入會為了介面的可用性[1]而優化，而不會對每一個資料庫的新改變的散播做優化。這就是快取存在的意義，我們必須在傳遞一個夠快的東西和一個夠（時間上）近的東西做抉擇。我們不會深入 `recentLogins` 能夠快取的狀況，但重點在於，透過參數化 `recentLogins` 的呼叫並將資料庫設定為能感知到時間的，我們讓 `recentLogins` 有了一個能夠快取的機會，這都是引用透明（在一段時間內）的好處。在實際上，我們可能會希望它一天執行超過一次，但使之（或某個更複雜的東西）阻礙了展示給某人某物（即使此物有點過時）將會導致不佳的體驗。

有點扯遠了，但重點是沒有什麼東西是必須位於一個物件當中（除了代表最外層的那個物件[譯註]）程式才跑得動。我們可以用函式儲存值而不用創建物件。我們的整個程式可以是一個包裹著其他函式的函式，而透過傳入一個參數來啟動整個資料流。

我們的程式可能會看起來很像 Lisp 或是有著括號的 XML。順帶一提，這是 Lisp 的核心概念。大多數語言的抽象語法樹（AST）與原始碼相差甚遠，但在 Lisp 語言中，兩者幾乎相同，這個性質被稱為**同像性**。

JavaScript 並不擁有 Lisp 的這個特性，但你可以比其他語言更接近這種程式碼風格。無論如何，很明顯地，狀態、介面、函數式程式設計，以及大量的括號，彼此之間是有所關聯的。本節的重點在於，當要處理資料如何進入並使用於程式時，我們有大量的選項，而這些選項的差異不僅限於語法的範疇。

處理隨機

在第 4 章，我們幾乎是透過不要去思考或測試它來處理掉隨機。我們不會在此過於深入，但因為我們在談論函數式程式設計，因此我們必須指出，隨機性會使函式變得**不純**（*impure*）（代表我們無法依賴它們給出同樣輸入會有同樣輸出的這個特性）。在 JavaScript 中，我們會呼叫 `Math.random` 來取得一個「隨機」數。但我們真正取得的只是一個「偽隨機」數，它是基於一些「種子」值去運算出來的，通常會與時間有些相關。不幸的是，這個種子值並不能在原生的 `Math.random` 函式中設定。

---

1 開個玩笑——網站通常優先為廣告服務，在幾秒鐘之後載入大量的「英雄（hero）」圖像（或影片，太酷了！），毀掉了你流暢捲動內容頁面的能力。

譯註 原文是 global defaults，應指在不同 JavaScript 環境中，代表最外層的物件，如 Node.js 中的 global、瀏覽器中的 window。

如果可以設定，那我們會產生出相同的「隨機」數序列。例如，它可能會這樣運作（並非原生 JavaScript）：

```
const mySeed = 3;
let rng = setRng(myseed);
rng.gimmeRandom();
// 回傳 2593
rng.gimmeRandom();
// 回傳 8945

rng = setRng(myseed);
rng.gimmeRandom();
// 回傳 2593
rng.gimmeRandom();
// 回傳 8945
```

這表示即使這個函式表現的像隨機，但事實上它是早已被決定的。這很方便，因為你得到一些像是隨機的數來用於測試。很有可能對於你的應用程式（或僅是你的測試）這種隨機就已經夠了。

阻止不純的侵襲

這裡有三個函式（不包含測試）。你可以挑出不純的嗎？

```
const test = require('tape');
const testdouble = require('testdouble');
var x;

function add(addend1, addend2){
  return addend1 + addend2;
};

function setGlobalFromAddition(addend1, addend2){
  x = add(addend1, addend2);
}

function readAddition(addend1, addend2, done){
  console.log(add(addend1, addend2));
  done();
}

test('addition', (assert) => {
  assert.equal(add(2, 3), 5);
  assert.end();
});
```

```
test('setting global', (assert) => {
  setGlobalFromAddition(2, 3);
  assert.equal(x, 5);
  assert.end();
});

test('setting global again', (assert) => {
  setGlobalFromAddition(2, 8);
  assert.equal(x, 10);
  assert.end();
});

test('calling console', (assert) => {
  testdouble.replace(console, 'log');
  readAddition(2, 3, () => {
    testdouble.verify(console.log(5));
    assert.pass();
    testdouble.reset();
    assert.end();
  });
});
```

addition 是純的，因為它僅依賴於它的輸入，沒有產生任何副作用就輸出了。這測試太過簡單幾乎沒什麼價值。幹得好啊！ addition ！

至於其他兩個函式，即使它們不純，我們仍決定測試它們。setGlobalFromAddition 看似十分易於測試。第二、三個測試跑得很順利。但假如改成一個「可怕而邪惡的全域變數」呢？這是個在資料庫中的值，並且其他人也在用同一個資料庫測試程式呢？顯然，我們會預期當程式仰賴一個共享的全域狀態，而且所有人都同時在使用這個全域狀態時，偶爾會失敗，是吧？更實際一點，無論這個全域狀態位於程式碼或資料庫，如果測試的數量足夠大，我們會將它分成多組之後平行執行，此時我們就會失敗。不純的函式依賴於某些顯式參數之外的東西，這不只包含非局部變數（以及本身就不純的函式），也包含了資料庫與隱式的 this 參數（如果它並非不可變的）。最後一點值得重複，對於從 OOP 過來的人，這是個巨大的轉變：在函數式風格中，我們應該傾向於使用顯式輸入與輸出以擷取、修改 this 的值。

從各方面來說，像是 setGlobalFromAddition 會使得測試更加困難。也許不會立即發生，但即使不是那種會四處修改 x 的複雜程式，我們都已經看到當平行執行時，不能信任測試。

第三個函式，readAddition，呼叫 console.log，所以這是一個含有副作用的不純函式。我們在先前的章節提過要測試它會很複雜，但在本章我們提出測試機制之外的其他理由：I/O 呼叫是副作用，並會造成不純的函式，不純的函式難以測試。

如果你喜歡，你可以把所有的不純函式放進一個名稱空間，用一個簡單物件就行了：

```
const impure = {
  setGlobalFromAddition(addend1, addend2){
    x = add(addend1, addend2);
  },
  readAddition(addend1, addend2, done){
    console.log(add(addend1, addend2));
    done();
  }
};
```

如果你覺得做這種切割很煩人，你一定不會喜歡那種必須大費周章才能混雜純與不純程式碼的函數式語言（像是 Haskell）。

但願我們能在這節把三件事情搞清楚。首先，純與不純的函式很容易辨別，如果你知道某個東西只要輸入一樣，輸出結果就一樣，而且沒有副作用（有副作用就是不僅僅回傳值），那它就是純的。第二，不純的函式較難測試。第三，你的函式越簡單（以體積、輸入、輸出來衡量），就越有機會是純的。

我們已經談論過一些你能夠遵循以使得程式碼更接近函數式的法則了，也同樣談論過一些這樣做能帶來的好處，包含純（purity）、引用透明、易於測試。本章所採用的策略以及程式碼的目標，與本書的其他部分並不衝突。我們已經討論過我們傾向於使用更小體積、更小輸入、清晰單一回傳值的函式。我們同樣討論過我們傾向使用陣列綜合運算（array comprehension）而非 for 迴圈。也不鼓勵重新賦值。

現在我們對過去的一些章節有些新觀點，是時候擴展我們視野了，接下來將會看一些能夠給我們更多函數式介面的特性。

進階基礎

在本節，我們將會探索一些函數式程式設計的基礎，很多 JavaScript 開發者尚不熟悉它們。

- 柯里化（currying）
- 部分應用（partial application）

- 函式組合（function composition）
- 型別

什麼是你無法在純 JavaScript 中得到的？

擁有編譯期與型別安全的系統（JavaScript 這兩個都沒有）非常方便。使用編譯至 JS 的語言如 TypeScript 或是使用 Flow，會讓你理解到一些它們的好處。或者你也可以直接嘗試 Haskell、Clojure[譯註]、Scala。

柯里化與部分應用（使用 Ramda）

柯里化與部分應用是個能用來使程式碼更有彈性的函數式概念。在解釋這些術語之前，先來看程式碼：

```
function add(numberOne, numberTwo){
  return numberOne + numberTwo;
};
add(1, 2);
// 3
```

這是我到目前為止最愛的加法函式。它很優美。但某些人（FP 流氓們）想讓你相信這樣做更棒：

```
function add(numberOne, numberTwo){
  return function(numberOne){
    numberOne + numberTwo;
  };
};
```

這裡有些古怪：

```
console.log(add(1, 2));
// [Function]
```

我們弄壞了我們的完美加法函式了嗎？是的。

現在它只是創造了一個完全不在意第二個參數 (2) 的函式，是嗎？

我們仍然可以這樣使用 add：

```
console.log(add(1)(2));
// 3
```

譯註　事實上，Clojure 預設是動態語言，編譯時幾乎不進行型別檢查。

我們只是以)(取代了 , 程式就運作良好了，但這並未解釋它是如何運作以及為何我們想要這樣。

嗯，第一件在第二版函式中需要注意的事是，它回傳了一個函式。這意味著當你執行 add(1) 時，你拿到了一個等待 2（或其他東西）的函式：

```
const incrementer = add(1);
incrementer(2);
// 3
```

我們的 incrementer 是一個部分應用函式。我們拿原本那個吃兩個參數的函式，將它部分應用一個它所需要的參數，創造出一個參數個數較少的新函式。

柯里化和部分應用並不相同。這是部分應用：

```
const incrementer = add(1);
```

我們碰巧將它賦給了一個變數，但部分應用是這一步：add(1)。柯里化則是將接受兩參數的函式轉成接受一個參數的函式的過程。然而我們使用 curry 函式來手動進行柯里化。此時我們沒有一個能自動將所有函式柯里化的方法。

為此我們需要 Rambda。underscore 跟 lodash 也有類似功能，但 Rambda 的名字跟圖（graphic）都最酷。而且 underscore 沒有 curry 函式。比較這些函式庫是給讀者的額外練習，我們現在要來安裝 Rambda 了：

```
npm install ramda
```

接下來，讓我們試試：

```
R = require('ramda');

function add(numberOne, numberTwo){
  return numberOne + numberTwo;
};

const curriedAdd = R.curry(add);

console.log(curriedAdd(1));
console.log(curriedAdd(1)(2));
console.log(curriedAdd(1, 2));
```

這用起來很簡單。我們僅是 require 它然後寫下接收兩個參數的函式，再應用 R.curry，它就會施展魔法：

```
[Function]
3
3
```

輸出超乎預期。未柯里化的函式像第一個函式一樣只接受一個參數是不行的（1 加上 undefined 會得到 NaN）。而柯里化的函式則能得到一個已經部分應用的函式。而跟我們手動柯里化的函式一樣，(1)(2) 作為參數能得到 3。而使用 Rambda 的額外好處是，使用 (1, 2) 作為參數依然能得到 3。

以下也同樣運作正常：

```
const increment = curriedAdd(1);
console.log(increment(3));
```

如果不用柯里化來做 increment，我們可能會：

```
function increment(addend){
  return add(addend, 1);
};
console.log(increment(3));
```

只多了兩行。但要是我們分別需要加一、加五、加十的函式呢？或是整個實作更加複雜呢？

也許你還沒喜歡上柯里化，而這裡有另一個機會。你知道本書極力讚譽的 map 函式吧？要是我告訴你它沒有這麼了不起你會怎麼樣呢？

這看起來運作的還可以：

```
const square = (thing) => thing * thing;

console.log([2, 4, 5].map(square));
```

但要是你想要重用 mapSquares 函式呢？我們的資料在點 (.) 止步不前，所以該怎麼做呢？修改 Array.prototype 當然是個壞主意。但我們可以創建一個 extends 了 Array 的類別，再修改它的原型，使我們的 [2, 4, 5] 是這個子類別的一個實例。

或是可以讓 Rambda 幫我們做些事：

```
R = require('ramda');
const square = (thing) => thing * thing;
```

```
const mapSquares = R.map(square);
console.log(mapSquares([2, 4, 5]));

console.log(R.map(square, [2, 4, 5]));
```

Rambda 的 map 函式原本就被柯里化，所以我們可以部分應用 square 來產生 mapSquares，再接收資料。但如果有需要，它也能夠一次接收兩個參數。

只不過介紹了兩個 Rambda 的函式（curry、map），我們就已經看到了更有彈性、更有可複用性、更簡短的介面。

那 this 呢？！

this 難道不是 JavaScript 最重要的關鍵字嗎？現在 Rambda 完全不管它？毋庸置疑，this 比其他主題都要產生更多的疑惑、問題、以及部落格文章（也許「原型是好的／壞的」、「我該用什麼函式庫來做 X」能與之一戰）。

但這不代表它真的「重要」，我們犧牲了 this 來換取這樣的彈性與簡潔。決定 this 究竟為何很煩人，而且模糊了何謂顯式參數。Rambda 只是作為一個空間，在這個空間中我們能比較接近「真的」函數式程式設計。

我甚至會說使用 this 使得你的函式「不純」，如果你不這麼想，好吧，但難道 this 的語境沒有共享可變狀態嗎？

函式組合

好的，我們已經看到 Rambda 的驚人威力，但也許你可能會覺得 lodash 跟 underscore 在組合函式上也可以做得一樣好。

就讓我們試一試吧（先執行 **npm install lodash**）：

```
_ = require('lodash');
const square = (thing) => thing * thing;

const mapSquares = _.map(square);
console.log(mapSquares([2, 4, 5]));
console.log(_.map(square, [2, 4, 5]));
```

砰！

```
TypeError: mapSquares is not a function
```

我們仍然可以這麼做：

```
console.log(_.map([2, 4, 5], square));
```

工作良好，但…等等，這不是繞了一圈回來了嗎！

是的，這就是傳統的做法。而且這種將資料置於回調之前的做法會阻礙函式的組合。我們能這樣修正：

```
function mapSquares(data){
  return _.map(data, function(toSquare){
    return toSquare * toSquare;
  });
}
console.log(mapSquares([2, 4, 5]));
```

當然，我們能重構為：

```
function mapSquares(data){
  return _.map(data, square);
};
```

或是：

```
const mapSquares = (data) => _.map(data, square);
```

但…我們之前可以這樣解決：

```
const mapSquares = R.map(square);
```

無參數風格程式設計（Point-Free Programming）

在本章的大多數時候，我們都希望能達到「無參數風格」。也就是說不要直接操作到輸入，你可以對它應用參數，但不能給它一個名字（像是 data）然後直接操作它。注意無參數風格的英文「Point-Free」中的 Point 是一個拓樸學術語，而非指涉 JavaScript 語法中的 (.)。

這個 mapSquare 並不符合無參數風格：

```
const mapSquares = (data) => _.map(data, square);
```

這個符合：

```
const mapSquares = R.map(square);
```

很難（也許不可能）讓你所有的函式都無參數，但這個企圖能讓你縮短很多函式定義。

然而注意並非一切都會很容易。

稍早我們有這一小段程式碼：

```
[3, 4, 2].forEach((element) => console.log(element));
```

似乎我們能這樣做：

```
[3, 4, 2].forEach(console.log);
```

但其實不行，雖然只是想印出數字，但最後會印出：

```
3 0 [ 3, 4, 2 ]
4 1 [ 3, 4, 2 ]
2 2 [ 3, 4, 2 ]
```

每一行中依序有數字、索引、整個陣列。forEach 會提供三個參數給回調函式，console.log 則會把每個參數都印出，而我們可以製造一個只使用第一個參數的打印函式：

```
const logFirst = (first) => console.log(first);
[3, 4, 2].forEach(logFirst);
```

這個題目還有很多玩法，可以做出將所有函式都變成單參數（或其他個數）函式的函式（就像我們剛剛看到的），也可以做出重新排序參數的順序的函式、部分應用任意位置參數的函式。

如果你做了很多函式組合並且致力於無參數風格，那最後會有點兒像在操弄你的參數。

但願有天我們可以把全世界的人聚集起來，然後一致認同把資料放在前面是個錯誤。但在此刻，雖然順序不對，但我們也只差一層轉換吧？是的，但如果有條件式、回傳 null、以及其他增加體積的東西，複雜度就會悄然上升。更實際一點，如果你組合函式時採用資料放在前面的函式庫，會發現更多的巢狀結構（以及資料變數）。

當你新增功能時，有兩種做法，一是寫出更複雜的程式碼（在函式呼叫或函式定義中），二是組合出新函式。讓我們來看實戰中會如何應用。如果想要把所有東西都變成四次方，我們可能會複雜化函式呼叫：

```
R = require('ramda');
console.log(R.map(square, R.map(square, [2, 4, 5])));
```

或是這樣：

```
function fourthPower(thing){
  return square(thing) * square(thing);
};
console.log(R.map(fourthPower, [2, 4, 5]));
```

但 Ramda 有另個叫做 `compose` 祕技：

```
const fourthPower = R.compose(square, square);
console.log(R.map(fourthPower, [2, 4, 5]));
```

然後我們能把 `map` 與新做出來的 `mapFourthPower` 組合起來：

```
const mapFourthPower = R.map(fourthPower);
console.log(mapFourthPower([2, 4, 5]));
```

也能把 `console.log` 也組合起來（如果我們想要印出元素而非陣列）：

```
const printFourthPower = R.compose(console.log, square, square);
R.map(printFourthPower, [2, 4, 5]);

// 因為 map 是柯里化的，所以這樣也行
R.map(printFourthPower) ([2, 4, 5]);
```

我們可以讓函式定義跟函式呼叫都很小。最壞的情況也不過是我們可能會有一些額外的函式呼叫。雖然可以只用一個 `compose` 和 `map` 串出我們要的功能，但除錯會很困難。Ramba 使得函式變得容易創造與組合。儘管把一切串在一起很容易，但是仍然要考慮你組合出的函式的複雜度。越小的函式越易於測試與復用。

於 *Ramda* 再遇記憶化

順帶一提，Ramda 可以這樣做出記憶化函式：

```
var factorial =
  R.memoize(n => R.product(R.range(1, n + 1)));
```

抱歉之前讓你花這麼多時間學了個很長的版本。

pipe 是另一個你會不時看到的函式：

```
var factorial = R.memoize(n => R.product(R.range(1, n + 1)));
var printFact = R.compose(console.log, factorial);
printFact(3);

// 等同

var factorial = R.memoize(n => R.product(R.range(1, n + 1)));
var printFactPipe = R.pipe(factorial, console.log);
printFactPipe(3);
```

總之，Ramda 很棒，它提供了許多能使得介面變得非常簡單的函式。如果你去看它的文件（*http://ramdajs.com/docs/*），你可能會訝異於某些事，其一即為它和其他的函數式函式庫是多麼的龐大，因此為初學者提取一個外觀模式（第 9 章）是件好事。

型別：最低限度

在我們談論型別之前，在函數式程式碼中有件看似很瘋狂的事情，那就是如果你完全不提取函式，可以寫成這樣來完成我們在上一節所做的：

```
console.log(R.map((thing) =>
  thing * thing, R.map((thing) =>
    thing * thing, [2, 4, 5])));
```

不管有沒有 Ramda，我們都已經創造出了另一種回調地獄（因為糟糕的複用變數名稱以及兩度遍歷整個陣列）

幸運的是，我們知道如何提取函式，無論使用 FP、OOP，或是古老的過程式程式設計，提取函式都是用來防止寫出令人混淆與難以測試的程式碼的最優先方案（也許次於良好的命名）。

關於型別

函數式程式設計還有另外一種防止寫出混淆程式碼的武器[譯註]：型別。當你傳入 A 函式到 B 函式時，B 可能會回傳 A 運算的結果，也就可能回傳另一個函式，這會造成混淆。如果你寫 Haskell，你就能正面處理它。Haskell 與 JavaScript 不同，當你在呼叫函式或組合函式時，它會真的去檢查參數個數與參數型別。所以如果你試著組合兩個函式，一

譯註　嚴格說起來，像 C 這種過程式或是早期 JAVA 這種物件導向的程式語言就都有型別，而它們也都有增強可讀性的效果，因此不能說這是函數式程式設計的專利。雖然一般而言，函數式語言的型別確實對可讀性的增幅更大。

個回傳單一字串，另一個預期接收多個參數，那你會得到一個編譯（型別）錯誤。而當你要做其他怪怪的事時也是一樣：

```
console.log(Math.random("beaver"));
// 回傳 0.21801069199039524（僅在此時）
```

為什麼沒有拋出一個錯誤？好像有股超自然的力量把參數變不見了。這在 JavaScript 很正常，沒有編譯階段代表沒有編譯錯誤，而且也不會發生執行期錯誤，因為 JavaScript 函式並不在乎你給它什麼，但若函式主體自行檢查就另當別論。

JavaScript 基礎操作上的不一致已經有記錄良好的文件了，而眾人對於這些怪異之處是好是壞的看法十分分歧。不論依賴於第三方規格書或是更加高密度、龐大、抽象的官方規格書都無助於解決問題。

無論何時，一份優秀的函式庫文件不外乎是去描述物件、函式以及其他有的沒的，也許還會配上一兩個教學。而最為重要的部分就是描述函式的輸入與輸出。

也許有人會主張反正輸入和輸出的類型是一定要說明的，那何不規定直接寫在程式語言裡？

Haskell 以 Hindley-Miner 型別系統來描述型別，而越來越多希望 JavaScript 能更接近 Haskell 一點的第三方函式庫作者也開始以該系統描述 JavaScript 函式庫的型別。大多數 JavaScript 文件並不使用這個系統，但 Ramda 與 Sanctuary（之後會提到）有使用。

它看起來像是：

```
add :: Number -> Number -> Number
```

此型別系統不只如此，但我們只說明它最廣為人知的部分。add 是一個函式名稱，緊接著的是兩個型別為 Number 的輸入，還有一個型別為 Number 的輸出。但這樣會不會更清晰呢？

```
add :: (Number, Number) -> Number
```

可能會吧，但假如 add 是柯里化的（通常 Haskell 跟使用 Ramda 的 JavaScript 是如此）我們應該考慮應用第一個 Number（也就是呼叫第一個 Number），來產生出一個在等待第二個 Number 的新函式。例如，如果應用了 1，就創建了一個這種型別的函式：

```
addOne :: Number -> Number
```

之前有討論過，當我們只給一個參數（1）而非兩個參數時，addition 函式變成了 addOne 函式。如果給 addOne 另一個數字，它會輸出一個數字。

所以這裡有兩個重點。第一點是，在某些程式設計中，預設的參數個數就只有一個，因為一切預設都是柯里化的。

第二點是，宣告型別不只告訴了我們這個函式的用途，也指出了其他函式該如何與它協作。所以如果你知道一個函式會產生一個數字，而你又用它的輸出來當作另一個接受字串的函式的輸入用，那出錯也就不足為奇了（在某些語言或函式庫中導致編譯錯誤或執行期錯誤，而在 JavaScript 中僅僅是導致混淆）。

型別較為不直覺的一面

型別文件中看似較不厲害的一面是，函數式風格偏好短小的變數名稱，這可能有些令人震驚。看看 Haskell 中（給串列用的）map 函式的型別簽名：

```
map :: (a -> b) -> [a] -> [b]
```

(a -> b) 這樣用括號括起來的表達式代表 map 接受一個函式作為它的第一個參數，而這個函式有一個輸入（a）一個輸出（b），map 還接受一個型別為 [a] 的陣列。而它會輸出一個型別為 [b] 的陣列。a 跟 b 似乎是非常糟的命名（又短又不知所云），但這背後是有道理的。

map 的第一個參數是一個將 a 型別轉為 b 型別的函式，map 將這個函式應用到一個充滿 a 型別的串列，將之轉換為一個充滿 b 型別的串列。這段所敘述的就是什麼**需要**保持不變，而什麼**可能**不同。一個將數字轉換為布林的函式一定要被用來將數字串列轉換為布林串列。但 map 並不在意 a 型別跟 b 型別究竟為何。

這並不同於你宣告了一個變數或常數，因為你此時是標記了一個真實而具體的值，而型別變數僅是指出哪些是相同的，哪些是不同的。這在像是 map 的高階函式中很常見，a 型別跟 b 型別實際上可以是很多種型別。相對地，注意到先前的 add 函式，輸入及輸出都被限定為 Number。

還可以更複雜一點，這是 Sanctuary 中 Maybe 的 concat 函式的型別敘述。

```
Maybe#concat :: Semigroup a => Maybe a ~> Maybe a -> Maybe a
```

Maybe# 代表 this 物件（型別為 Maybe 的物件）有 concat 函式可用。Maybe a 這部分則描述一般的輸入輸出，型別 a 可以是任何東西，但它們得全部相同並且都被 Maybe 給包住。這有點像我們之前看過的 [a] 和 [b]，它們也都被 [] 給包住。

而我們此處（Maybe a ~> Maybe a -> Maybe a）有兩種箭號，我們先看右邊的 ->，這跟以前一樣，代表從輸入到輸出。而左邊的 ~>（波浪箭頭），則代表隱式參數（this）。

這樣沒問題嗎？

FP 不像 OOP，它更常避免使用 `this` 而偏好傳遞顯示參數。在本章使用 `this` 時，通常是拿來為函式加上名稱空間。`R`（Ramda 的函式）跟 `S`（Sanctuary 的函式與物件）也都是如此。

一個值得注意的關鍵是，這些變數提供了名稱空間與用作基礎設施（utility）的函式，但它們並不企圖持有改變過的狀態「變數」。

OOP 會認為有狀態的物件（伴隨可變值）要優於散落的非局部變數，但在 FP 中，我們應該認為 `R` 和 `O` 以模組而非類別或物件提供了相同功能。

`Semigroup a =>` 這一段也是新的，只是表明了這個函式（`Maybe` 的 `concat`）正在實作一個符合 `Semigroup` 型別類（typeclass）的函式。

我們不會深入型別類，因為在 JavaScript 中沒有像樣的對應物。它可以想像成某些 OOP 語言中的介面（interface），或是某種必須履行的契約。在第 9 章，我們用空的父類別作為這個想法的一個不完美的展示。

無論如何，如果我們花更多時間在 JavaScript 的函數式的一面，你不時就會看到型別的討論並看到帶著型別簽名的函式。

墨西哥捲餅（Burritos）

本節或許關乎墨西哥捲餅，也或許關乎一些其他的東西。我不能在短短的篇幅中介紹墨西哥捲餅的一切，它太過複雜，一次吃下太多一定會出問題。肚子裡充滿新見的隱喻而導致消化不良與反胃是常見症狀。

為了你未來的研究，墨西哥捲餅可能包含以下的任何東西：

- 么半群（Monoids）
- 函子（functor）
- 應用函子（Applicatives）
- 單子（Monad）
- 也許更多？

哇～現在有一堆紅色的底線告訴我拼字錯誤[譯註]了。我們現在在一個充滿行話的領域。它們很複雜，而且如果你是第一次面對它們，那直接看程式碼一定會好過口頭解釋。這也就是人們為什麼很快就開始用各種比喻來解釋它，並且時常將任何關乎它們的事物稱作「墨西哥捲餅」。某些人（像我）不想解釋實用層面以外、更為本源的東西時，有時候就會採用這種策略，或者某些覺得自己對函數式程式設計、數學上的範疇論還懂得不夠多的人（像我）也會用這來作為推託。

真正的問題是，例如說，人們可以輕易理解佇列（queue）的概念，這很簡單，而且在生活上很常見（排隊買東西），它既清晰又能顧名思義。「堆疊」也是一樣，不過「鏈結串列」和「布隆過濾器（bloom filter）」就沒這麼直觀了。

如果你試圖一次瞭解所有類墨西哥捲餅的東西（函數式**抽象資料型別**（*abstract data types*），AST），你就會遇上圖 11-1。

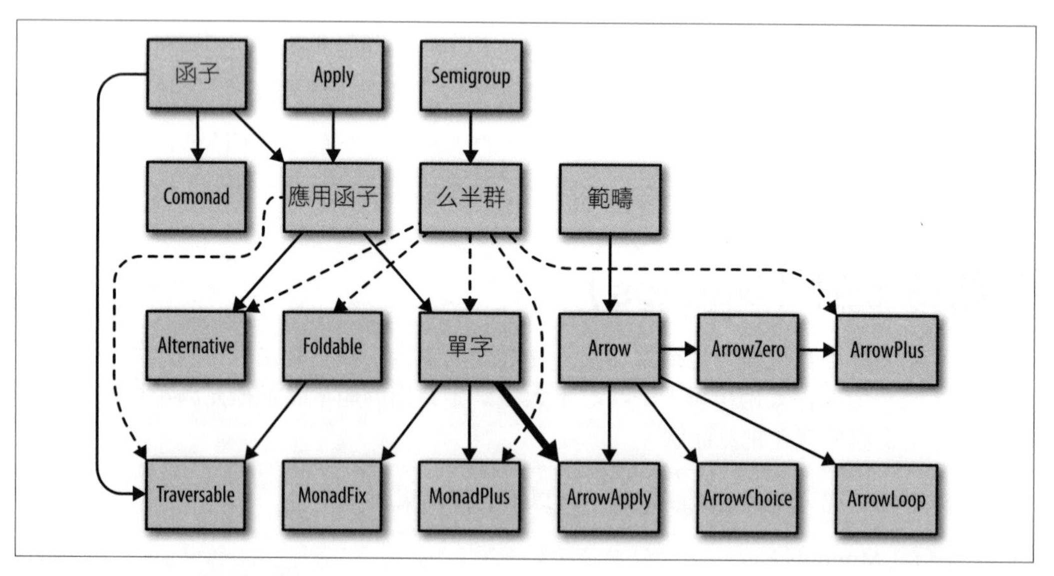

圖 11-1　Haskell 墨西哥捲餅

單子放在墨西哥捲餅可能有爭議，是的，你可以從那裡開始，但圖中的每一個箭頭都是從「簡單」指到「複雜」，也就代表單子非常複雜。所以如果你想深入這些東西，試試從函子（圖 11-2）開始。要理解它和理解佇列和堆疊差不多容易，基本上函子擁有

譯註　譯者寫中文，沒這個問題。

一個 map 函式以及一些規則。事實上，因為你已經在陣列中用過 map 了，從那裡開始也不算是毫無基礎。

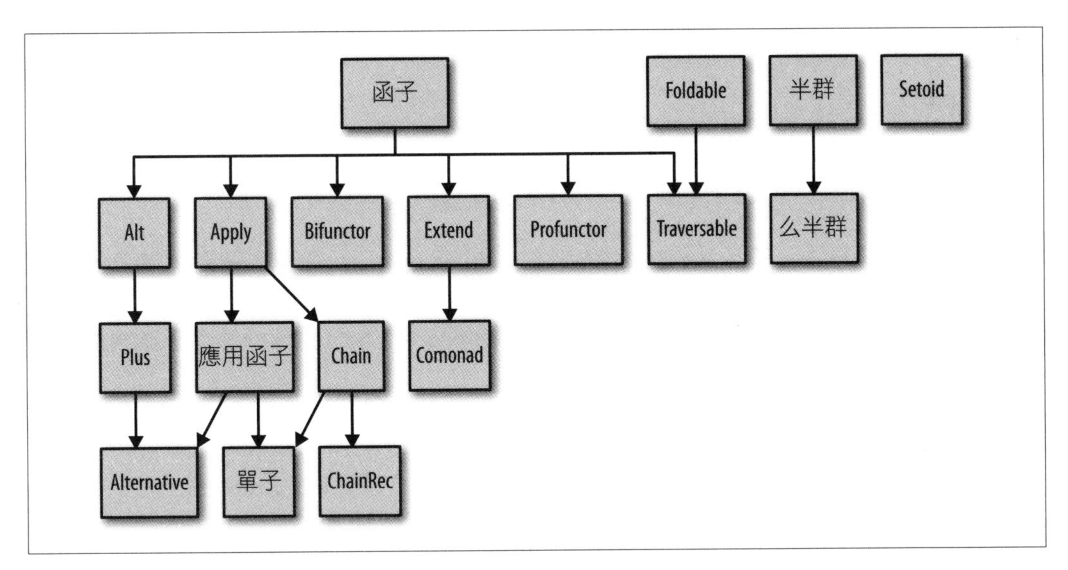

圖 11-2 JavaScript 墨西哥捲餅的夢之國度

一個真正的解釋

像是單子函子這樣的術語四處橫飛，因為它們太抽象所以看上去很駭人，而人們也常用另一種你可能也不懂的東西來解釋這些術語。這些你可能不懂的東西就是抽象資料型別（ADT），就像是鏈結串列跟堆疊，它們是用你能進行的操作來定義的。

堆疊並非是你能直接使用的東西，但你能創造一些能實作該介面（換言之，擁有 push 跟 pop 函式）的東西，並符合堆疊該表現的行為（換言之，後進先出）。

類似地，你可以創造每一種看上去很可怕的函數式 ADT（如果是 JavaScript，可能用物件來做，但也有可能僅是函式的集合），它們根據規則來實作「抽象資料型別」的介面。

如果讓你失望那真是抱歉，但本節的目標是帶給你實用函數式 API 的一些具體體驗。如果你想更深入了解函數式程式設計和函數式 ADT，可以看看我維護的一個清單（*http://github.com/evanburchard/burritos*），它包含了關於墨西哥捲餅的一些影片、教學及書籍。

介紹 Sanctuary

談到實用 API，來用命令行安裝 Sanctuary：

```
npm install sanctuary
```

然後在你的程式中這樣做：

```
const {create, env} = require('sanctuary');
const S = create({checkTypes: true, env: env});
```

會得到了一個 S 物件，如同其他的函數式函式庫，Sanctuary 有著大量嚇人的介面。本書撰寫時，S 中定義了超過一百個屬性，其中有不少（compose、inc、pluck 等等）是與 Ramda 差不多。然而仍有些微的不同，例如在 Ramda 中 "hello" 加上 3 會回傳 NaN：

```
R = require('ramda');
R.add("hello", 3);
// NaN
```

在 Sanctuary 中：

```
const {create, env} = require('sanctuary');
const S = create({checkTypes: true, env: env});
S.add("hello", 3);
```

你會得到：

```
TypeError: Invalid value
add :: FiniteNumber -> FiniteNumber -> FiniteNumber
       ^^^^^^^^^^^^
            1
1)  "hello" :: String
The value at position 1 is not a member of 'FiniteNumber'.
```

還會連帶拿到一個堆疊追蹤（stack trace）。Santuary 會在執行時期檢查型別（對於它所定義的函式），不合即會拋出錯誤。這很厲害，但你可能不希望在生產環境中也產生這些錯誤，那可以在初始化時設定不要做型別檢查：

```
const {create, env} = require('sanctuary');
const S = create({checkTypes: false, env: env});
```

現在 Sanctuary 不會對它的函式做型別檢查，但請小心：

```
S.add('hello', 3)
// 'hello3'
```

這是 JS 的預設行為，而 Ramda 跟 Sanctuary 行為與預設不同時，它們彼此之間也不一致，因此如果你同時使用兩者，可能會有些混淆。而也就像 lodash 和 Ramda 的介面不同（Ramda 明智的將函式放在前面），Ramda 和 Sanctuary 的介面也不完全相同。

無論如何，Sanctuary 有大量用於函數式程式設計的的優秀函式（就像 Ramda 一樣），而如果你想要的話，它也能幫你做型別檢查。真是厲害。也如同 Ramda，高階函式的參數順序也依循「函式優先」這點子，所以可以很輕易的像這樣組合函式：

```
const getAThree = S.find(x => x === 3);
```

或是用無參數風格：

```
const getAThree = S.find(R.equals(3));
```

不管怎樣，我們都能應用一個陣列到 `getThree`：

```
getAThree([3, 4]);
```

奇怪的事發生了。我們並不單單「拿到三」，而是拿到：

```
Just(3)
```

對於沒有 3 的陣列：

```
getAThree([8, 4]);
```

我們得到：

```
Nothing()
```

Sanctuary 的格言

Sanctuary 的格言是「拒絕不安全的 JavaScript」。它偏好給出 `Nothing` 和 `Just` 而不使用 `null`。這可能看起來不易掌握，但卻大大好過「undefined method」給你的驚喜。

再會 null 物件模式！

Sanctuary 的 `Nothing` 跟 `Just` 應該有提醒到我們一些事情。這其實是跟 `null` 物件類似的概念（在第 9 章介紹過）。`Just` 跟 `Nothing` 的意義可能還不明朗，但我們來看看怎麼把它們應用到 `Person` / `AnonymousPerson` 的程式碼當中。

看看當採用裝飾器來包裝 null 物件時會發生什麼事：

```
class Person {
  constructor(name){
    this.name = new NameString(name);
  }
};
class AnonymousPerson extends Person {
  constructor(){
    super();
    this.name = null;
  }
};
class NameString extends String{
  capitalize() {
    return new NameString(this[0].toUpperCase()
              + this.substring(1));
  };
  tigerify() {
    return new NameString(`${this}, the tiger`);
  };
  display(){
    return this.toString();
  };
};
class NullString{
  capitalize(){
    return this;
  };
  tigerify() {
    return this;
  };
  display() {
    return '';
  };
};
function WithoutNull(person){
  personWithoutNull = Object.create(person);
  if(personWithoutNull.name === null){
    personWithoutNull.name = new NullString;
  };
  return personWithoutNull;
};
```

不差。是讓我們多寫了幾行，但阻擋掉了數十億的錯誤（null）。

但使用 Just 跟 Nothing 提供了一個簡單的方式來辦到這件事，此為我們的新實作：

```
const {create, env} = require('sanctuary');
const S = create({checkTypes: false, env: env});

class Person {
  constructor(name){
    this.name = S.Just(name);
  }
};
class AnonymousPerson extends Person {
  constructor(){
    super();
    this.name = S.Nothing();
  }
};
const capitalize = (string) => string[0].toUpperCase()
                              + string.substring(1);
const tigerify = (string) => `${string}, the tiger`;
const display = (string) => string.toString();
```

先來看看最後三個函式，不同於過去做出各種不同的字串物件，並在它之上實作函式，我們不再使用 this 作為隱性參數，而是直接傳遞字串作為顯性參數。

我們完全不去擴展 String 類別。我們不再設定 Person 跟 AnonymousPerson 的 name 為那些擴展類別的實例，而是在建構子中將 name 設為被包裝過的 name（對於 Person）或被包裝過的 null（對於 AnonymousPerson）。

毫不意外，測試失敗了：

```
test("Displaying a person", (assert) => {
  const personOne = new Person("tony");
  assert.equal(personOne.name.capitalize().tigerify().display(),
              'Tony, the tigeR');
  assert.end();
});
test("Displaying an anonymous person", (assert) => {
  const personTwo = new AnonymousPerson(null);
  assert.equal(WithoutNull(personTwo).name.capitalize().tigerify()
    .display(), '');
  assert.end();
});
```

第一個失敗告訴我們：

```
assert.equal(personOne.name.capitalize().tigerify().display(),
                                ^

TypeError: personOne.name.capitalize is not a function
```

這是因為我們不再擁有「流暢介面」，無法不斷回傳字串以供下次函式調用。我們需要一種方法來應用函式到 Just 或 Nothing，然後重新包裝這個值再傳遞下去。我們可以用 map 來做到這件事：

```
test("Displaying a person", (assert) => {
  const personOne = new Person("tony");
  assert.equal(personOne.name.map(capitalize).map(tigerify)
    .map(display), 'Tony, the tigeR');
  assert.end();
});
test("Displaying an anonymous person", (assert) => {
  const personTwo = new AnonymousPerson(null);
  assert.equal(personTwo.name.map(capitalize).map(tigerify)
    .map(display), '');
  assert.end();
});
```

這裡較為困難。當我們在 Just 跟 Nothing 上呼叫 map 時，函式將會應用到存於 Just 之中的值，Nothing 則會再回傳另一個 Nothing。

什麼？我以為 map 只能用於陣列！

當然通常在 JavaScript 中都是這樣用的，但在函數式的世界，map 扮演應用函式到各種不同形式物件的角色。「map 一個可迭代物」與「map Just 與 Nothing」的概念看似不盡相同，但再多熟悉的話，你應該能一統這兩個概念。

如果你還是沒感覺，不要緊張，目前你就當作這種 map 和作用於迭代的那種 map 沒什麼關係。它所做的就是「解開包裝、應用函式、再包裝」。

再提供另一種解釋，還是不了解也沒有關係，這只是用於串列的 map 的型別簽名：

```
map :: (a -> b) -> [a] -> [b]
```

而這是用於 Just 跟 Nothing 的：

```
map :: (a -> b) -> Maybe a -> Maybe b
```

我們會再討論，但 Just 跟 Nothing 的型別都是 Maybe。

我們已經更接近完成了，但測試仍舊失敗：

```
// for personOne
expected: 'Tony, the tigeR'
actual:   Just("Tony, the tiger")

// for personTwo
expected: ''
actual:   Nothing()
```

很有趣，display 函式不再做事。Just('String') 以 toString 做映射之後還是得到 Just('String')，而 Nothing 仍舊是 Nothing。測試依舊失敗，但我們需要處理的程式碼比較少了：

```
...
assert.equal(personOne.name.map(capitalize).map(tigerify),
             'Tony, the tigeR');
...
assert.equal(personTwo.name.map(capitalize).map(tigerify), '');
...
```

所以該如何解開 Just 跟 Nothing 這層包裝呢？可以用 Sanctuary 的 S.maybeToNullable 函式：

```
test("Displaying a person", (assert) => {
  const personOne = new Person("tony");
  assert.equal(S.maybeToNullable(
                 personOne.name.map(capitalize).map(tigerify)),
               'Tony, the tigeR');
  assert.end();
});
test("Displaying an anonymous person", (assert) => {
  const personTwo = new AnonymousPerson(null);
  assert.equal(S.maybeToNullable(
                 personTwo.name.map(capitalize).map(tigerify)),
               '');
  assert.end();
});
```

現在又更加接近成功了。通過了第一個測試，但 personTwo 測試還是失敗：

```
expected: ''
actual:   null
```

S.maybeToNullable 能夠成功解開 Just，但面對 Nothing 它會返回 null。如果你去研究究竟發生了什麼事，並不會太令人驚訝：

```
S.maybeToNullable(S.Nothing());
```

我們預期這會回傳 null。等等會再回來討論那個失敗的測試，先來回答幾個問題，「maybeToNullable」是什麼？而究竟 Maybe 又是什麼？試試：

```
Object.getPrototypeOf(S.Just());
Object.getPrototypeOf(S.Nothing());
```

它們所回傳的原型是：

```
Maybe {
  '@@typE': 'sanctuary/Maybe',
  ap: [Function],
  chain: [Function],
  concat: [Function],
  empty: [Function],
  equals: [Function],
  extend: [Function],
  filter: [Function],
  map: [Function],
  of: [Function],
  reduce: [Function],
  sequence: [Function],
  toBoolean: [Function],
  toString: [Function],
  inspect: [Function: inspect] }
```

所以 Just 和 Nothing 都是某種 Maybe？這是個完美的學術敘述嗎？不，這只是一個可行的敘述。現在讓我們修正測試：

```
test("Displaying a person", (assert) => {
  const personOne = new Person("tony");
  assert.equal(S.fromMaybe('',
                  personOne.name.map(capitalize).map(tigerify)),
               'Tony, the tigeR');
  assert.end();
});
test("Displaying an anonymous person", (assert) => {
  const personTwo = new AnonymousPerson("tony");
  assert.equal(S.fromMaybe('',
                  personTwo.name.map(capitalize).map(tigerify)),
               '');
  assert.end();
});
```

現在應該可以通過測試了！

以 Maybe 進行函數式重構

我們改用 S.fromMaybe，它被設定成在 Maybe 是 Nothing 時回傳空字串，如果是 Just 那就解開值。

所以如果兩個名字都是 Maybe 型別，我們可以基於輸入來做包裝嗎？是的，而且如果 Person 和 AnonymousPerson 唯一的差異就只在 name 的值，我們其實根本不需要做一個子類別出來：

```
class Person {
  constructor(name){
    this.name = S.toMaybe(name);
  };
};
```

在測試中，我們將兩個物件都宣告為一個 Person：

```
...
  const personOne = new Person("tony");
...
  const personTwo = new Person(null);
...
```

程式碼現在看起來如何？

```
const {create, env} = require('sanctuary');
const S = create({checkTypes: false, env: env});

class Person {
  constructor(name){
    this.name = S.toMaybe(name);
  };
};
const capitalize = (string) => string[0].toUpperCase()
                               + string.substring(1);
const tigerify = (string) => `${string}, the tiger`;
const display = (string) => string.toString();

const test = require('tape');
test("Displaying a person", (assert) => {
  const personOne = new Person("tony");
  assert.equal(S.fromMaybe('',
                 personOne.name.map(capitalize).map(tigerify)),
               'Tony, the tigeR');
```

```
    assert.end();
  });
  test("Displaying an anonymous person", (assert) => {
    const personTwo = new Person(null);
    assert.equal(S.fromMaybe('',
                   personTwo.name.map(capitalize).map(tigerify)),
                 '');
    assert.end();
  });
```

我們能夠組合 capitalize 函式跟 tigerify 函式來簡化斷言：

```
...
const capitalTiger = S.compose(capitalize, tigerify);
...
assert.equal(S.fromMaybe('', personOne.name.map(capitalTiger)),
             'Tony, the tigeR');
...
assert.equal(S.fromMaybe('', personTwo.name.map(capitalTiger)), '');
...
```

我們還有其他做法，為了不要破壞到第二個測試，僅僅對第一個斷言做修改就好：

```
assert.equal(personOne.name.map(capitalize).chain(tigerify),
             'Tony, the tigeR');
```

相對於原本採用兩個 map 函式再以 fromMaybe 解開的做法，我們可以使用 chain 來拿到一個已經被 tigerify 處理過並被解開的值。注意，如果 tigerif 也回傳一個 Maybe，那就還要再做處理。

我們也可以以 chain 來使用組合函式 capitalTiger：

```
assert.equal(personOne.name.chain(capitalTiger), 'Tony, the tigeR');
```

順帶一提，要是你想知道為什麼我們不直接將 personOne.name 作為參數來呼叫 capitalTiger，是因為它會產生一些問題：

```
...
assert.equal(capitalTiger(personOne.name), 'Tony, the tigeR');
...

// 導致這個錯誤

  expected: 'Tony, the tigeR'
  actual:   'Just("tony"), the tigeR'
```

capitalTiger 預期會收到一個字串而非 Maybe。同時注意到這次型別檢查器救不了你，因為 capitalTiger 並沒有像 Sanctuary 中的函式那樣註冊過型別。

無論如何，如果你想要讓 capitalTiger 可以作用於 Maybe，可以用 lift 來取代 personOne.name.map(capitalTiger)：

```
...
assert.equal(S.lift(capitalTiger, personOne.name), 'Tony, the tigeR');
...
```

和之前 map 的結果一樣，但概念上有些許不同。不同於以一個一般的函式作用於 Maybe，我們這次先將函式提升成能作用於 Maybe 的一個新函式，你可以想像它先把你的函式變得特殊，而非透過一個特別的函式 map 來達成作用於 Maybe 的目的。[譯註]

不管如何，你都能用 .value 來解開 Just 的值：

```
// 隨你挑

// map
assert.equal(personOne.name.map(capitalTiger).value,
             'Tony, the tigeR');

// chain ( 已經解開值了，所以不需要 .value)
assert.equal(personOne.name.chain(capitalTiger), 'Tony, the tigeR');

// lift
assert.equal(S.lift(capitalTiger, personOne.name).value,
             'Tony, the tigeR');
```

至於第二個測試，我們可以創造另一個函式（也許組合 capitalTiger）來用於在遇到 Nothing 時回傳空字串，但更好的選擇是直接使用 S.maybe。

它接收一個值、一個函式、一個 Maybe，而當 Maybe 不是 Just 時，就回傳那個值。否則就回傳函式作用於 Maybe 的值之後的結果，這就是我們想要的：

```
assert.equal(S.maybe('', capitalTiger, personTwo.name), '');
```

但 reduce 也可以：

```
assert.equal(personTwo.name.reduce(capitalTiger, ''), '');
```

譯註 當本書翻譯時，Sanctuary 最新版本（0.13.2）已經不再支援 lift 這個 API，若仍試圖使用，那就要用 Sanctuary 的更早版本才行。順帶一提，此處光看文字說明可能不易理解，如果能去看函式庫文件中的型別簽名，會容易理解得多。

它會忽略函式（因為這是個 Nothing）並回傳 ''。

如果對 Ramda 和 Sanctuary 提供的介面不是很有感覺也沒關係。它們的好處在於可以漸進式地將這種風格加入 JavaScript 中。除了型別簽名（會讀就好，不需要會寫），不需要再學習其他語法，也不需要多一個編譯步驟。

以 Either 進行函數式重構

如果覺得 Maybe 還不賴，那你可能也會對 Either 感興趣。本節只是做點簡單介紹，讀者有興趣可以再自行深入理解，我們最後一行測試長這樣：

```
assert.equal(S.fromMaybe('', personTwo.name.map(capitalTiger)), '');
```

我們會不會有點晚才決定要將 Nothing 轉成空字串呢？如果想再測試它一次呢？我們有必要每次都指明空字串嗎？此外如果想讓測試保持對稱，那我們真的需要在 personOne 的測試中也指明空字串嗎？

幸運的是，有個方法能在解開 Nothing 之前就指明我們要將 Nothing 解成什麼值。不幸的是，這方法有些複雜，這是我們所需要的程式碼：

```
const {create, env} = require('sanctuary');
const S = create({checkTypes: false, env: env});
const R = require('ramda');

class Person {
  constructor(name){
    this.name = S.maybeToEither('', S.toMaybe(name));
  }
};

const capitalize = (string) => string[0].toUpperCase()
                             + string.substring(1);
const tigerify = (string) => `${string}, the tiger`;

const capitalTiger = S.compose(capitalize, tigerify);

const test = require('tape');
test("Displaying a person", (assert) => {
  const personOne = new Person("tony");
  assert.equal(S.either(R.identity, capitalTiger, personOne.name),
               'Tony, the tigeR');
  assert.end();
});
test("Displaying an anonymous person", (assert) => {
```

```
    const personTwo = new Person(null);
    assert.equal(S.either(R.identity, capitalTiger, personTwo.name),
                 '');
    assert.end();
  });
```

新增的部分可歸結成三點：

- 我們需要 Ramda。
- 我們將 name 屬性轉為 Maybe 再轉為 Either。
- 我們使用 S.either 使測試達到對稱。

讓我們先談談後兩點，首先，這行：

```
this.name = S.maybeToEither('', S.toMaybe(name));
```

跟以前一樣，非 null 時，S.toMaybe 使 Just 持有我們傳入的 name 值。然後 S.maybeToEither 會將它轉為同樣持有 name 值 Right。

而當 name 是 null 時，S.toMaybe 產生 Nothing，然後 S.maybeToEither 會將它轉為 Left，這個 Left 持有的值是空字串 ''。

因為 Left 一開始就持有這個值，我們可以如同從 Right 中拉出值一樣從 Left 中拉出值——也就是說，可以這樣寫測試：

```
assert.equal(S.either(R.identity, capitalTiger, personOne.name), '');譯註
assert.equal(S.either(R.identity, capitalTiger, personTwo.name), '');
```

S.either 的作用是，如果第三個參數是 Left 那就對它應用第一個參數（R.identity），而若是 Right，則對它應用第二個參數（capitalTiger）。這樣做很 *OK*，但也有些死板。

用 map 可能會更好理解一點，Left、Right 都是 Either 的子型別，Left 的行為有點像 Nothing，不管你 map 了什麼函式，它都會忽略掉，也就是說我們的測試可以這樣寫：

```
assert.equal(personOne.name.map(capitalTiger).value, 'Tony, the tigeR');
assert.equal(personTwo.name.map(capitalTiger).value, '');
```

這更符合我們對 Left 跟 Right 的預期。Right（personOne.name）如同 Just，會被 map 的函式（capitalTiger）處理過。而 Left（personTwo.name）則如同 Nothing 會忽略 map，但不同於 Nothing 的是，Left 持有一個值，因此能跟 Right 一樣被 .value 抽出。

譯註　這個斷言作者寫錯了，應該要等於 'Tony, the tiger'。

注意之前 personTwo.name 是 Nothing 的時候，我們並不用 .value 去解開 Nothing，那是因為在 Sanctuary 中，Nothing 的 value 是 undefined。

你可能會覺得這個取得 Left 值的方法很繁複：

```
this.name = S.maybeToEither('', S.toMaybe(name));
```

我們先轉換到 Maybe，再轉換到 Either。理由是 Left 可以持有的值包括 null：

```
S.Either.of(null)
// 回傳 Right(null) 而非 Left(null)!

// vs.

S.toMaybe(null)
// 回傳 Nothing()
```

在本書撰寫時，你得先取得 Nothing，再將它轉為一個包含空字串的 Left：

```
S.maybeToEither('', S.toMaybe(name));
```

取決於 Sanctuary 的進展[譯註]，我們應該會看到更直接的做法：S.toEither('', name)。但目前（版本 0.11.1）我們只能迂迴辦到。儘管如此，如果你有興趣，去試試其他函數式函式庫 Folktale（*http://folktalejs.org*）有 Either.fromNullable 函式（*http://docs.folktalejs.org/en/latest/api/data/either/Either.html#data.either.Either.fromNullable*）能夠完美的做到這件事。

在我們完全結束這一個範例之前，注意到我們的 Maybe 跟 Either 版本相較於第 9 章採用的 null 物件版本是多麼的簡短。無可否認，這並非一場公正的決鬥，因為在 null 物件中我們人工設下限制，使得特定部分的程式碼不會被動到。

學習及使用墨西哥捲餅（burritos）

你可能會覺得，Maybe 跟 Either 有數不清的用法。確實如此，像 Maybe 這麼大的 API 十分嚇人。如果去研究 Sanctuary 的文件（*https://sanctuary.js.org/*），你會看到 Maybe 實作了來自「夢之國度（Fantasy Land）」函數式 JS 規格書的諸多 ADT：么半群（monoid）、單子（monad）、traversable、extend、setoid、alternative。實作這些東西也代表了函子（functor）、apply、applicative、chain、foldable、semigroup 都根據夢之國度規格書來實作。

譯註　當翻譯本書時，Sanctuary 最新版本（0.13.2）已經支援。

好消息是如果你喜歡這類的東西，`Maybe` 跟 `Either` 有很多朋友。一個 promise 相近於被稱為**未來**（*future*）或**任務**（*task*）的東西。**串列**的習慣用法也不同於陣列。還有很多實作了這些 ADT 的結構。

公益廣告：單子（以及它的朋友們，圖 11-1 和圖 11-2 和之前段落有提過）正面臨被盲目崇拜的危機，這個危機也曾發生在設計模式、資料結構、演算法，甚至數學本身。沒辦法完全理解單子律（monadic law）並不會阻擋你去使用有用的物件及函式。「我數學不行」和不良網路公司面試時所問的「要怎麼反轉一個鏈結串列」系出同源，一樣邪惡。

僅僅因為在某些情境中，一塊塊的知識被不公平地二分為知與不知，不代表你得永遠遵從這回事。如果你看懂了上一節並且使用了 `Maybe` 跟 `Either`，你已經用過單子跟一些其他優秀的抽象了。你永遠**沒有必要**去自己做一個出來（上次你覺得陣列不夠好用而自己實作鏈結串列是什麼時候？），當然你想要的話你可以去做。但如果你真的做了，你可以使它符合某人所下的定義，也可以加入自己喜歡的函式，即使之前沒有人這樣想過。你也可以忽略某些東西，甚至自己叫它們為墨西哥捲餅。

事情是這樣的，有些物件跟函式即使沒有符合精確定義，它們仍舊有用。如果你**正在創造**它們，則製造函子、應用函子、單子的介面與定律對你來說會很重要。如果你只是在**使用**它們，那你只需要關注介面，無須執著於瞭解所有定義與定律。但如果你有興趣撰寫及使用符合介面與規則的高階函數式抽象，也可以看看之前我們提過的「夢之國度規格書（*https://github.com/fantasyland/fantasy-land*）」，這份規格書分成許多可消化的細項，並給出了這份規格書的實作（也就是你能使用的程式碼）的超連結（*https://github.com/fantasyland/fantasy-land/blob/master/implementations.md*）。

Haskell（以及 Lisp、Prolog 等等獨樹一幟的語言）厲害的地方在於，它們迫使你用另一種方式思考。試算表、計算機、日曆等等也是如此。JavaScript 厲害的地方則在於，它支援多個平台並且能以多樣的風格撰寫。我們使用一些真的很棒的高階抽象，並顯著縮短了程式碼。

深入函數式程式設計

如果想更深入 FP，你可能會發現直接使用 JS 或使用沒有編譯步驟的函式庫來進行 FP 會十分痛苦。所以我介紹編譯至 JS 的語言中一些比較有趣的選項：

- TypeScript
- PureScript

- ClojureScript
- Elm

如果想自己探索 FP，而且不想編譯至 JavaScript，可看看：

- Haskell
- Scheme/Clojure (Lisp variants)
- Erlang
- Scala

本書撰寫時，這兩類語言都還有許多其他選擇，而今後人們一定還會再開發出更多。重點是你無須因為僅使用 JavaScript 而感到受限，道無所不在，因為一種語言的標準做法常常是另一種語言的靈感來源。

從 OOP 到 FP

之前提過，如果你轉換範式，從 OOP 到 FP，那其中產生的巨大變化很難再被稱為重構。儘管如此，你可能還是會發現進行這個流程很有用：小步驟進行、版本控制程式碼的改動、通過測試。

再會貝式分類器

讓我們回到我們第 6、7 章中貝式分類器的例子。如果能展示改換架構（restructuring）（或是如果你願意廣義一點看待「重構」這個術語，也可以說是重構）的整個過程一定很棒，但改動真的很多，因此我選擇在給出程式碼之後，給出像這樣徹底修改程式碼的泛用建議。這是我們貝式分類器的函數式版本：

```
// naive_bayes_functional.js
R = require('ramda');

const smoothing = 1.01;

function wordCountForLabel(testWord, relevantTexts){
  const equalsTestword = R.equals(testWord);
  return R.filter(equalsTestword, _allWords(relevantTexts)).length;
};
```

```
function likelihoodOfWord(word, relevantTexts, numberOfTexts){
  return wordCountForLabel(word,
                        relevantTexts) / numberOfTexts + smoothing;
};

function likelihoodByLabel(label, newWords, trainedSet){
  const relevantTexts = textsForLabel(trainedSet.texts, label)
  const initialValue = trainedSet.probabilities[label] + smoothing;
  const likelihood = R.product(
    newWords.map(newWord =>
      likelihoodOfWord(newWord,
                       relevantTexts,
                       trainedSet.texts.length))) * initialValue;
  return {[label]: likelihood}
}

function textsForLabel(texts, label){
  return R.filter(text => text.label === label)(texts);
}

function _allWords(theTexts){
  return R.flatten(R.pluck('words', theTexts));
};

function addText(words, label, existingText = []){
  return R.concat(existingText, [{words: words, label: label}]);
};

function train(allTexts) {
  const overTextLength = R.divide(R.__, allTexts.length);
  return {texts: allTexts,
          probabilities: R.map(overTextLength,
                               R.countBy(R.identity,
                                         R.pluck('label', allTexts)))};
};

function classify(newWords, trainedSet){
  const labelNames = R.keys(trainedSet.probabilities);
  return R.reduce((acc, label) =>
    R.merge(acc, likelihoodByLabel(label, newWords, trainedSet))
          , {}, labelNames);
};

module.exports = {_allWords: _allWords,
                  addText: addText,
                  train: train,
                  classify: classify}
```

而這是測試程式碼：

```
// naive_bayes_functional_test.js
const NB = require('./naive_bayes_functional.jS');

const wish = require('wish');
describe('the file', () => {
  const english = NB.addText(['A', 'B', 'C', 'D', 'E', 'F', 'G',
                    'H', 'I', 'J', 'K', 'L', 'M', 'N', 'O', 'P', 'Q'],
                    'yes')
  const moreEnglish = NB.addText(['A', 'E', 'I', 'O', 'U'],
                    'yes', english)
  const allTexts = NB.addText(['あ',     'い',     'う',     'え',     'お',
                    'か',     'き',     'く',     'け',     'こ'],
                    'no', moreEnglish)

  var trainedSet = NB.train(allTexts);

  it('works', () => {
    wish(true);
  })
  it('classifies', () =>{
    const classified = NB.classify(['お', 'は', 'よ', 'う', 'ご', 'ざ', 'い',
                              'ま', 'す'], trainedSet);
    wish(classified['yes'] === 1.833745640534112);
    wish(classified['no'] === 3.456713680099012);
  });
  it('number of words', ()=>{
    wish(NB._allWords(trainedSet.texts).length === 32);
  });

  it('label probabilities', ()=>{
    wish(trainedSet.probabilities['yes'] === 0.6666666666666666);
    wish(trainedSet.probabilities['no'] === 0.3333333333333333);
  });
});
```

這跟之前的程式碼有幾個主要的不同點：

- 小改了演算法，導致「可能性」的數值有些不同，但並不會影響到分類的結果。
- 不再導出類別而是導出獨立的函式。
- 完全不使用 this。
- 因為沒有 this 也沒有其他狀態變數，我們必須將所有的狀態都弄成回傳值。

- 結果我們的 `train` 函式跟 `classify` 函式都是冪等且純的：同輸入則同輸出。沒有副作用。
- 所有函式的回傳值都是有用的。
- `addText` 函式也是冪等的，但我們將前個的回傳值傳遞給下一個，以此組建資料。
- 程式碼變短，但 Ramda 中的函式們也提高了程式碼的資訊密度。
- 我們也捨棄了集合（set）與映射（map）。它們值得探索但彈性不如物件與陣列。
- 模組現在只用於名稱空間。沒有任何東西是可變的，因此也沒有任何狀態，函式的輸入來自另一個函式的輸出。
- FP 的程式碼更短。
- 最後，你的程式碼都是在顯式的變換你的資料，流水線式的進行各種操作，而非不斷的更改狀態。

此刻我們知道從 OOP 轉換到 FP 並不容易，如果你只有從過程式轉換到 OOP 的經驗的話，很多操作可能會顯得很反直覺。

你可能還會發現你正在做這些事：

- 先做好一組高階的測試集。如果無法通過測試，就復原到之前的版本。
- 讓所有無法返回任何有用東西的函式先回傳主要物件，也許直接使用 `return this`。
- 將所有的 `this` 改換成某個可以直接參照到的物件（像本例中的 `Classifier`）。
- 盡你所能的扁平化物件。
- 移除物件的屬性。
- 以疑問（queries）替換狀態變數。
- 如果你很難辦到上一條，那就考慮傳入舊狀態作為疑問的一部分，直到狀態最終轉為函式的輸入。
- 由於當你從舊有結構中抽出東西時，可能尚未創造好新結構，在使程式碼更佳化之前可能有段時間程式碼會比原本還糟。你可能在修改的過程中弄出了意義重複的東西、傳入更多參數、引入不必要的函式，甚至是做出糟糕的命名。

為什麼我們不組合更多函式？

我們似乎可以將 `train` 函式與 `addText` 函式或 `classify` 函式做組合。但為什麼不這麼做呢？

我們不組合 `train` 跟 `addText` 的原因是，如果想要漸次加入資料來建造最終的資料，那現在這個 `addText` 的介面是最好的。而不組合 `train` 跟 `classify` 的原因是，訓練的過程可能會很耗時，如果每次分類前都要訓練一次並不划算。

但之所以不組合這些函式還有一個更重要的理由：為了使 API 更小、更簡單，並只提供一個唯一合理的方式來讓其他人使用這個函式庫。

總的來說，改換結構非常困難—也許比把沒有結構的東西變成有結構（可以是 FP 也可以是 OOP）還要困難—你可以在這兩種方法中取得平衡，但改動你所引入的高階狀態（物件的屬性、集合、映射）與僅僅依賴於輸入輸出，是迥然不同的。

重寫

記得從 OOP 到 FP 是在改換架構。如果你試圖從一個框架轉換另個框架，那可能算是種「重寫」。雖然緩慢的將功能一點一點地從舊版應用程式移動到新版應用程式是有可能的，但很難在這轉換的過程中不造成使用者體驗破裂。

而另一種完全的重寫，也就是在撰寫新版應用程式的同時也支援舊版應用程式，直到新版完成度夠高（要決定完成度是否夠高了也是個困難的問題）之後才替換舊版，進行起來非常困難，理由如下：

- 兩個使用不同框架的應用程式的功能等價（feature parity）難以定義。
- 很可能會想為新應用程式改變設計或是加上新功能，但這就超出實現功能等價（feature parity）的範圍了。
- 必須為各式各樣的客戶定義出一份堅實（可能是分段式的）的遷移計劃。
- 如果新版使用新技術，那團隊中那些使用舊版所用技術的專家們，可能沒有足夠的經驗能夠承擔重寫的任務。
- 在舊應用程式中良好運作的「業務規則」可能在翻譯成新應用程式時有所遺漏，或因為臭蟲而有誤。

- 難以呈現進度。
- 很難評估重寫所需要的時間。

總之，改換範式與使用不同框架重寫都很困難，它們並非像重構那樣簡單、機械化的過程。而如若一個團隊的成員彼此之間風格、被考慮順序相差巨大，那不同成員對重寫的感覺也會大不相同。

我們之前提過的那個原則：小步改變、並以測試及版本控制來支撐這些改變。這個原則很有用，除此之外，最有用的就是清晰的說明你需要的時間，包括承認你的估算可能不準確。當你有所懷疑，就直接將那時間乘二，再不行就乘三。

重寫一個自己的版本

如果你有興趣重寫一個小專案，可以試著把 NBC 的程式碼從 OOP 轉到 FP，或是從過程式的版本（在 `classifier` 物件吞沒所有函式之前）直接轉到 FP。看看你做出來的結果與上一節我們所完成的是否相似。從頭開始還是漸進式改進比較容易？在進行之前先估計自己需要花多久的時間，然後看看自己的估計有多準確。

總結

我們在本章討論了一些函數式程式設計的好處，而且有不少比率採用了實際練習來協助理解，包括：不重複使用變數、避免共享狀態、提取函式，並且相較 `for` 迴圈優先使用 `Array` 的高階函式。

我們也探索了一些函數式程式設計的介面與函式庫（Ramda 跟 Sanctuary）以及我們的陣列老朋友，還有可能比較沒看過的 `Maybe`，希望你能在適當的時候使用它，來克服那個數十億美元的錯誤。

也許函數式會成為你最喜歡的範式，如果是這樣，那我鼓勵你去試試 Haskell 這樣更加嚴格的語言，但如果你現在就覺得那很嚇人，記得你只要透過幾行 `require` 就可以去探索並利用 FP 的介面。不必在所有程式碼中都使用 FP。

FP 博大精深，而我們在本章淺嘗則止就好。如果想深入 FP，我建議依循以下順序：

1. 熟悉原生 JS 陣列的高階函式（以函式做輸入），例如 `forEach`、`map`、`filter`、`reduce`。
2. 試試 underscore 或 lodash，它們都提供了很多原生 JavaScript 沒提供的功能。
3. 習慣用 Ramda 或／和 Sanctuary 組合函式及操弄參數。
4. 使用 Sanctuary、ramda-fantasy、Folktale 或其他夢之國度（Fantasy Land）規格書的實作。

除此之外，也試試：

- 使用 Immutable.js 或 mori 來強制使用不可變性，它們的能力在 `const` 跟 `.freeze` 之上。
- 試試編譯至 JS 的函數式語言。
- 試試不需編譯至 JS 的函數式語言。

第十二章

結語

我們至此所介紹的主題涵蓋了小至變數重命名，大至採用函數式及物件導向的範式。範式、架構、函式庫、框架，甚至個人風格的的差異累積起來，你的 JavaScript 也許跟其他人迥異其趣。甚至你會發現自己工作於兩個不同專案時身處在截然不同的模式。如果你只是用 JavaScript 撰寫三行的小腳本，大概不會想要寫測試也不需要寫任何函式。你可能會完全不管作用域，甚至連 var 都不寫。也可能在一個對物件導向深思熟慮的團隊工作。在這個狀況下，ES2015 的類別以及採用適當的設計模式也許會是件好事。對更偏向函數式（或只是對它好奇）的團隊，函數式範式是個好選擇。並不需要全有或全無，也無須提心吊膽。偶爾關掉你的風格檢查器。

無論你是正在打算做出小小的風格轉換或是正想將架構大改特改，本書都提供你優秀的基礎來做出決定。其他替代作法，如僅僅使用框架、重寫到另個框架，或忍受 JavaScript 疊疊樂都更加昂貴且令人感到挫折。

「JavaScript」基本上是個神話怪獸。「你的 JavaScript」將以風格、工具、平台、範式、意識形態，以及你所追尋的目標為開端。擁有一個良好建構的「你的 JavaScript」將能打開無限可能。

但願本書已經幫助你精鍊你的 JavaScript，引領著你創造更加可維護，並讓你充滿信心的程式庫。

附錄 A

延伸閱讀與更多資源

重構的本源

- "*Refactoring Object-Oriented Frameworks*" by William F. Opdyke
- *Refactoring: Improving the Design of Existing Code* by Martin Fowler, Kent Beck, John Brant, and William Opdyke (Addison-Wesley)
- *Design Patterns: Elements of Reusable Object-Oriented Software* (GoF book) by Erich Gamma, Richard Helm, Ralph Johnson, and John Vlissides (Addison-Wesley)

基礎 JavaScript

- *Speaking JavaScript: An In-Depth Guide for Programmers* (*http://speakingjs.com/*) by Axel Rauschmayer (O'Reilly)
- *Exploring ES6: Upgrade to the Next Version of JavaScript* (*http://exploringjs.com/*) by Axel Rauschmayer (Leanpub)
- List of compiles-to-JS languages (*http://github.com/jashkenas/coffeescript/wiki/ List-of-languages-that-compile-to-JS*)
- *JavaScript: The Good Parts* by Douglas Crockford (O'Reilly)

緊跟 JavaScript

- node.green
- caniuse (*http://caniuse.com*)
- ESNext Compatibility Table (*http://kangax.github.io/compat-table/esnext/*)

- TC39 Committee (proposal stages on GitHub) (*http://github.com/tc39/proposals*)

JavaScript 參考

- Mozilla Developer Network (*http://developer.mozilla.org/en-US/*)
- Global Objects (*http://developer.mozilla.org/en-US/docs/Web/JavaScript/Reference/Global_Objects*)
- Object (*http://developer.mozilla.org/en-US/docs/Web/JavaScript/Reference/Global_Objects/Object*)
- Array (*http://developer.mozilla.org/en-US/docs/Web/JavaScript/Reference/Global_Objects/Array*)
- Promise (*http://developer.mozilla.org/en-US/docs/Web/JavaScript/Reference/Global_Objects/Promise*)
- node docs (*http://nodejs.org/en/docs/*)

物件導向模式

- Wikipedia: Software design pattern (*http://en.wikipedia.org/wiki/Software_design_pattern*)
- Refactoring catalog (*http://refactoring.com/catalog/*)
- *Learning JavaScript Design Patterns* (*http://addyosmani.com/resources/essentialjsdesignpatterns/book/*) by Addy Osmani (O'Reilly)
- *Game Programming Patterns* (*http://gameprogrammingpatterns.com/*) by RobertNystrom (Gennever Benning)
- Classes reference (*http://developer.mozilla.org/en-US/docs/Web/JavaScript/Reference/Classes*)
- Wikipedia: Tony Hoare (*http://en.wikipedia.org/wiki/Tony_Hoare*)
- Wikipedia: Null Object pattern (https://en.wikipedia.org/wiki/Null_Object_pattern)
- JavaScript Factory Functions vs Constructor Functions vs Classes (*http://medium.com/javascript-scene/javascript-factory-functions-vs-constructorfunctions-vs-classes-2f22ceddf33e*)
- *You Don't Know JS: This & Object Prototypes* (*http://github.com/getify/You-Dont-Know-JS/tree/master/this%20%26%20object%20prototypes*) by Kyle Simpson
- Not Awesome: ES6 Classes (*http://github.com/joshburgess/not-awesome-es6-classes/*)
- *JavaScript Patterns* by Stoyan Stefanov (O'Reilly)

異步

- Continuation passing style (*http://www.2ality.com/2012/06/continuation-passingstyle.html*)
- JavaScript Promises: An Introduction (*http://developers.google.com/web/fundamentals/getting-started/primers/promises*)
- Promises Pt. 1 (*http://www.2ality.com/2014/09/es6-promises-foundations.html*)
- Promises Pt. 2 (*http://www.2ality.com/2014/10/es6-promises-api.html*)
- *JavaScript with Promises* by Daniel Parker (O'Reilly)

函數式程式設計

- Hey Underscore, You're Doing It Wrong (*http://www.youtube.com/watch?v=m3svKOdZijA*)
- JavaScript Allongé (*http://leanpub.com/javascriptallongesix/read*)
- Fantasy Land Specification (*http://github.com/fantasyland/fantasy-land*)
- Professor Frisby' s Mostly Adequate Guide to Functional Programming (*http://drboolean.gitbooks.io/mostly-adequate-guide/content/*)
- Hindley–Milner Type System (*http://en.wikipedia.org/wiki/Hindley%E2%80%93Milner_type_system*)
- Learn You a Haskell for Great Good! (*http://learnyouahaskell.com/chapters*)
- Constraints Liberate, Liberties Constrain (*http://www.youtube.com/watch?v=GqmsQeSzMdw*)
- Functors, Applicatives, and Monads in Pictures (*http://adit.io/posts/2013-04-17-functors,_applicatives,_and_monads_in_pictures.html*)
- Refactoring Ruby with Monads (*http://codon.com/refactoring-ruby-with-monads*)
- Burritos (*http://github.com/evanburchard/burritos*)
- *Functional-Light JavaScript* (*https://github.com/getify/functional-light-js*) by Kyle Simpson
- *Functional JavaScript* by Michael Fogus (O'Reilly)

工具

- node (*http://nodejs.org*) (JavaScript outside of the browser)
- git (*http://git-scm.com/*) (source/version control management)
- npm (*http://www.npmjs.com*) (node package manager)
- yarn (*http://yarnpkg.com*) (npm alternative)
- node assert (*http://nodejs.org/api/assert.html*) and browser console.assert (*http://*

developer.mozilla.org/en-US/docs/Web/API/Console/assert)
- wish (*http://github.com/evanburchard/wish*) (assert alternative)
- mocha (*http://mochajs.org/*) (big testing library)
- tape (*http://github.com/substack/tape*) (smaller testing library)
- testdouble (*http://www.npmjs.com/package/testdouble*) (mocking/stubbing framework)
- underscore.js (*http://underscorejs.org/*) (functional library)
- lodash (*http://lodash.com/*) (functional library)
- Ramda (*http://ramdajs.com/*) (better functional library)
- Sanctuary (*http://sanctuary.js.org/*) (FP with objects too)
- jQuery (*http://jquery.com/*) (JavaScript library)
- Trellus (*http://www.trell.us/*) (function diagramming)

非 JavaScript 的相關資源

- *Refactoring to Patterns* by Joshua Kerievsky (Addison-Wesley)
- *Design Patterns in Ruby* by Russ Olsen (Addison-Wesley)
- *Refactoring: Ruby Edition* by Jay Fields, Shane Harvie, Martin Fowler, and Kent Beck (Addison-Wesley)
- The “Therapeutic Refactoring” presentation (*http://confreaks.tv/videos/cascadiaruby2012-therapeutic-refactoring*) by Katrina Owen

我

- Compliments, complaints, questions, and so on (*http://evanburchard.com/contact*)

索引

※提醒您：由於翻譯書排版的關係，部分索引名詞的對應頁碼會和實際頁碼有一頁之差。

符號

A

B

C

D

E

F

G

H

I

M

N

O

P

Q

R

S

U

V

W

關於作者

Evan Burchard 是一個網站開發顧問，也是 *The Web Game Developer's Cookbook* 的作者。除了網路事業，他設計了一個跟堆疊真實冰塊有關的運動類遊戲，並且獲得大獎。他還不時的進行他走路橫越美國的計畫。

出版記事

在本書封面上的動物是俄羅斯麝鼴（Desmana moschata），牠是一種小型哺乳動物，和鼴鼠是遠親。俄羅斯麝鼴是半水生（兩棲）動物，喜歡棲息在湖邊和河邊較低窪的地區，從俄羅斯、烏克蘭一直到哈薩克都能見到牠們的蹤跡。

麝鼴的視力功能並不完全，但是在牠獨特的雙葉鼻（two-lobed snout）上，具有特化的皮膚突起（也稱作 Eimer's organs，鼴鼠也具有這個器官）。這個器官對觸覺特別敏銳，是麝鼴主要的感知器官。麝鼴也用牠的長鼻子當作潛望鏡，藉以呼吸和發覺水面上的威脅。麝鼴更是游泳高手，運用蹼狀的後腳和橫擺的扁狀尾巴像船舵一樣幫助前進。麝鼴雖然在陸上挖掘巢穴，作為睡眠和育兒的用途，但大部分的時間裡，麝鼴還是待在水中，牠們的巢穴甚至配置了水下的出入口。麝鼴大部分是在水中捕食，包含昆蟲、昆蟲幼蟲、兩棲動物以及小魚。

不幸地，俄羅斯麝鼴正瀕臨絕種。牠柔軟又厚實的毛皮，在冰涼的水中，是絕佳的禦寒物品。在二十世紀早期，毛皮交易開始盛行之後，人們開始對麝鼴毛皮趨之若鶩，導致麝鼴被過量獵捕。1957 年，蘇聯政府立法禁止獵捕麝鼴。儘管如此，仍有其他的原因造成麝鼴絕種，如林業開採、水源汙染和開發濕地，各種棲息地的消失等，都造成的麝鼴的數量急遽減少。慶幸的是，近期的保育工作建立了野生動物保護區，成功維持了麝鼴的數量。

很多出現在 O'Reilly 封面上的動物都瀕臨絕種，但牠們全都是地球上的珍寶。想知道如何幫助牠們，請造訪 *animals.oreilly.com.*

封面圖片取自 *Natural History of Animals*。

重構 JavaScript

作　　者：Evan Burchard
譯　　者：蔡存哲
企劃編輯：蔡彤孟
文字編輯：江雅鈴
設計裝幀：陶相騰
發 行 人：廖文良

發 行 所：碁峰資訊股份有限公司
地　　址：台北市南港區三重路 66 號 7 樓之 6
電　　話：(02)2788-2408
傳　　真：(02)8192-4433
網　　站：www.gotop.com.tw
書　　號：A514
版　　次：2018 年 06 月初版
建議售價：NT$680

國家圖書館出版品預行編目資料

重構 JavaScript / Evan Burchard 原著；蔡存哲譯. -- 初版. -- 臺北市：碁峰資訊, 2018.06
面；　公分
譯自：Refactoring JavaScript：turning bad code into good code
ISBN 978-986-476-682-6(平裝)
1.Java Script(電腦程式語言)
312.32J36　　106023295

讀者服務

- 感謝您購買碁峰圖書，如果您對本書的內容或表達上有不清楚的地方或其他建議，請至碁峰網站:「聯絡我們」\「圖書問題」留下您所購買之書籍及問題。(請註明購買書籍之書號及書名，以及問題頁數，以便能儘快為您處理)
http://www.gotop.com.tw
- 售後服務僅限書籍本身內容，若是軟、硬體問題，請您直接與軟體廠商聯絡。
- 若於購買書籍後發現有破損、缺頁、裝訂錯誤之問題，請直接將書寄回更換，並註明您的姓名、連絡電話及地址，將有專人與您連絡補寄商品。
- 歡迎至碁峰購物網
http://shopping.gotop.com.tw
選購所需產品。